北京能源发展研究基地学术论丛

京津冀雾霾治理一体化研究

Research on Beijing-Tianjin-Hebei Haze Governance Integration

吴志功　主编

北京市哲学社会科学规划办公室
北京市教育委员会　资助出版

科 学 出 版 社

北 京

内 容 简 介

  本书通过借鉴国际社会在建立大气污染尤其是雾霾污染治理联防联控一体化机制方面的先进法律、政策和成熟的低碳发展经验，着重从转变发展方式、调整产业结构、促进区域经济社会协调发展的角度对京津冀地区雾霾污染治理联防联控机制进行持续探索和创新研究，建立健全政府、企业、公众共同参与的长效机制，对贯彻落实大气污染防治行动计划，有效控制京津冀地区空气污染问题，都具有重要的现实意义，亦能为我国典型城市群及大中城市联防联控工作的有效开展提供模板和范例，而且有利于提升我国的国际形象。

  本书适合学术界、产业界和政府部门中涉及环境保护和治理工作的相关人员使用，也可作为科普读物，适合普通读者阅读了解雾霾相关知识。

图书在版编目(CIP)数据

京津冀雾霾治理一体化研究＝Research on Beijing-Tianjin-Hebei Haze
Governance Integration/吴志功主编. —北京：科学出版社，2015
（北京能源发展研究基地学术论丛）

 ISBN 978-7-03-042366-5

 Ⅰ.①京…　Ⅱ.①吴…　Ⅲ.①空气污染-污染防治-研究-华北地区
Ⅳ.①X51

 中国版本图书馆 CIP 数据核字(2014)第 257076 号

责任编辑：范运年 / 责任校对：郭瑞芝
责任印制：徐晓晨 / 封面设计：无极书装

科学出版社 出版
北京东黄城根北街 16 号
邮政编码：100717
http://www.sciencep.com

北京厚诚则铭印刷科技有限公司 印刷
科学出版社发行　各地新华书店经销

*

2015 年 1 月第　一　版　　开本：720×1000 1/16
2019 年 6 月第四次印刷　　印张：16 1/2
字数：331 000
定价：67.00 元
（如有印装质量问题，我社负责调换）

序

似乎是一夜之间,霾污染走进了寻常老百姓的生活中,成为公众新的关注点。严重时,浓浓的霾甚至笼罩了三分之一以上的国土,尤其是环京津冀一带,霾污染更是常客,几乎成为生活常态,并有愈演愈烈之势。霾污染已经演变为严重影响到我国社会、经济可持续发展和公众健康的一大难题。

国务院总理李克强将霾污染称为"心肺之患"。

导致霾污染的元凶是大气环境空气中的 $PM_{2.5}$。2013 年全国有 74 个城市监测了 $PM_{2.5}$ 的浓度值,统计结果表明,这些城市中只有拉萨、海口、舟山达到国家 2012 年新颁布的环境空气质量标准,其他城市均不达标,其中京津冀地级以上城市的年均浓度是新标准的三倍。应该说,中国已经成为目前全球 $PM_{2.5}$ 污染的高值区之一。

京津冀多个城市 $PM_{2.5}$ 的来源解析结果表明,燃煤排放的多种污染物是形成 $PM_{2.5}$ 污染的主要来源,约占 30%,其来源包括燃煤排放的一次颗粒物,也包括燃煤排放的二氧化硫、氮氧化物等在大气环境中转化形成的二次颗粒物,其他主要污染源包括工业过程排放、机动车尾气排放及各类扬尘等。

其实,霾污染并不是唯独发生在中国,雾都伦敦就是前车之鉴。发生在伦敦的烟雾事件以及发生在洛杉矶的光化学烟雾事件与今天发生在中国的北方雾霾原因如出一辙:随着快速工业化过程,能源消耗和污染物排放大幅增加,不可持续发展模式的悲剧以极其惊人的相似再一次在中国上演。

小颗粒体现大责任。霾污染社会关注度高,影响范围大。我们必须守住健康底线,与时俱进地开展工作。小颗粒也带来大挑战,其来源广,成因杂,任务重,治理周期长,不下真功夫,很难见成效。同时,小颗粒考验大智慧,$PM_{2.5}$ 不仅仅是环境问题,牵涉经济结构和发展模式,需要理顺机制,突破惯性,实现创新发展。

霾污染的频发让人们认识到人与环境和谐相处、科学发展的重要性,发展不能以环境为代价,"大跃进"式的粗放发展以及地方各自为政的环保标准,使得环境保护和能源高效利用大打折扣。

2012 年我国把 $PM_{2.5}$ 纳入了环境空气质量标准。我国 $PM_{2.5}$ 的环境空气质量标准尽管已与世界卫生组织接轨,但接的是"低轨"。世界卫生组织关于环境空气质量标准的指南分成三个过渡阶段标准值和一个推导值,我国目前的标准仅相当于世卫组织第一过渡限值,离指导值还有很大差距。

曾经有人问,我们离蓝天有多远。在我看来,我们达到第一个过渡限值可能需要 15 年左右,如果要实现指导值,可能要 40 年甚至更长时间。目前世界各国都在努力向指导值的方向迈进,但是根据各自的国情选择不同的起点。从现在起,我国经过一代人甚至两代人的努力,我们应当能够做到不再靠天呼吸。我们必须携手共同努力,因为我们生活在同一个地球,呼吸着同一种空气。

当前,在政府、企业和公众的共同努力下,大气污染物排放量开始下降,排放强度的控制也取得了一定成绩。我国的大气污染防治进入了一个新阶段,要在技术、法律、管理上加强创新和改革,需要绿色转型、新技术、新产业及新机制对其进行强有力的支撑。

防治大气污染是一个系统性工程,需要社会、经济和环境多角度协调推进,其中最核心的问题就是控制好污染源,但这绝非易事,也不可能一步到位。污染源的持续排放,加上 $PM_{2.5}$ 在空气中长时间悬浮、长距离传输的特性,改善我国大气环境质量已不是一城一地一个行业的事,必须区域联动、区域联合治理,比如京津冀区域污染的一大特征就是区域间存在相互传输、相互影响。北京市最新研究成果表明区域传输对北京 $PM_{2.5}$ 的分担率为 28%～36%,在北京奥运会、上海世博会和广州亚运会期间,为了保证良好的空气质量,我们做了联防联控机制的尝试,取得了良好效果,但仍需制定长效的协同机制和法律保障。

应该说,大气污染治理是一个综合节能减排、环境净化的一体化工程。尤其对于霾污染频发、地缘密切的京津冀地区而言,分而治之、各自为政是解决环境污染问题的羁绊。防治空气污染,不能仅靠特殊时期的临时措施,需要建立区域联动机制。

该书从霾污染的起源说起,从京津冀地区的社会经济发展与能源消费的角度以及城市规划交通方面,深层次阐述了雾霾的形成与恶化的原因,并广泛调研国际同类城市的环境治理和保护经验。如德国鲁尔区的工业、经济发展过程与河北就极其相似,都是由于重化工业的高速发展,造成大气环境的极度恶化。1961 年,鲁尔工业区共有 93 座发电厂和 82 个炼钢高炉,每年向空气中排放 150 万吨烟灰和 400 万吨二氧化硫,这些大气污染物在空气中悬浮,进而形成了雾霾。经过长期有效的治理工作,2012 年鲁尔工业区所有空气质量监测站的 $PM_{2.5}$ 年均浓度最高只有 $21\mu g/m^3$,取得了巨大成效。这些发达国家所经历过的发展之殇对于我国社会经济发展具有重要借鉴意义。

该书作者本着科学客观的态度,广泛调研相关资料,数据案例翔实,引经据典,文笔优美流畅,充满科学人文主义情怀。相信该书的出版将对促进京津冀地区雾霾治理、环境保护的进程、提高普通民众科学用能的意识具有重要的作用,并且对于长三角、珠三角等重要经济发展区域的环境保护也将具有现实的借鉴意义,尽快实现对空气污染的全面治理,减少无序用能排放,改善我国大气环境质量。

前　言

　　严重的雾霾形势促使每一个有识之士都在思考当前的发展模式和应对之策。作为国内唯一一所以能源电力为特色的行业特色型"211工程"重点大学——华北电力大学在促进国家的清洁化发展尤其是煤电的清洁化发展方面更具有义不容辞的责任。随着京津冀雾霾形势的勾连性日益增强，国家进一步通过加强京津冀区域经济发展的一体化来解决雾霾问题。2014年2月26日，习近平听取京津冀协同发展工作情况的汇报，京津冀一体化提上国家战略层面。3月5日，李克强在《政府工作报告》中指出，要加强环渤海及京津冀地区经济协作、京津冀的一体化和协同发展的工作，京津冀一体化驶入快车道。2014年以来，京津冀三地签署了至少十几项合作协议。5月，京津冀及周边地区大气污染防治协作第二次工作会议召开，确定今年在污染排放和研究控制机动车使用强度政策等方面工作重点和具体细则。本书正是在这一背景下启动的。

　　早在习近平总书记视察北京讲话之后，我们就及时组织了学习和研讨，并分析了我校在京津冀一体化发展中的责任、机遇和挑战等，并由北京能源发展研究基地（北京市教委和北京市社会科学规划办公室在我校设置的省部级社会科学研究基地）组织了部分问题的预研。随后组织了本书编写委员会，成员包括校党委书记吴志功研究员，校长助理、学科办主任律方成教授及学科办副主任卢占会、张磊，高等教育研究所郭炜煜所长，人文与社会科学学院副院长兼北京能源发展研究基地主任王伟，国家应对气候变化战略研究和国际合作中心祁悦，北京市环保局祐素珍，华北电力大学樊良树、杨立军、孟祥林、夏珑、曹丽媛和徐唐棠等教师。高等教育研究所的朱志媛及华北电力大学的研究生金鑫明和王婷蕊等为本书的出版做了大量的资料整理、信息联络和技术支持工作。

　　本书共九章，全书分工如下：第1章由华北电力大学吴志功、樊良树执笔；第2章由华北电力大学杨立军、金鑫明执笔；第3章由国家应对气候变化战略研究和国际合作中心祁悦执笔；第4章由华北电力大学樊良树执笔；第5章由华北电力大学王伟、王婷蕊执笔；第6章由华北电力大学孟祥林、卢占会执笔；第7章由华北电力大学曹丽媛、夏珑执笔；第8章由北京市环保局祐素珍执笔；第9章由华北电力大学徐唐棠、朱志媛执笔。

　　在书稿写作过程中，编委会从2014年3月份起至7月份，连续召开了以"京津冀雾霾治理一体化"为主体的学术沙龙5次，邀请了包括国家应对气候变化战略研究和国际合作中心主任李俊峰在内的国内外专家围绕这一主体开展了学术交流，极大地丰富了书稿的内容,清华大学环境科学与工程研究院院长、中国工程院院士郝吉明欣然为本书作序,并对一些章节提出了具体的修改意见。在此对这些专家和学者一并表示感谢!

　　全书经多次讨论,数易其稿,由吴志功最后统稿并定稿。由于水平有限和时间仓促,书中难免有疏漏和不足之处。"上穷碧落下黄泉"本是我们的目标,但肯定存在一些最新资料和权威数据还没有引用的情况,也可能存在有关参考文献标注不详等问题,若有读者发现请及时通知我们,我们将在第一时间修正。

　　本书若能够起到抛砖引玉之效,已足以慰藉编者之心!

作　者

2014 年 10 月于华北电力大学

目　　录

序
前言
第1章　导言 ··· 1
　1.1　雾霾现象及其成因的历史梳理 ································· 3
　　1.1.1　雾霾的词源学阐释 ······································· 3
　　1.1.2　工业社会时代的雾霾及其成分 ························· 5
　1.2　京津冀雾霾成因的复杂性 ······································ 12
　　1.2.1　京津冀雾霾成因的勾连 ································· 13
　　1.2.2　京津冀雾霾成因复杂的深度解析 ····················· 15
　1.3　雾霾治理人人有责 ··· 18
　　1.3.1　消费革命：物欲的革命 ································· 18
　　1.3.2　治理雾霾需要净化心灵之霾 ··························· 19
第2章　雾霾成分的技术机理分析 ································· 21
　2.1　雾霾颗粒物基本分类 ··· 22
　　2.1.1　颗粒物空气动力学分类 ································· 22
　　2.1.2　大气中二次颗粒物的形成过程 ························· 23
　2.2　主要污染源颗粒物形成机理 ··································· 28
　　2.2.1　电厂燃煤排放颗粒物的形成机理 ····················· 28
　　2.2.2　机动车排放颗粒的机理 ································· 34
　　2.2.3　生物质燃烧形成颗粒的机理 ··························· 37
　　2.2.4　垃圾焚烧排放 ··· 39
　2.3　雾霾治理与空气质量标准 ····································· 41
第3章　国外雾霾典型治理及其启示 ···························· 43
　3.1　国外雾霾事件的典型成因及其治理历程 ·················· 43
　　3.1.1　两起典型雾霾事件的成因 ······························ 43
　　3.1.2　发达国家大气污染治理历程简要回顾 ················ 46
　　3.1.3　发达国家大气污染治理的主要措施 ·················· 49
　3.2　国外雾霾一体化治理的经验 ·································· 53
　　3.2.1　洛杉矶大气污染治理经验 ······························ 53
　　3.2.2　伦敦大气污染治理经验 ································· 57

　　　　3.2.3　东京大气污染治理经验 ·················· 62
　　　　3.2.4　德国鲁尔工业区大气污染治理经验 ·············· 65
　　　　3.2.5　巴黎大气污染治理经验 ·················· 69
　　3.3　国外雾霾一体化治理经验的启示··············· 72
　　　　3.3.1　树立联防联控理念,建立区域管理组织,增强责任意识和合作意识　73
　　　　3.3.2　加强立法执法,促进信息公开,为联防联控提供法律保障 ······ 74
　　　　3.3.3　加大科技投入,强化市场参与,调动各领域积极性 ······· 76
　　　　3.3.4　优化区域发展规划,合理调整产业结构,转变经济增长方式 ··· 77
　　　　3.3.5　建立长效机制,保障治理成果的可持续性 ········· 78
第4章　京津冀雾霾成因及其类型深度分析 ············· 79
　　4.1　京津冀地区雾霾成因的地形气象分析··············· 81
　　　　4.1.1　京津冀地区的地形结构和区域发展 ··········· 83
　　　　4.1.2　京津冀雾霾成因的地形分析 ············· 89
　　4.2　汽车尾气与雾霾治理 ··················· 94
　　　　4.2.1　汽车之城的崛起 ··················· 94
　　　　4.2.2　交通拥堵的迷思 ··················· 96
　　4.3　燃煤与京津冀雾霾治理 ·················· 100
第5章　煤的清洁化利用与京津冀雾霾治理一体化··········· 106
　　5.1　煤的清洁化利用的必要性 ················· 106
　　　　5.1.1　环境资源会枯竭 ·················· 107
　　　　5.1.2　中国的资源禀赋需要煤的清洁化利用 ·········· 108
　　　　5.1.3　煤的清洁化利用是治理大气污染的最直接手段 ······· 108
　　5.2　煤的清洁化利用技术的发展 ················ 110
　　　　5.2.1　中国煤炭清洁利用技术发展简况 ············ 110
　　　　5.2.2　中国煤炭清洁化利用技术的最新进展 ·········· 113
　　5.3　雾霾下的煤炭清洁化利用发展政策途径 ··········· 119
　　　　5.3.1　加强规划引导,促进产业快速发展 ··········· 119
　　　　5.3.2　加强政策激励,促进产业核心竞争力提升 ········ 120
　　　　5.3.3　加强立法,促进产业规范发展和技术推广应用 ······· 121
第6章　区域经济一体化与京津冀雾霾治理一体化··········· 123
　　6.1　区域经济一体化的优势 ·················· 123
　　　　6.1.1　区域经济合作与聚集节约 ·············· 124
　　　　6.1.2　区域经济一体化的实践 ··············· 127
　　6.2　京津冀区域经济一体化的探索历程 ············· 129
　　　　6.2.1　京津冀行政区划的历史变迁 ············· 129

6.2.2　京津冀区域经济一体化的探索　　…………………　132

6.3　京津冀区域关系与存在问题分析　…………………　135

6.3.1　京津冀区域关系与区域影响力　…………………　135

6.3.2　京津冀一体化圈层划分　…………………　136

6.3.3　京津冀一体化进程中存在问题分析　…………　138

6.4　京津冀一体化治理模式基本框架　…………………　141

6.4.1　完善区域协调发展机制　…………………　143

6.4.2　明确"首都圈"各行政单元的功能定位　………　145

6.4.3　构建一体化的基础设施　…………………　146

第7章　绿色发展与京津冀雾霾治理一体化　…………………　148

7.1　绿色发展的内涵　…………………　149

7.1.1　历史视角下的绿色发展　…………………　149

7.1.2　西方语境中的绿色发展　…………………　153

7.1.3　中国话语体系中的绿色发展　…………………　156

7.2　绿色发展指标体系现状　…………………　161

7.2.1　绿色发展指标的基本内涵　…………………　161

7.2.2　国外关于绿色发展指标体系的研究　…………　161

7.2.3　国内关于绿色发展指标的研究　…………………　171

7.3　京津冀雾霾治理与绿色发展　…………………　178

7.3.1　京津冀雾霾治理一体化的必要条件　…………　178

7.3.2　京津冀地区的合作途径　…………………　179

7.3.3　建立三地统一的绿色发展指标体系　…………　180

7.3.4　将公众参与纳入绿色发展指标体系　…………　182

第8章　京津冀雾霾一体化治理工作现状　…………………　184

8.1　京津冀大气污染联防联控问题的提出　…………………　184

8.2　国内大气污染区域联防联控的成功案例和启示　………　186

8.2.1　北京奥运会与京津冀及周边地区大气污染联防联控………　186

8.2.2　上海世博会与长三角区域大气污染联防联控　………　188

8.2.3　广州亚运会与珠三角区域大气污染联防联控　………　188

8.3　京津冀大气污染联防联控机制的建立及其发展　………　190

8.3.1　健全京津冀区域大气污染联防联控机制的相关法规、政策　………　190

8.3.2　京津冀大气污染联防联控相关机构建设及其工作进展　………　195

8.3.3　京津冀区域大气污染联防联控工作的进展　………　198

8.4　京津冀大气污染联防联控工作深化的困境　…………　202

8.4.1　区域经济发展不平衡,各地环保支付能力不一　………　202

　　　　8.4.2　相关环保法规政策缺失,区域之间经济发展与环境保护失衡…………204
　　　　8.4.3　环保基数差距,抬高了区域大气污染联防联控门槛 …………………205
　　　　8.4.4　固化思维方式,联防联控面临推进的深层障碍 ……………………206
第9章　京津冀雾霾一体化治理机制的实现途径………………………………208
　　9.1　京津冀地区生态共治机制建立的必要性及其效果分析 …………………208
　　　　9.1.1　京津冀生态共治机制的历史渊源 ……………………………………208
　　　　9.1.2　京津冀雾霾治理过程中的博弈问题与联防联控的有效性分析 ………213
　　9.2　京津冀雾霾治理一体化联防联控机制实现的政策途径 …………………216
　　　　9.2.1　加强顶层设计,全面统筹区域大气污染联防联控 …………………217
　　　　9.2.2　完善体制机制建设,科学处理区域环境保护与经济发展关系 ………218
　　　　9.2.3　强化科技支撑,有效构建区域污染治理的科技联动机制 …………220
　　　　9.2.4　完善公众参与机制,积极营造全社会参与防治的浓厚氛围 …………220
　　9.3　京津冀雾霾治理一体化联防联控实现机制的法律途径 …………………221
　　　　9.3.1　加强立法,完善法治化保障 …………………………………………222
　　　　9.3.2　加强执法力度,切实保障治理效度 …………………………………227
　　　　9.3.3　加强司法建设,完善体制机制 ………………………………………234
　　9.4　京津冀雾霾治理一体化联防联控实现机制的教育途径 …………………240
　　　　9.4.1　教育是促进能源节约的重要途径 ……………………………………240
　　　　9.4.2　加强能源教育,促进三地能源消费理念和行为的革命 ……………244
参考文献………………………………………………………………………………248

第1章 导　　言

┌─────────────┐
│ 阅读提要 │
└─────────────┘

中国雾霾的成因具有普遍性和特殊性,其普遍性是传统土壤尘、燃煤、生物质燃烧、汽车尾气与垃圾焚烧、工业污染和二次无机气溶胶为凝结核生成雾霾;其特殊性是中国雾霾形成速度和扩散快、凝结核体积(直径)跳跃式和突发性增长,均与区域微生物种群及土壤、水源严重面源污染密切相关。同样,京津冀地区雾霾的成因也具有普遍性和特殊性,其特殊性在于燃煤是京津冀雾霾的最大来源,因此对京津冀雾霾的一体化治理,关键是该地区的煤炭清洁化发展。

1955年美国经济学家库兹涅茨提出著名的库兹涅茨曲线(又称作"倒U曲线"),最初提出来的是作为描述收入分配状况随经济发展过程而变化的曲线。当库兹涅茨曲线被用以衡量经济与环境关系时,纵坐标由收入差距变为环境污染指标,曲线显示随着经济发展,环境呈先恶化而后逐步改善的趋势。虽然人类是最理性的高级动物,但是各个国家还是走上了"先污染,后治理"的经济发展道路。雾霾当前,促使各部门下决心治理污染问题,并非没有经验和教训,然而不亲身经历苦难而来的经验和教训总是不深刻,以至于不能真正引起人们的重视。

纵观人类历史,在前工业化时代人类社会也出现霾,但那时的霾,主要是灰霾,以尘土为主要成分,其主要原因是气候变化后土壤沙化问题。工业化以来,全球出现过多起典型的重度雾霾污染事件,其成因和治理模式各有其特点,但其基本成因都是由于化石燃料大规模使用所造成的排放增多,加之当地的地形气候条件,使得污染物越积越多,超出了大气的自我循环能力,从而形成雾霾。同时,雾霾的成因也显示出阶段性,初期是煤化石燃料的主要排放物,其次是石油化石燃料的主要排放物,之后是二者兼有。发达国家面临雾霾重度污染之后,积极地采取治理措施,通过减少煤和石油等化石燃料的使用及其清洁化、改变产业结构、转移高耗能和高污染行业等措施,使工业污染大幅度减少,重新获得蓝天和洁净的水以及空气等。但是,发达国家转移的高耗能和高污染行业在第三世界国家引起了这些国家的重度污染,因此从根本意义上,发达国家的污染问题并没有真正解决,人类社会需要联合起来,一体化治理环境污染,同呼吸、共命运,才能真正实现同在蓝天下。

本书着重致力于说清楚雾霾的发展历史、国外的雾霾典型类型及其治理应对、中国的雾霾尤其是京津冀地区的雾霾成因、类型及其应对之策思考,以期能够对雾霾的一体化治理起到绵薄的智力支持作用。

治理雾霾是一场攻坚战。美国洛杉矶 1943 年曾出现严重雾霾天气,当时造成了数千人死亡。美国政府痛下决心,开始着手治理空气质量,采取包括强制工业企业对废气进行处理、提高汽车使用成本等诸多措施,到 1970 年,随着《清洁空气法案》的出台,美国空气质量才有了明显改善。1952 年伦敦也同样遭受雾霾,前后导致万余人死亡,1956 年英国议会迅速通过了《清洁空气法案》,加强治理空气污染,30 年后情况终于得到了改善。雾霾重压之下,中国治理好需要多少年? 国务院已经出台了《大气污染防治行动计划》,要求 2017 年全国 PM_{10} 浓度普降 10%,其中京津冀、长三角以及珠三角三个重点区域的 $PM_{2.5}$ 浓度分别要下降 25%、20% 和 15% 左右,最终实现全国空气质量的"总体改善"。随后,环保部跟全国 31 个省(区、市)签署了《大气污染防治目标责任书》,治理决心空前。2014 年 10 月,世界生态城市与屋顶绿化大会在青岛开幕,国家室内环境监测中心主任宋广生表示,根据《中国低碳经济发展报告(2014)》,中国治理雾霾污染需要 20～30 年,根据英国、日本、德国、美国治理大气污染的经历,中国要"从根本上而不是一时"治理好雾霾、重现蓝天白云,按照目前的经济发展模式和技术水平,需要 20～30 年时间。即使是采取最严厉的措施,采用最先进的技术、最快的实现经济结构转型,奇迹性的改善环境,也需要 15～20 年的时间。

为什么如此说? 这就需要进一步研究中国雾霾的成因及其机理。据南京大学教授、江苏省宏观经济研究院院长、江苏省信息化研究中心主任、我国第一位国家"973 计划"能源领域风能项目首席科学家顾为东在 2014 年 3 月授权中国新闻网发布的文章《中国"雾霾"形成机理的深度分析》分析指出:中国雾霾形成机理具有普遍性和特殊性。其普遍性是传统土壤尘、燃煤、生物质燃烧、汽车尾气与垃圾焚烧、工业污染和二次无机气溶胶为凝结核生成雾霾;其特殊性是中国雾霾形成速度和扩散快、凝结核体积(直径)跳跃式和突发性增长,均与区域微生物种群及土壤、水源严重面源污染密切相关。由于中国水土环境受到富营养化严重污染,造成环境中微生物种群繁杂和富集;同时土壤中氨氮浓度高,造成冬春季节水分蒸发带走大量富营养水分,在低空与气溶胶相结合,在凝结核吸水膨胀同时,也为吸附在凝结核的微生物快速分裂繁殖提供养分,长期以往形成具有地域特征微生物种群,为雾霾快速形成、频发和爆发性增长提供了外部条件。因此该文得出结论:中国工业化进程中工业等污染和广大农村的土壤、水源严重污染的叠加效应,是中国严重雾霾形成的特殊机理。微生物繁殖条件取决于温度、水分、氧气和养分,微生物温度适应能力强,在水分蒸发进入大气,随空气温度降低会再次凝结,冬季成霜,春季成雾;物体悬浮状态接触空气面积最大,使吸附在凝结核表面微生物获得充分氧气,因此在不同的季节和不同的气候条件下,会形成不同程度的雾霾,由此决定了雾霾治理的复杂性和联防联控一体化治理的必要性。因此该文提出治理雾霾的政策建议是:一是从普遍性角度入手,减少传统二次无机气溶胶等凝结核产生。二是从特殊性角度入手,深入研究雾霾中微生物种群和分类。筛选起主要作用微生物,确定其种群的区域性集聚地,针对性制定治理举措;深入研究控制土壤等面源污染的具体举措,减少和阻断蒸发水分中氨氮等营养物;探索区域性与雾霾相关联的微生物群发生规律和治理办法。同时大力推进城市公共环境卫生,消灭城市卫生死角[①]。

　　针对京津冀地区来说,其雾霾成因也具有普遍性和特殊性。据中国低碳网2013年年底发布的绿色和平与英国利兹大学研究团队《雾霾真相——京津冀地区$PM_{2.5}$污染解析及减排策略研究》显示:其研究以燃料类型来看,过度依赖煤炭的能源供应结构对京津冀地区的$PM_{2.5}$污染影响巨大。煤炭是京津冀地区主导性的燃料污染来源,占一次$PM_{2.5}$颗粒物排放的25%,对二氧化硫和氮氧化物的贡献分别达到了82%和47%。以行业来看,煤电厂和钢铁厂、水泥厂等工业排放源是京津冀地区的主要污染源,占京津冀地区一次$PM_{2.5}$颗粒物总排放的57%,二氧化硫和氮氧化物总排放的81%和64%。该报告由此得出结论:煤炭燃烧排放出的大气污染物是整个京津冀地区雾霾的最大根源。从行业来看,煤电、钢铁和水泥生产是京津冀首要的"污染"行业,其排放出的烟尘、二氧化硫、氮氧化物和挥发性有机物等是雾霾的主要来源。京津冀地区若要在2022年实现空气质量达标,必须要削减80%的$PM_{2.5}$排放,燃煤削减将是减排的关键[②]。这与我们在梳理文献和实际访谈观察中得出的结论是一致的。

1.1　雾霾现象及其成因的历史梳理

1.1.1　雾霾的词源学阐释

　　雾,一种历史悠久的自然现象。地球上大江大河、湖泊沼泽众多。在水汽充足、大气层稳定的情况下,水汽凝结的细微水滴悬浮于空中,形成了雾。一天之内,雾的出现以早晚居多。一年之内,雾的发生以二至四月居多。神州大地,雾的聚集,多在盆地、山地、河流交汇处、沿江沿湖地带,如四川盆地、山城重庆为中国有名的雾区、雾都;河北承德境内的雾灵山"其山高峻,有云雾蒙其上,四时不绝"[③]。霾,历史悠久,甲骨文中,"霾"字赫然在列,见图1-1,说明霾这种天象如同风雨雷电一样,引起先民的高度关注。甲骨文中的霾,上有倾盆而下的雨,下面是一只睁大眼睛的长尾巴动物,表明这种天象不仅给人,也给动物造成相当的惊恐。否则,

---

　　① 顾为东:《中国'雾霾'形成机理的深度分析》,http://finance.chinanews.com/cj/2014/04-28/6110654.shtml.

　　② 京津冀雾霾"病因"明朗,http://www.ditan360.com/Dongtai/Info-136611.html.

　　③ (清)顾炎武.1962.昌平山水记.京东考古录.北京:北京出版社.

图 1-1　甲骨文中的"霾"字
资料来源:济南气象科普馆

动物不会睁大眼睛,注视四周。甲骨文中的"霾",有鲜明的图画性,反映了先民对这种天象的感性认知。不同于令人愉悦的阳光,从这个字的造型看,霾自古以来就是一种令人紧张的天象。

《说文解字》释雾义说:雾,地气发,天不应。从雨。雾是地气蒸发,而天空不接应,于是飘荡在地面上方的低空。《说文解字》释霾义说:风雨土也。从雨,貍声。《诗经》曰:"终风且霾",风雨交加,裹挟大地的尘土,伴随像貍一样的尖利声音,给人造成很大的压迫感。"终风且霾"是否为今天人们所说的沙尘暴,我们尚难以得知。但是席卷尘土的霾,古已有之,当无疑义。《辞海》对其的解释是"大气混浊态的一种天气现象"。

汉代直接称"霾"很少,有关"霾雾"的记载开始出现。以汉代为分水岭,霾开启了与其他汉字连用组成新词的旅程。《后汉书·郎凯传》载,顺帝阳嘉二年(133年)正月,因"自从入岁,常有蒙气,月不舒光,日不宣曜",名士郎凯建议:"孔子作《春秋》,书'正月'者,敬岁之始也。王者则天之象,因时之序,宜开发德号,爵贤命士,流宽大之泽,垂仁厚之德,顺助元气,含养庶类。如此,则天文昭烂,星辰显列,五纬循轨,四时和睦。不则太阳不光,天地混浊,时气错逆,霾雾蔽日。"

"霾雾蔽日",因为"霾雾"遮蔽太阳,当时的名士郎顗对此有很大的担忧。万物生长靠太阳,中国以农立国,粮食稳,天下安。基于太阳光热基础上的光合作用对天下苍生的重要性不言而喻。农业生产相当程度上"靠天吃饭"。在汉代人的世界图景中,"霾雾蔽日"不仅影响农业生产,也是一种值得高度警惕和倍加小心的灾异天象。

两汉至民国,"霾雾"的记载陆续出现。"时气错逆,霾雾蔽日""眊眊然骚扰内生,霾雾填拥惨沮"[1][2]"玉宇琼楼最高处,一天霾雾拨难开"[3]《清史稿·灾异志》记载如下:"(雍正元年四月初七)恩县夜起大风,飞石拔木,有顷黑霾如墨,良久复变为红霾,乍明乍暗,逮晓方息""(顺治)十四年二月,阳城黄霾蔽天,屋瓦皆飞"。

①　(唐)柳宗元. 与杨京兆凭书.
②　后汉书·郎凯传.
③　(清)宁调元. 八月十五日夜漫书.

1.1.2 工业社会时代的雾霾及其成分

上述记载中的霾,其构成成分都是风雨土,与现代意义上的霾有根本的区别。以工业革命为分水岭,人类社会进入新时代,霾的成分也发生了巨大变化。古代的霾,或者说农业时代的霾,由风、雨、土组成,对人的健康伤害程度较小。工业革命以来,工业化、城市化造成环境污染,加剧霾的出现频率和灾害程度。纵览全球,几乎世界上所有的工业化国家程度不一地遭受过霾的侵害。

1. 英国伦敦雾霾

工业革命的基本动力是蒸汽动力。自瓦特发明蒸汽机,蒸汽动力磅礴推动采煤业和制造业,工厂的兴起与城市的扩张,互为表里,彼此推进。从此时开始,工业污染渐次登上城市舞台,成为影响城市发展的新兴力量。工业革命重镇——伦敦,烟囱高耸,工厂密集,素有“雾都”之称。工业革命激活了伦敦,也为伦敦创造了五花八门的就业岗位。每年秋冬两季,大批烟囱清洗工人,攀登民宅屋顶或工业烟囱顶部,专心致志清洗烟囱。满脸烟灰的烟囱清洗工人成为工业伦敦的经典形象,如图 1-2 所示。英国作家查尔斯·狄更斯于 1838 年出版写实小说《雾都孤儿》,以“雾都”伦敦为背景,令“雾都”声名远扬。

图 1-2 工业革命重要标志——烟囱

资料来源:2012 年伦敦奥运会开幕式

“工业革命还带来了其他更持久的问题。维多利亚时代的伦敦城,正如查尔斯·狄更斯说的那样,是一座臭名昭著的‘巨大而肮脏的城市’,不卫生的环境和受苦受难的下层百姓成了这座新兴工业化城市的标志。伦敦城由于空气污染（尤其是煤燃烧排放的污染物）而变得非常的脏，人们每天都得更换袖口和衣服"①。

如果说蒸汽机是工业革命的发动机，煤炭就是工业革命须臾不能离开的能源粮食。本土丰富的煤炭资源为英国人"靠煤用煤"提供了便利，成为英国率先叩开工业革命之门的先天优势，一位学者甚至认为"英国的工业化是把人口和企业放在煤的基础上"②。受益于工业革命的磅礴发展，英国伦敦的城市体量、人口规模、生产能力、消费能力急剧增长。18世纪初，伦敦成长为欧洲人口最多的城市，将巴黎、柏林、布鲁塞尔等欧洲大陆的城市远远甩在后面。据统计，1750年伦敦人口约为67.5万人，到19世纪初时比半世纪前增长近一倍，进入19世纪中叶，人口增长至约268.5万人③，城市体量的扩张产生了庞大的工业用煤、生活用煤（包括冬季采暖用煤）需求，由此也带来了大量的污染排放。

在欧洲贸易网络和金融市场占据首席地位的伦敦，坐落在泰晤士河畔、英格兰南部，靠河濒海，海洋性气候明显，以丰富的水汽、雾气闻名于世。19世纪以来，大量的工业用煤使伦敦产生了以"煤烟型污染"为主要特征的工业污染。1863年，伦敦开通世界上首条地铁，牵引车也是以煤炭作为燃料。工业革命以来，伦敦对煤炭的依赖程度与日俱增，煤炭如同伦敦居民一日三餐的面包一样重要。

在整个19世纪，随着工业革命的发展，英国的空气质量持续恶化，空气中的污染物急剧增加。到了1905年，德沃博士把"烟"（smoke）和"雾"（fog）结合在一起，首次使用了"smog"一词，描述在当时英国特有的、充满污染物的油烟味道的雾气，英国首都自此开始以smog而闻名，获得了"雾都"（the Smoke）的声誉。20世纪初，英国对于工业发展的限制与家庭用煤量的减少终于使得这种充满smog的天气逐渐减少。尽管如此，情况仍然不容乐观，原因就在于伦敦人燃烧烟煤取暖的习惯无法真正改变。伦敦工厂的烟囱里排出很多污染物，但是据统计，伦敦城里的70万个私人住宅的烟囱中排出的黑烟占到污染物总量的95%，这个景象已经成为英国的传统之一④。

1952年12月5日，伦敦寒冷、无风、大雾。天寒地冻，伦敦居民为了驱寒，不得不加足马力，使用比平常更多的煤炭，大多数伦敦市民采取的仍旧是烧煤炭炉子这样一种低效、高污染的取暖方式。为了满足战后伦敦的重建需要，伦敦建有多座以煤为动力来源的火力发电站。由于空气对流不畅、污染量大，煤炭燃烧产生的二

---

①　[美]威廉·麦克唐纳，[德]迈克尔·布朗加特．从摇篮到摇篮——循环经济设计之探索．中国21世纪议程管理中心，中美可持续发展中心译．2005．上海：同济大学出版社．

②　Neil K B. 1978. The Economic Development Of The British Coal Industry. Redwood Burn Ltd：56.

③　B R 米切尔，帕尔格雷夫．2002．世界历史统计（欧洲卷）：1750—1993年．贺力平译．北京：经济科学出版社．

④　苗千．2014．伦敦雾霾．三联生活周刊，（22）．

氧化碳、一氧化碳、二氧化硫等气体与各种粉尘在城市上空蓄积,引发连续数日的雾霾天气。据史料记载,当时伦敦的一处歌剧院正在上演歌剧《茶花女》。雾霾侵入歌剧院内部,正在观赏节目的观众看不见舞台,演出被迫中止。观众提前散场,出来发现大街上伸手不见五指,水陆交通几近停摆。

"1952 年 12 月的伦敦大雾持续了 5 天。当时能见度只有几米,找到路的唯一办法是沿着马路护栏和房屋行走。人们根本看不清交通状况,过马路必须靠听觉。造成污染的最直接原因是发电站和普通家庭使用的煤炭以及汽车尾气。1952 年伦敦大雾引发的直接死亡人数达到 4000~6000 人,其中主要是儿童和患有呼吸疾病的人群。这是一场全国性灾难。如果按照中国的人口规模换算,相当于 8 万人死亡。大雾带来的严重影响还加剧了人们已有的病情,并非所有死亡人数都立即进行了登记。估计最终的死亡人数为 1.2 万人,换算成中国的人口规模,则将近 25 万人"[①]。

早在 1952 年的伦敦雾霾灾难之前,英国人就认识到了空气中的烟雾对人的影响,而且早就把燃煤和空气污染联系起来。13 世纪就曾经有皇家公告禁止居民燃烧海煤。1661 年,约翰·伊夫林曾经向查理二世提交了一篇论文,论述伦敦城中的空气污染将缩短伦敦居民的寿命。但是伦敦市民为了度过漫长而湿冷的冬天,除了用煤炉烧煤在家里取暖之外,没有其他更好的办法,煤烟也只能排放到空中。

从伦敦的空气污染情况看,其雾霾的主要成分是燃煤排放和工业污染,因此其治理过程首先是控制烟尘,其次是控制工业污染,后来制定了全面的空气质量标准。伦敦市 1999 年建立了第一个 $PM_{2.5}$ 监测站,该站 1999 至 2000 年期间,$PM_{2.5}$ 年均浓度值在 $13\sim16\mu g/m^3$ 波动。随后陆续建立郊区、城市和路边 $PM_{2.5}$ 监测站,目前有 17 个监测站在运行。2010 年,大伦敦城市区 $PM_{2.5}$ 年均值为 $16\mu g/m^3$ 达标,达到欧盟和英国的标准。

2. 美国洛杉矶雾霾

20 世纪 30 年代,美国中西部大草原因为过度开发,刮走了 3 亿多吨尘土,频繁的黑霾使得大面积的农作物减产、绝收,大批牲畜渴死或呛死,是美国人不堪回首的"尘土飞扬的十年",被粮食问题专家乔治·博格斯托姆称为"历史上人为的三

---

① （英）罗思义. 伦敦 1952 年大雾灾难的启示. http://www.guancha.cn/LuoSiYi/2013_01_15_120549.shtml. 罗思义先生曾经担任伦敦副市长,现为上海交通大学访问教授。严格意义言之,1952 年 10 月伦敦上空夺人性命的不是大雾,而是雾霾。或按照英国人对这一事件的叫法——The Great Smog of 52 or Big Smoke,译为《伦敦 1952 年大烟雾灾难的启示》更为妥切。此处原标题如此。

大生态灾难"①之一。关于这样一种人为的生态灾难,我国著名地理学家竺可桢对此有如下解读:

"我国东北西部和内蒙古东部,与美国中西部大平原、苏联哈萨克斯坦北部同为北半球温带三大肥沃草原。雨量在 300～400mm 之间,地形平坦,气候适宜于牛羊的生长,实为天然的良好牧场。美国在第一次世界大战以后,因小麦昂贵,地主们以有利可图,于二十年代至三十年代大量地把美国中西部牧场开垦为麦田。到 1933～1938 年时期,美国年年干旱,雨量比常年平均少 25%,三亿亩草原土地受风吹蚀,土壤被吹去数厘米到一米,尘土飞扬,黑霾蔽天,起风时白天须点电灯,甚至对面不见人,以致交通断绝。1934 年 5 月 11 日一次黑霾长达 2400km,广达 1440km,高达 3km,使美国东部大城市如纽约的天空也为变色。这五年间风尘灾祸使中美地区数十万人无家可归,美国费数十亿美元来做善后防止土壤吹失工作"②。

"尘土飞扬,黑霾蔽天",发生在美国中西部大草原的黑霾,与人们掠夺式的开发方式密不可分。长期以来,美国中西部大草原为印第安人的家园。白人农场主控制这里之后,迅速侵占印第安人的生存空间并形成毁草造田、有水快流的热潮,将这里变成可以机械化种植的小麦产地,使草原严重退化、沙化。大面积的草原消失,地表失去了覆盖和生态庇护,黑霾也如影随形,为这一竭泽而渔的开发方式敲响丧钟。

洛杉矶位于美国加利福尼亚州南部,濒临浩瀚的太平洋。19 世纪后期,因为加利福尼亚金矿的发现、大规模的石油开采、巴拿马运河的通航以及通往美国东部地区铁路的兴建,洛杉矶的发展由此步入快车道。到 20 世纪初,洛杉矶已经成为美国西部海岸的第二大城市。1941 年后,凭借得天独厚的石油资源和雄厚的工业基础,洛杉矶的飞机制造、电子仪器、石油加工、钢铁业发展迅猛,为许多来自四面八方的美国人及世界移民提供了众多的工作机会、发展良机。但随着经济成长,洛杉矶的人口、汽车保有量、经济总量节节攀升,带动了洛杉矶旺盛的化石能源(主要是石油,作者注)消费。据不完全统计,洛杉矶在 20 世纪 40 年代中后期拥有 250 万辆汽车,这个数字远远超过当时欧洲许多城市的人口规模。

城市规模的增长随之带来了大量的污染物排放。从 1943 年开始,洛杉矶每年从夏季至早秋,城市上空出现一种使人眼睛发红、咽喉疼痛、呼吸憋闷的深褐色气体。这种烟雾中含有大量的氮氧化物和碳氢化合物。氮氧化物和碳氢化合物在大气环境中受太阳光紫外线照射,变得非常不稳定,产生复杂的光化学反应,原有的

---

① 唐纳德·沃斯特.尘暴:20 世纪 30 年代美国的南部大平原.伦敦:牛津大学出版社,1979.另两大人为的生态灾难为黄土高原森林过度砍伐、地中海地区过度放牧。

② 竺可桢.论我国气候的几个特点及其与粮食作物生产的关系.地理学报,1964,30(1).

化学链遭到破坏,生成新的二次污染物——光化学烟雾。含有有毒物质的光化学烟雾,可随气流漂移,远离洛杉矶城区的远郊也深受其害。

"光化学烟雾,即所谓洛杉矶烟雾,不是由发生源排出物质自身形成的烟雾,而是在大气中排出物质经太阳光线照射时,发生的化学反应中形成的。光化学烟雾主要在夏季,而且在中午时发生,那时大气中的氧化剂(Oxidant)浓度显著增高,同时出现视程缩短,眼的刺激,植物和农作物的损伤,橡胶制品裂纹等损害。在洛杉矶附近,经常发生这种烟雾,据说是从第二次世界大战结束前后即 40 年代中叶开始出现的"[①]。

从时间上看,"光化学烟雾主要在夏季,而且在中午时发生",从地形上看,洛杉矶光化学烟雾与伦敦烟雾一样受到地理环境的影响。洛杉矶地处太平洋东海岸的一个口袋形地带,三面环山,一面濒海,形成直径约为 50 公里的盆地,空气在水平方向流动缓慢。洛杉矶地狭人稠,大量的经济活动和汽车运动在此经纬交错,生成大量的光化学烟雾。风力弱小或天气静稳,光化学烟雾不能上升越过山脉的高度,只能盘踞在城市上空。在这种特殊地理条件的束缚下,时间一长,光化学烟雾扩散不开,浓度越来越高,形成对人体健康伤害更大的污染。

洛杉矶被锁定在高化石能源消耗、汽车尾气污染的发展轨道之上,光化学烟雾在这座城市的上空挥之不去,洛杉矶渐渐有了"美国烟雾城"的称号。1955 年 9 月,洛杉矶再次爆发高强度的光化学烟雾,65 岁以上的老人死亡 400 余人,为平时的 3 倍多。从这一时期开始,洛杉矶每天向居民发出光化学烟雾预报,不少居民以此作为依据决定自己是否出门。光化学烟雾频繁,民众怨声载道,大多数民众却难以割舍使用汽车的习惯。身处洛杉矶好莱坞的明星用另一种方式表达不满,一位名不见经传的演员想出"雾霾罐头"的点子,设计了一段近似夸张的广告词——"这个罐头里装着好莱坞影星使用的有毒空气,你有敌人吗? 有的话省下买刀的钱,把这个罐头送给他吧!"在好莱坞影星的推介下,"雾霾罐头"成为公众关心环保议题的切入点,如图 1-3 所示。

1958 年,洛杉矶在经历连续 3 天光化学烟雾之后,一位女士擦拭不断流泪的眼睛,她准备呼吸一瓶由城外采集的新鲜空气,瓶身上写着"如水晶般透明的空气"[②]。

洛杉矶光化学烟雾长期居高不下,引人注目,其天空甚至被人讽喻为"冲坏了的胶卷",面对此种状况,洛杉矶政府终于排除阻力,多管齐下——规定所有汽车必

---

① (日)八卷直田. 1974. 有关光化学烟雾的几个问题(一). 中国交通部劳动卫生研究所情报室译. 铁道劳动安全卫生与环保,(1).

② Chip J, William K. Smog town:The Lung-Burning History of Pollutionin Los Angele. Overlook Hardcover,2008.

图 1-3　清新的空气体验

须安装催化式排气净化器,从技术上解决汽油燃烧不充分的问题,敦促石油公司必须在成品油中减少烯烃的含量;鼓励人们最大限度提高汽车的载人数,汽车满载可使用公交专用车道,减少道路拥堵和排污;开发智能交通系统,提高交通管理水平,有效减少堵车和机动车污染。

通过几十年的努力,洛杉矶的空气质量开始慢慢转好。根据洛杉矶环保部门的统计,洛杉矶一级污染警报(非常不健康)的天数从 1977 年的 121 天下降到 1989 年的 54 天,到 1999 年这个数字降为零。今天,洛杉矶已将"美国烟雾城"的称号摘帽,不再为光化学烟雾所困。

从美国洛杉矶的雾霾情况来看,雾霾的主要成分是以石油为主的化石燃料消耗所产生的污染物排放和工业污染,因此其治理过程首先是限制化石燃料排放,然后是控制工业污染,最后制定全面的空气质量标准。

3. 北京市的雾霾来源及其成分

我国 $PM_{2.5}$ 的化学组成复杂,其中炭黑和地壳元素多来自一次排放,有机物一部分来自一次排放,另一部分来自污染气体的二次转化,硫酸盐、硝酸盐和铵盐则多为燃烧活动排放的 SO_2 和 NO_x 经过光化学反应的产物。我国化石燃料占能源总量的 92%,其中煤 68.4%、石油 18.6% 和天然气 5.0%[①],这一国情决定了我国

---

① 中国国家统计局编. 2012 年中国统计年鉴. 北京:中国统计出版社,2013.

PM$_{2.5}$主要来源于燃烧排放,我国城市中因燃煤、汽车尾气、工业窑炉造成的一次源、二次源污染在 60％以上,建筑扬尘最多在 20％左右[①]。但是颗粒物的生成与运动受到多种因素影响,整个过程极其复杂。因此,针对各种排放源所占的比例存在较大争议。

中国科学院(简称中科院)大气物理研究所张仁健课题组与同行合作,对北京地区 PM$_{2.5}$的化学组成及源解析季节变化进行了研究。结果显示:北京市 PM$_{2.5}$有 6 个重要来源,分别是土壤尘、燃煤、生物质燃烧、汽车尾气与垃圾焚烧、工业污染和二次无机气溶胶,这些源的平均贡献分别为 15％、18％、12％、4％、25％和 26％。研究表明,如果将燃煤、工业污染和二次无机气溶胶三个来源合并起来,那么化石燃料燃烧排放就是北京市 PM$_{2.5}$污染的主要来源。但是,该结论一经推出就引来很多争议。尤其是汽车尾气只占到 4％,更是引来多数专家的疑问。北京大学、清华大学,包括中科院等学术机构的研究结果都表明,机动车污染在北京市空气污染中占比为 20％～30％。

此外,针对燃煤电厂是否为污染物的主要来源也存在争议。近期国际环保组织"绿色和平"与英国利兹大学研究团队联合发布的一份报告显示,以行业计,能源部门(燃煤发电)是京津冀 PM$_{2.5}$最大的污染源;以燃料种类计,煤炭是京津冀地区主导性的燃料污染来源;以地区计,河北是京津冀地区 PM$_{2.5}$最主要的排放源。具体来说,燃煤发电产生的污染物占京津冀地区 PM$_{2.5}$一次污染物排放的 9％,占该区二氧化硫和氮氧化物总排放量分别约为 70％和 50％,是京津冀最大的污染源。然而,针对该报告的结果,中国工程院院士、清华大学前副校长倪维斗认为,燃煤污染确实存在,但主要污染不是出在燃煤电厂,而是出在如炼焦钢铁、窑炉、工业小锅炉、农村取暖等其他用煤领域,把雾霾问题全部归结于燃煤发电,是不公平的。

京津冀地区的大气问题属于复合污染类型,其中不仅包含煤、石化燃料、机动车排放物等多种混合污染物,而且该区人口密度大、气象因素复杂,也为雾霾的治理提出了更大挑战,因此详细梳理清楚雾霾的来源及其构成成为治理雾霾的前提。2012 年 6 月以来,北京市环保局组织北京市环保监测中心,联合北京大学和中国环境科学研究院(中国环科院)等科研单位,将科研项目与日常监测工作相结合,进一步开展了 PM$_{2.5}$来源解析研究。研究过程中,监测部门发挥优势,完成了系统的采样、分析,取得了大量的基础数据,综合运用国内外最先进的源解析技术方法,得出了 2012～2013 年度北京市 PM$_{2.5}$的主要来源结论和工作建议。北京市组织力量经过一年半的科学研究,于 2014 年 4 月份发布了 PM$_{2.5}$来源解析成果:北京市全年 PM$_{2.5}$来源中区域传输贡献占 28％～36％,本地污染排放贡献占 64％～72％。在本地污染贡献中,机动车、燃煤、工业生产、扬尘为主要来源,分别占

---

① 胡敏,唐倩,彭剑飞,等. 我国大气颗粒物来源及特征分析. 环境与可持续发展,2011(5):15-19.

31.1％、22.4％、18.1％和14.3％，餐饮、汽车修理、畜禽养殖、建筑涂装等其他排放约占$PM_{2.5}$的14.1％。

此次研究的主要结论表明，北京市空气中$PM_{2.5}$主要成分为有机物(OM)、硝酸盐(NO_3^-)、硫酸盐(SO_4^{2-})、地壳元素和铵盐(NH_4^+)等，分别占$PM_{2.5}$质量浓度的26％、17％、16％、12％和11％。通过模型解析，全年$PM_{2.5}$来源中区域传输影响占28％～36％，本地污染排放影响占64％～72％，特殊重污染过程中，区域传输贡献可达50％以上。

研究结果发现，北京市$PM_{2.5}$成分和来源呈现两个突出特点。一是二次粒子影响大，影响不可忽视。$PM_{2.5}$中的有机物、硝酸盐、硫酸盐和铵盐主要由气态污染物二次转化生成，累计占$PM_{2.5}$的70％，是重污染情况下$PM_{2.5}$浓度升高的主导因素；二是机动车对$PM_{2.5}$产生综合性影响。首先，机动车直接排放$PM_{2.5}$，包括有机物(OM)和元素碳(EC)等；其次，机动车排放的气态污染物包括挥发性有机物(VOC)、氮氧化物(NO_x)等，是$PM_{2.5}$中二次有机物和硝酸盐的"原材料"，同时也是造成大气氧化性增强的重要"催化剂"。北京市的硝酸盐与硫酸盐的比例2003年为3∶5(硝酸盐/硫酸盐＝0.6)，现在硝酸盐已超过硫酸盐(硝酸盐/硫酸盐＝1.05)；另外，机动车行驶还对道路扬尘排放起到"搅拌器"的作用。

根据研究成果，专家给出的治理建议如下。一是机动车、燃煤、工业生产和扬尘是北京市$PM_{2.5}$来源的四个主要方面，必须严格控制，也印证了目前全市开展大气污染防治的方向是正确的。根据北京市的污染特征，尤其要严格管控机动车污染。二是区域传输对北京市$PM_{2.5}$来源的贡献高达28％～36％，要改善北京市空气质量，急需切实开展区域联防联控，削减区域内的污染物排放总量。三是有机物和硝酸盐是本市$PM_{2.5}$的最主要成分，建议削减挥发性有机物(VOC)和氮氧化物(NO_x)排放，并协同开展二氧化硫(SO_2)和氨(NH_3)等污染物排放控制。四是$PM_{2.5}$来源解析是重要的基础工作，随着大气污染治理的深化，污染特征还会发生变化，需要创造条件深入持续开展源解析研究工作[①]。

从北京的雾霾成分构成可以看出，我国雾霾的成分聚集了所有工业污染的排放成分，因此其治理难度更为复杂。

1.2　京津冀雾霾成因的复杂性

空气是地球上所有人须臾不分的生命要素。工业革命以来，几乎世界上所有的工业化国家程度不一地遭受过空气污染。北京不是空气污染第一城，也不会是最后一城。但是，北京的雾霾力度之重、持续时间之长、牵涉范围之广(包括中国的

---

① 参见北京市环保局网站资料.

环境责任、雾霾影响周边国家、北京的国际形象等)、治理难度之大,举世少有。

1.2.1　京津冀雾霾成因的勾连

北京是座古老的城市。"汉唐看西安,明清看北京",自明成祖朱棣肇建紫禁城以来,北京城博大厚重,熠熠生辉,经久不衰。数百年来,北京宜居、包容、开阔,令人向往。由多处皇家园林衍生而来的公园宛如生生不息的"绿肺",从四面八方聚集怀揣梦想的学子、商人、艺术家、官员、贩夫走卒,为北京带来了层出不穷的新鲜血液。这里卧虎藏龙,五湖四海。著名学者朱自清先生说:"至于树木,不但大得好,而且也多得好;有人从飞机上看,说北平只是一片绿。一个人到北平来住,不知不觉中眼光会宽起来,心胸就会广起来;我常想小孩子最宜在北平养大,便是为此"①。

北京是首都——世界第一人口大国、世界最大发展中国家、世界第二大经济体的首都。中国北方,北京对周边省市的居民拥有无穷无尽、近似魔幻般的吸引力。"到北京读书""到北京工作""到北京看病""到北京购物""到北京旅游"成为他们的心中所系。北京的人口总量、城市体量、交通流量、消费力量与日俱增,不断吸纳四周包括水资源、人才资源、蔬菜资源、天然气资源、粮食资源在内的各种资源。

自古以来,北京就是一座资源荟萃之城。今天,你在北京可以进中国最大的图书馆——国家图书馆,进中国最好的剧院——国家大剧院,到中国最大的博物馆——国家博物馆,这里的许多建设都是大手笔,代表中国的最高水平。一位回国工作的留学生告诉作者,若论资源的集聚效应,北京已经远远超过伦敦、纽约等国际大都市。

近水楼台先得月。邻近上海、广州、深圳的诸城诸镇,莫不如此。邻近上海的昆山,总面积仅 927.68 平方公里,以其雄厚的经济实力连续多年评为全国百强县之首。邻近广州、深圳的许多小镇,万家灯火,活力四射。长三角、珠三角的小城小镇,许多都是一个独具特色的小气候、小宇宙,从彼此的交流互通、错位发展中萃取营养,相得益彰。

邻近北京的"环京津贫困带"却是另外一番情景。巨大的经济落差、悬殊的发展机会、惊人的发展洼地、不同的社会保障水平,使得北京周边地区存在大量的贫困人口。严重的城乡二元结构不仅加剧了京津冀地区的发展不平衡,也影响了京津冀地区的生态环境、空气质量。

为了压煤,北京市正在将冬季燃煤取暖改成天然气供暖。为此,去年(2012年,作者注)北京市的硬补贴已达到近 40 亿元。下一步,洪峰说,随着天然气成本

① 朱自清.1930.南行通信.骆驼草,(12).

价格提高,明年(2014 年,作者注)可能将付出超过 100 亿元的财政补贴①。

"开门七件事,柴米油盐酱醋茶"。能源为人类生产生活提供动力和热力。一部人类发展史,也是一部人类能源使用史、能源消费结构变迁史、能源效率提升史。从人猿揖别、钻木取火开始,能源消费结构就是衡量生活水平、社会发展水平的重要标尺。"环京津贫困带",某种程度而言,也是"环京津燃煤带"。家家户户烧煤炭炉子,向大气中排放了大量污染,成为京津冀地区雾霾的重要来源。

北京位于华北平原北端,从此观看中原,按照古人的说法,有"若窥堂奥"的视野及心理优势。我们的先民很会为都城选址。在中国古都中,北京能崭露头角,后来居上,成为明清两朝的都城,一定占据了相当的地利。如今,一望无垠的华北平原中南部,成为北京空气污染扩散的下风向。当第一次看到环保部公布的 2013 年1 月全国空气污染最重的 10 个城市,依次为邢台、石家庄、保定、邯郸、廊坊、衡水、济南、唐山、北京、郑州等时,令人有些不敢相信这样一个排列。上述的邢台、石家庄等河北七城,人口总量、汽车总量、垃圾处理总量均不与北京在一个量级上。以常理推断,邢台、石家庄等河北七城的空气污染不可能比北京更重。2013 年 11月,作者到湖北恩施开会,特意选择白天经过此地的往返列车,仔细观察窗外。经过一番思考,以下因素或许对此地雾霾比北京还重"有所贡献"。

华北平原中南部为我国主要的冬小麦产地②。冬季,多在 9 月中下旬至 10 月上旬播种的冬小麦此时缓慢成长,华北平原中南部能对雾霾多少起一点净化作用的绿色植物并不彰显。这里,不像北京有这么多的皇家园林(许多已演化成公园)为古树生长提供不受外界干扰的净土。古树沧桑,生命力顽强。北京的绿化场地,也有专人定期看管。经过多年的地下水超采,华北平原严重缺水。民以食为天,为了保障冬小麦等粮食作物的生产,人们不得不抽取地下水。岁岁年年人们大量抽取地下水更加剧了这一地区地面的干枯程度,为扬尘污染埋下"伏笔"。在冬季常刮北风的情况下,华北中南部为北京空气污染扩散的必经之地,一旦风的力量不足,"强弩之末,势不能穿鲁缟",大量的空气污染物容易层层累积。

中国所有省市中,北京与河北这样一组省市关系,可能是最为独特的。从地理环境而言,北京、河北,山水相连,十指连心。从国土面积而论,"大"河北几乎将"小"北京完全包裹其中。从历史渊源来看,位于河北的保定曾经是直隶的政治中心。1949 年后,因为北京特殊的政治地位,"为北京服务"一直是河北各项工作的重中之重。河北为北京重要的水源地,为了给北京提供充足的水资源,河北的自身发展受到诸多掣肘。作为一座曾经的"生产城市",北京畅通无阻地向河北外迁了大量工厂。"近邻"河北成为北京转移污染的首当其冲之地。当人们以为将工业污

---

① 金煜. 2013-01-23. 北京燃气供暖补贴明年增到 100 亿"暗补"变"明补". 新京报.
② 我国主要的冬小麦产地为华北平原、江淮、黄淮等地区,冬小麦主要产地与旱灾常发地区基本重合.

染"礼送出境"就可换来北京"家门口"的蓝天,未料,空气污染,来来往往,反反复复。

2014 年 4 月,北京市环保局发布北京 $PM_{2.5}$ 来源解析的研究成果,指出北京 $PM_{2.5}$ 来源中,区域传输贡献占 28%～36%。在一些特定的空气重污染过程中,通过区域传输进京的 $PM_{2.5}$ 占到总量的 50%以上。

空气污染,不会局促一隅,画地为牢。如果说北京是一棵郁郁葱葱的参天大树,这样一棵参天大树,长久以来享受全国各地的支持与丰盛"营养"。参天大树,基业长青,必须要有坚实的"环境基座"。"地区的发展,难免以行政区域为落地载体,环境基座的夯实,却难以强分彼此,人为地划出一个条条框框、一条楚河汉界。京津冀三地中,由于北京的首都地位,北京能源源不断地从四面八方汲取包括水资源、粮食资源、人才资源在内的各种资源。作为北京的近邻,河北承担了首都'生态护城河'的重任。如果生态能量只是单向地从一边到另一边流动,'环境基座'的长治久安无法说起。就北京 $PM_{2.5}$ 治理而言,河北等地的土地沙化、环境退化,尤不应忽视。'城,所以盛民也'。城市,是为了让人们生活更美好。亡羊补牢,为时未晚。北京 $PM_{2.5}$ 治理,不可能毕其功于一役,将是一个漫长而艰巨的过程。标本兼治,统筹兼顾,而非头痛医头,脚痛医脚,只盯脚下一亩三分地。这将是北京 $PM_{2.5}$ 治理的康庄大道"[①]。

这是作者于 2013 年"雾霾一月"中的一点思考,这篇发表在《学习时报》的文章题目为《北京 $PM_{2.5}$ 治理的治标与治本》。如今,京津冀雾霾治理一体化已经成为社会共识。北京要想早日从"霾城"中走出,必须与河北、天津一道齐头并进,共同治理空气污染,多搭台唱戏,多补台协作。霾城中的反思之一,就是环境治理必须打破"螺蛳壳里做道场"的小家子气,唯有树立全局观念、一盘棋思想、休戚相关的生命共同体意识,大家赖以生存的"环境基座"方才根深叶茂,生生不息。

1.2.2　京津冀雾霾成因复杂的深度解析

不同的能源消费结构和地形气象决定了京津冀三地的 $PM_{2.5}$ 构成有很大不同。大体说来,作为北方两座特大型城市,北京、天津的 $PM_{2.5}$ 来源主要是汽车尾气、垃圾焚烧,河北 $PM_{2.5}$ 来源主要是燃煤污染、工业排放以及植被生长不彰导致的扬尘污染。

就能源消费结构而言,京津冀三地差别明显。进入 21 世纪,北京、天津大规模使用天然气,北京更是一马当先,成为燃煤总量绝对削减的先行者,河北的能源消费结构依然以煤炭为主。中国能源研究会 2011 年底发布的《中国 2011 能源发展报告》显示,2005 年至 2009 年,中国煤炭消费总量急剧增长;但北京是唯一累计增

---

① 樊良树. 2013-01-25. 北京 $PM_{2.5}$ 治理的治标与治本. 学习时报.

幅为负数的地区,煤炭消费量从 2005 年的 3069 万吨,降至 2009 年的 2665 万吨,累计增幅为－13％;而河北累计增幅为 29％。一个大锅炉房中,有两处"小"[1]地方使用清洁能源,空气质量能够天下太平吗?

天然气的大规模使用,需要基础支撑——天然气管网四通八达,深入每家每户。如果不能形成便捷流通的管网效应,依靠管道输送的天然气很难大规模抵达消费终端。河北的土地面积为 18.88 万平方公里,人口 7287 万[2],北京的土地面积为 1.64 万平方公里,人口约 2114 万[3]。北京地狭人稠,人口的集聚效应使得单位土地面积天然气管网建设的成本要低得多,这是北京的城市形态所决定的。换言之,同样面积的两块地方,一个地方居住 1 万户居民,一个地方居住 100 户居民,人均负担的管网建设成本相差惊人。

作为中国的首都,北京也一直享受包括天然气在内的各种资源的优先供应。即使在物质匮乏的岁月,北京居民的物资供应也更有保障。迄今为止,北京不存在"气荒"、"粮荒"、"菜荒"、"电荒"这些问题。要在河北全境铺设一张畅行无阻的天然气管网,无疑艰困许多。河北是中国举足轻重的煤炭生产大省,洋务运动以来,包括开滦煤矿在内的诸多煤矿向外输出了大量煤炭,人们靠煤用煤自然是理性选择。如今,在日高一日的京津冀雾霾治理一体化的呼声中,要降低河北的煤烟污染,削煤、压煤无疑是一条重要途径,但削煤、压煤过后,能否保证河北的天然气供应呢?"2014 年,要在努力增加天然气供应的同时,强化需求侧管理,'煤改气'必须先签订供气合同落实气源,燃气发电要暂缓上马"[4]。今天,中国已经是世界第三大天然气消费国。中国的天然气对外依存度首次于 2013 年突破 30％,达到 31.6％[5],我们如何在京津冀雾霾治理一体化的过程中为河北提供充足、可靠、民众能负担得起的天然气供应,这是摆在京津冀雾霾治理一体化面前的一项现实挑战。

唐山,一座因为煤炭、钢铁、陶瓷、水泥而兴的重工业城市。中国的工业发展史上,这座冀东名城曾经开创了多项中国之最。中国第一家水泥企业于洋务运动时期兴建于此,唐山生产的水泥改变了不少城市的面貌。唐山铺设了我国自建的第一条铁路——唐胥铁路(唐山到胥各庄,作者注),制造了我国第一台机车——"中

---

[1] 此处的"小",主要指北京、天津的国土面积较小,特此说明.

[2] 此处数据引自河北省统计局 2013 年数据.

[3] 此处数据引自北京市统计局 2013 年数据. 此处的人口为北京的常住人口,不包括数量巨大、不易统计的流动人口.

[4] 徐绍史.2014.坚持稳中求进 锐意改革创新 促进经济持续健康发展和社会和谐稳定.党委中心组学习,(1).

[5] 国土资源部.2013 年我国天然气消费量同比增长 13.9％. http://news.mlr.gov.cn/xwdt/bmdt/201402/t20140208_1303305.htm.

国火箭号"。清末中国规模最大、兼营采矿、冶炼、运输的开平矿务局也位于此。

2009年,作者曾经走访唐山。唐山的钢花飞溅、热火朝天、污染严重,给作者留下了深刻印象。唐山不是河北省的省会,但唐山的国民生产总值远远超过省会石家庄。唐山的经济结构呈现出鲜明的"一钢独大"(以钢铁业为主,作者注)特色。不少双职工家庭的生计都依靠钢铁厂,厂兴我兴,厂衰我衰。如今,在严格刚性的环保约束面前,一些高污染的钢铁厂将面临"该取缔的取缔,该关停的关停,该处罚的处罚"的境地。

建设钢铁厂不易,关闭钢铁厂尤难。"做好企业职工安置,是切实化解产能过剩工作最需要关心的一件事,也是各级政府必须负起的责任"[①]。对那些双职工家庭,他们的经济来源如何保障?在经济结构转型升级过程中,钱从哪里来?人往哪里走?设备如何上?"蓝天保卫战"的阵痛是否该由双职工家庭承受?双职工一家老小的生活水平如何不受影响?我们能否找到一条既能兼顾社会承受力又能实施环境治理的双赢之道?

京津冀雾霾治理一体化,不能不谈汽车。1949年年底,北京"有轨电车103辆、运营线路7条;公共汽车61辆,运营线路4条;全年客运量2885万人次"。除了服务公共交通的61辆公共汽车之外,北京还有为数不多的汽车。当时,对绝大多数北京市民而言,拥有一辆自己的汽车是一件想都不敢想的事情。进入21世纪以来,汽车以迅雷不及掩耳之势"飞入寻常百姓家"。2013年,北京的汽车保有量突破520万辆,天津的汽车保有量突破230万辆。中国汽车保有量前五位城市,北京、天津分别位列第一、第四。

这是一组惊人的数字。就经济体量而言,天津虽逊于中国南方的一些城市,但汽车保有量却远远高于对方。无论北京,还是天津,城市中心的资源要远远多于城市边缘、城市外围。当人们因为种种原因"进城",单位面积的城市道路负载了如此多的汽车。通行不畅,汽车长时间低速行驶、怠速行驶,也就一路为"尾气围城"推波助澜。

天津的土地面积为1.19万平方公里,人口约1400万[②]。渤海之滨的天津,以生产"飞鸽牌"自行车、"海鸥牌"手表远近闻名。近年来,天津的机动车一样增长迅猛,交通流量越来越大,路网越来越脆弱,一点拥堵蔓延四周的速度越来越快。牛文元先生主编的《中国新型城市化报告2012》指出,天津居民上班平均花费时间为40分钟,对于这样一座城市体量小于北京的城市来说,堵在天津也屡见不鲜。2013年12月15日,天津宣布从2013年12月16日零时起在全市实行小客车增量配额指标管理,自2014年3月1日起按车辆尾号实施机动车限行。继北京之后,

---

① 苗圩. 2014. 坚定不移地做好化解产能过剩工作. 党委中心组学习,(1).
② 此处数据引自天津市统计局2013年数据,此处的人口为天津的常住人口,不包括流动人口.

天津也已实施车辆限购、尾号限行。

　　短短的 10 多年间,北京、天津的汽车保有量突飞猛进、一日千里。这样一种增长速度,在世界城市中并不多见。抚今追昔,我们曾经把促进汽车消费作为拉动经济的一大法宝。1994 年,国务院公布了第一个《汽车工业产业政策》,公开表示"国家鼓励个人购买汽车"。当中国的汽车产量节节攀升,汽车也如潮水般蔓延,"有车有房"成为一代人的生活向往。如今,北京、天津的居民出行结构向私家车转化的趋势明显。"一部分人先富起来"和家庭规模的日渐缩小,让一家一车或者一家数车这样的例子,在北京、天津比比皆是。偌大一辆私家车多数时间只装载一到两位乘客,既严重削弱了地面公共交通的竞争力,也使得地面上所有汽车的燃料费用上升、污染增加,进而影响城市的运行效率和人们的身体健康。

　　木已成舟。今天,京津冀三地的 $PM_{2.5}$ 来源中,汽车尾气占据了很大一部分。不同于多集中在秋冬两季的燃煤污染,汽车尾气污染不分春夏秋冬,不分淡季旺季,城市运行不息,汽车奔跑不止。北京、天津治堵的过程,也是治霾的过程。这条道路,不会一马平川。庞大的汽车保有量已经是既成事实。相当一部分开车族,"由俭入奢易,由奢返俭难"。

1.3　雾霾治理人人有责

　　农业社会中的"霾",因工业污染、汽车尾气污染付之阙如,人们也普遍遵循量入为出、勤俭持家的原则,加上人口规模较小,农业社会的垃圾处理和空气质量的自我调节能力较强,不至于产生旷日持久的雾霾。

1.3.1　消费革命:物欲的革命

　　工业革命以来,生产了数不胜数的产品,这些产品必须在单位时间内销往万户千家,为加快周转效率,采取了分装形式,由此需要大量的外包装,产生了更多的垃圾。于是,如何在一个已被现代技术拥塞的自然环境中寻找倾倒垃圾的地方,如何管理垃圾使其不"垃圾围城",成为现代社会的一大挑战。

　　对于雾霾的成因,观澜溯源,每一个人,或多或少都对雾霾的形成有所"贡献"。当我们担心垃圾焚烧造成二次污染时,许多人依然对炫耀性消费、奢侈型消费、大手大脚消费乐此不疲。部分媒体对"土豪式消费"津津乐道,通过五颜六色的图像、文字,向大众大张旗鼓展示光怪陆离的消费图景。当我们质疑汽油质量、抱怨发动机技术时,脚下却猛踩油门,一些人甚至买包食盐、打瓶酱油都要开车。当我们将生态环境恶化、保护环境作为口头禅,讨论"后天"何时降临,许多人依旧大量使用木材制作的一次性纸巾。

　　"有媒体人抱怨不知如何向车里的孩子解释'霾',却忘记了自己正在贡献尾气;有公众人物不断向大家报告空气污染指数,自己的企业在雾霾天却没有按规矩及时停工……"①

20 世纪 90 年代以来,随着电视、网络、手机等媒介深入中国的万户千家,消费文化以广告的形式摇身一变,大行其道,鼓励人们超前消费,借贷消费,一步一步将消费者"俘获"。相当一部分人士追求无节制的物质享受,将其作为生活目的、终极价值。高耗能高污染的经济增长,部分人铺张浪费的生活方式,将雾霾和"垃圾围城"放出了魔箱。如今,北京、天津都面临"垃圾围城"的困局。北京的 15 个垃圾填埋场——阿苏卫填埋场、安定填埋场、北神树填埋场、丰台北天堂填埋场、永合庄填埋场、六里屯填埋场、高安屯填埋场、焦家坡填埋场、通州西田阳填埋场、平谷前芮营填埋场、密云填埋场、延庆小张家口填埋场、房山东南召填埋场、半壁店填埋场和怀柔综合处理场,将在未来关闭 7 个。垃圾在北京无地可埋。居民小区试点垃圾分类"后劲不足",大量的厨余垃圾、电子垃圾、包装垃圾混装一处,这对走上"焚烧垃圾之路"的北京,无疑雪上加霜。

很大程度上,雾霾也是人们无休无止的欲望造成的。印度哲人甘地说得好——"地球能够满足人类的需要,却满足不了人类的欲望"。任何事物,有从量变到质变、积少成多、聚沙成塔的过程。雾霾的形成,也是如此。如今,雾霾频繁光临,与你、我、他的生活"狭路相逢"。雾霾当前,人们的呼吸选择权微乎其微,生活质量受到侵蚀。你可以选择不同的食物、不同的水,却很难选择不同的空气。王侯将相、富商大贾,锦衣玉食。相当的民众,风里来,雨里去,为生活奔波。人类社会的财富分配往往厚此薄彼,苦乐不均。雾霾当前,穷人、富人的天堑之别,已不存在。空气大环境恶化到一定程度,就是装再多的空气净化器也不能彻底改变空气质量。

1.3.2　治理雾霾需要净化心灵之霾

污染容易,治理难。京津冀雾霾治理一体化,如果忽视了消费者的消费环节,仅依靠政府投资环保项目、企业进行绿色技术改造,便少了坚实的群众基础。生产的绿色电力再多,电厂的脱硫设备再好,消费终端不知节制,不懂得节约,未免本末倒置。好比你生产再多的粮食,浪费严重,挥霍无度,怎么可能持续?怎么可能无限提升粮食的生产效率呢?

社会永远是由一个一个的人组成的。问渠那得清如许,为有源头活水来,雾霾治理,人人有责。治霾要从心灵开始。把对雾霾的抱怨收起来,把"事不关己、高高挂起"的心态收起来,少一点环保口头禅,多一些脚踏实地的行动,少一些观望,多一些参与,让治霾的过程,也成为净化心灵之霾的旅程。

---

① 李泓冰. 2013-01-31. 治理雾霾,需要告别"口头环保". 人民日报.

人同空气息息相关,须臾不分。相当程度上,空气的质量决定生命的质量,空气的质量决定发展的质量,攸关一个地区、一个民族、一个国家的可持续发展。空气质量好,健康多了一道坚实的环境支撑。反之,空气污染,旷日持久,呼吸道疾病、生理机能障碍,不请自来,潜伏体内,最终会有惊人的"总爆发"。

社会的良性发展,需要安宁的心理环境以及可以预期、可以管控、可以憧憬的健康未来。"先污染者",抱着侥幸心理,将污染一推了之,"后治理者",负重前行,偿还欠债。环境治理,难度之大,时间之长,可想而知。

京津冀雾霾治理一体化,不会立竿见影,会有一到数代人与雾霾"相伴",整个社会要付出艰辛的努力。霾城中的重要反思,就是经济增长不能以灼伤"环境基座"、伤害民众健康为代价,这样的经济增长收效甚微,衍生多重负面效应。任何时候,人是经济社会发展过程中最具活力的要素。经济发展,以人为本。如果人的健康难以保证,再多的高楼大厦、再密的车水马龙、再好看的 GDP 报表,又有什么意义呢?

人们离不开空气,如同鱼儿离不开水。空气质量不佳,会影响人体健康、城市运行、生产经营、国际形象等诸多方面。就现在情况和发展趋势来看,京津冀地区雾霾所带来的影响和后续衍生的冲击效应环环相扣、错综复杂,已经成为影响京津冀地区发展的重要变量。

第2章　雾霾成分的技术机理分析

阅读提要

　　雾霾的成分主要是细颗粒物。通过对气溶胶颗粒的成分进行 DNA 测序,发现 1300 多种微生物,表明中国雾霾频发及其严重性与我国大部分地区的水土环境面源污染、大量滋生微生物种群有直接关联。当微生物飘移到大气中吸附在气溶胶凝结核表面,进入生命周期迟缓期;当土壤中水分蒸发,携带氨氮营养物与气溶胶凝结核结合,为微生物生长提供水分、养料和氧气,使微生物进入对数生长期,从而加重了雾霾的程度。

　　京津冀地区的雾霾成因极为复杂,积极探究雾霾形成真因,加强区域间协作,开展雾霾治理的联防联控行动,改变经济发展模式,才能有效地驱散雾霾。

　　我国当前的雾霾属于复合型污染。其中既包括燃料燃烧过程中形成的烟尘飞灰、各种工业生产产生的微粒、汽车排放的碳烟颗粒物等一次颗粒物,还包含硫氧化物、氮氧化物、挥发性有机物等气态物质通过“气粒转化”过程形成的二次颗粒物。在稳定的大气环境下,颗粒物吸水会形成雾滴,降低能见度,影响太阳辐射,改变区域气候环境,威胁人类身体健康。京津冀地区经济发展迅速,污染企业较多。尤其是河北地区,经济发展模式粗犷,污染源面积较大。京津冀地区的雾霾成因极为复杂,目前现有的多种理论之间还存在分歧。因此,积极探究雾霾形成真因,加强区域间协作,开展雾霾治理的联防联控行动,改变经济发展模式,才能有效地驱散雾霾,还百姓一片蓝天。

　　从单纯技术成分分析,构成雾霾的主要性状物是气溶胶(aerosol),是由固体或液体小颗粒分散并悬浮在气体介质中形成的胶体分散体系。对于大气来讲,大量干燥的气溶胶粒子均匀地悬浮在空中,会降低大气能见度。当水平能见度低于10公里时,就可将此时的大气混浊状态称为霾。然而,干燥的气溶胶粒子还会吸收大气中的水蒸气,使其粒径增大,生成云凝结核,形成细小的云雾滴。这样一来,会进一步降低大气能见度,当能见度低于1公里时,就将这种现象定义为雾霾。当前,我国频发的区域性能见度低于10公里的空气普遍浑浊现象就称为“雾霾”天气。

　　由上可知,大气中的干气溶胶粒子形成霾,吸水之后形成雾霾。在工业化排放行为较弱时,气溶胶粒子主要来源于自然排放。近年来随着经济与社会的发展,人类向大气中排放了大量的气溶胶粒子,大面积雾霾天气开始形成。此外,对气溶胶单粒子的分析发现:华北地区 70% 的气溶胶与 2～3 种其他来源气溶胶内混合[①]。同时颗粒表面发生的异相化学反应使大量有毒有害物质富集在气溶胶颗粒表面,对人体健康造成危害。雾霾形成后,会将更多的太阳辐射反射或散射回太空,降低地面获得的太阳辐射量,增加大气稳定度,造成一次和二次气溶胶粒子的进一步积聚,使得雾霾难以散去。这进一步显示了雾霾天气的影响因素众多,形成机理复杂,雾霾治理面临巨大挑战[②]。

2.1　雾霾颗粒物基本分类

总体来说,颗粒物的来源包含自然源和人为源。自然源主要包括扬尘、海水飞沫蒸发而成的盐粒、火山爆发的散落物以及森林燃烧的烟尘等。对城市来讲,人为排放占主要地位。其中主要包括热电厂烟气、机动车尾气、工业炉窑废气等。颗粒物还可分为一次颗粒物和二次颗粒物。人类活动直接向大气排放的颗粒为一次颗粒物。而人为排放的污染气体在大气中通过物理化学过程生成的颗粒称为二次颗粒物。悬浮在空气中的颗粒物尺寸一般在纳米到微米范围内变化。颗粒的尺寸对于其物理化学特性影响较大。由于颗粒较小,其粒径和密度难以测量,颗粒的特性难以统一比较,因此引入空气动力学直径的概念,以便比较颗粒的尺寸。

2.1.1　颗粒物空气动力学分类

空气动力学直径也称空气动力学当量直径是表述粒子运动的一种假想粒径,其定义:单位密度($\rho_0 = 1\mathrm{g/cm^3}$)的球体,在静止的空气中做低雷诺数运动时,达到与实际粒子相同的最终沉降速度(v_s)时的直径(以 $\mu\mathrm{m}$ 为单位)[③]。根据空气动力学直径(d_p)的大小,颗粒物可分为三个模态:爱根核模态($d_p < 0.08\mu\mathrm{m}$)、积聚模态($0.08\mu\mathrm{m} < d_p < 2\mu\mathrm{m}$)和粗粒子模态($d_p > 2\mu\mathrm{m}$)[④];爱根核模态颗粒主要由污染气体通过化学反应转化而成,或者由高温下排放的过饱和气态物质冷凝而成。积聚模态的颗粒主要由爱根核模态的颗粒通过聚并、吸附等物理作用长大而成;粗粒子模态的颗粒主要源于工业源和生活源的燃烧排放,建筑扬尘和交通运输等过程产生的一次颗粒以及自然源的排放。而在新闻报刊中经常见到的 TSP(total suspended particulate,总悬浮颗粒物)、PM_{10}(inhalable particles,可吸入颗粒物)和

---

① Li W, Shao L. 2009. Transmission electron microscopy study of aerosol particles from the brown hazes in norther in China. J Geophys Res, 114: D09302.

② 张小曳、孙俊英、王亚强、等. 2013. 我国雾-霾成因及其治理的思考. 科学通报,58(13):1178-1187.

③ Sheldon K, Friedlander. 2000. Smoke, Dust and Haze. Oxford:Oxford University Press.

④ Wolf M F, Hidy G M. Aerosol and climate: anthropogenic emission and trends for 50 years.

PM$_{2.5}$(fine particulate matter,细颗粒物)也是按照颗粒的空气动力学直径进行划分的结果,其具体分类为悬浮在空气中、$d_p \leqslant 100\mu m$ 的大气颗粒物称为总悬浮颗粒物,记为 TSP;悬浮在空气中、$d_p \leqslant 10\mu m$ 的大气颗粒物称为可吸入颗粒物(或粗颗粒),记为 PM$_{10}$;悬浮在空气中、$d_p \leqslant 2.5\mu m$ 的大气颗粒物称为细颗粒物(或可入肺颗粒物),记为 PM$_{2.5}$;将处于纳米尺度的大气颗粒物称为超细颗粒物(也有的定义为 $d_p \leqslant 0.1\mu m$ 的大气颗粒)。

不同尺寸的气溶胶颗粒,对环境和人体健康的影响也不同。$1\mu m$ 以下的微粒沉降速度慢,在大气中存留时间久,通过大气传输作用能够抵达很远的地方。所以颗粒物的污染往往波及很大区域,甚至成为全球性问题。粒径在 $0.1 \sim 1\mu m$ 的颗粒物,与可见光的波长相近,对可见光有很强的散射作用,这是造成大气能见度降低的主要原因。由二氧化硫和氮氧化物通过化学反应生成的含有硫酸盐和硝酸盐的超细颗粒是造成酸雨的主要原因。粒径在 $3.5\mu m$ 以下的颗粒物,能吸入人的支气管和肺泡中沉积下来,引起或加重呼吸系统的疾病。来自欧洲的一项研究称,长期接触空气中的污染颗粒会增加患肺癌的风险,即使颗粒浓度低于法律规定上限也是如此。另一项报告称,这些颗粒或其他空气污染物短期内的浓度上升,还会增加患心脏病的风险。清华大学经济管理学院李宏彬与三位中外学者——北京大学陈玉宇、以色列耶路撒冷希伯来大学的 Ebenstein 和美国麻省理工大学的 Greenstone 合作,就空气污染对于人类健康的影响进行了深入研究,取得了突破性进展,并且在《美国国家科学院院刊》发表的题目为《空气污染对预期寿命的长期影响:基于中国淮河取暖分界线的证据》的文章中提出:长期暴露于污染空气中,总悬浮颗粒物(TSP)每上升 $100\mu g/m^3$,平均预期寿命将缩短 3 年。按照北方地区总悬浮颗粒物的水平,这意味着中国北方 5 亿居民因严重的空气污染平均每人失去 5 年寿命,污染的代价巨大[①]。

2.1.2　大气中二次颗粒物的形成过程

尽管关于大气中颗粒物的来源还存在争议,但是可以看到二次气溶胶颗粒物在大气中的含量较高,大气中二次颗粒物形成所经历的一般过程主要包含成核、生长两部分(CCN 表示云凝结核)如图 2-1[②] 所示。

大气中存在一些痕量气体,如硫酸、水蒸气和氨气。在一定的温度、饱和度、相对湿度和气象条件下,会发生成核作用。成核是气体分子积聚形成分子团,随后分子团凝结而形成小液滴的过程;如果分子团的半径达到了临界尺寸,此时的分子团

---

① Evidence on the impact of sustained exposure to air pollution on life expectancy from China's Huai River policy.

② Markku K. 2003. How particles nucleate and grow. Science,(302):1000.

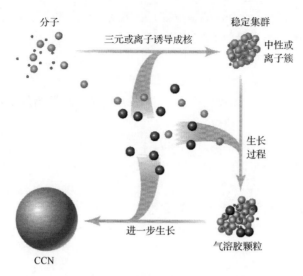

图 2-1　大气中二次颗粒物形成过程简图

将达到热动力学稳定状态。目前主要的成核理论包括均相成核和异相成核。稳定的分子团直径在 1nm(纳米,1nm=10⁻⁹m)左右,通过与大气中存在的可凝结气体发生凝结作用,或者分子团之间发生聚并作用而生长变大。而聚并作用是指当两个颗粒相互碰撞后黏结在一起的现象,聚并作用虽然减少了颗粒的数量,但是对大气中颗粒总的体积浓度却没有影响。通过聚并,小颗粒的数量会减少,而形成尺寸较大的颗粒。通常情况下,颗粒物的生长率为 1~10nm/h。但是不同的颗粒物尺寸、不同的季节、不同的大气环境都会对颗粒物的生长率产生影响。在生长的同时,微小的颗粒物也会与大气中存在的气溶胶颗粒物发生聚并,从而使颗粒物浓度降低[①]。

　　超细颗粒物同样存在聚并成核、生长作用。目前与实际情况最为相符的超细颗粒物成核机制有:硫酸和水的二元同相成核作用,多见于工业排放的烟羽和自由对流层中;硫酸、水、氨三元同相成核作用,多见于陆地边界层中;离子诱导的二元和三元成核作用,多见于对流层上部和平流层中部;低障碍的同相成核作用。

　　大气中颗粒物的形成可以分为两个阶段。首先,由成核作用使得蒸汽形成临界分子团。由图 2-2 可知[②],对于单组元的系统来讲(多组元系统同样适用),当形成临界分子团时,系统的自由能最大。此时如果分子团的尺寸有微小的变化,如分

　　① Kulmala M,Vehkamäki H,Petäjä T, et al. Formationand growth rates of ultrafine atmospheric particles: a review of observations. J Aerosol Sci, 2004a(35): 143-176.

　　② Vehkamäki H. Classical Nucleation Theory in Multicomponent Systems. Springer Berlin Heidelberg, 2006.

子团增大,那么此时的分子团将会一直增大;若分子团尺寸减小,那么分子团将一直变小,直到蒸发为蒸汽。而临界分子团的形成就是成核作用,此时的形成率就是成核率。

图 2-2 是根据经典的同相成核理论推导出来的。在经典理论中,把分子团近似为宏观液滴,通过平衡状态时熵值最大的原理,推导出临界分子团所满足的条件,并且对于球形分子团的表面张力采用平面的表面张力进行近似。通过一系列的推导得出了计算成核率的公式(以二元系统为例),即

$$J = R_{av} F^e \exp\left(\frac{-\Delta\psi^*}{\kappa T_0}\right) Z$$

式中,R_{av} 为平均增长率;Z 为 Zeldovich 因子;T_0 为参考温度;$\Delta\psi^*$ 为自由能的变化。

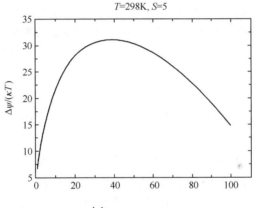

$$T=298K, S=5$$

图 2-2　$\frac{\Delta\psi}{\kappa T}$ 随水分子个数的变化

由于真实条件下临界分子团只包含大约 20 个分子,因此这种球形表面近似得到的结果相对来讲并不精确。同时,表面张力近似和表面活性等因素的限制也使整个理论预测出的成核率与实测值相差 10 个数量级左右。目前,出现了包括分子动力学、蒙特卡罗模拟、密度泛函理论在内的一些方法,旨在从分子量级上揭示成核作用的机理。相比于经典理论预测出的成核率较低,蒋靖坤等提出了一种基于酸碱化学反应的模型,用于计算在受到污染的大气边界层中蒸汽的成核率,得到的结果与实测值较为接近[①]。但是,经典的成核理论依然常常被用来预测大气中的某些蒸汽是否会发生成核作用。成核作用形成的分子团直径在 1nm 左右,而目前的仪器多数只能测量粒径大于 3nm 的颗粒。针对分子团由 1nm 到 3nm 增长过

---

① Modi C, Mari T C, Jingkun J D, et al. Acid-base chemical reaction model for nucleation ratesin the polluted atmospheric boundary layer. 109(46):18713-18718.

程，目前常用如下方法[1]近似表示为

$$J(d_p) = J^* \exp\left\{\gamma\left(\frac{1}{d_p} - \frac{1}{d^*}\right)\frac{CS'}{GR}\right\}$$

式中，$J(d_p)$代表成核率；J^*表示 3nm 分子团的生成率；上式根据凝结增长（condensation growth，GR）与凝聚减少（condensation scavenging，CS）的相互作用推导出来，且假设生长率相对于颗粒尺寸是不变的。

通过成核作用形成的分子团与周围的蒸汽相互作用，会使分子团生长。同时，分子团也会与大气中存在的较大的气溶胶颗粒结合，因而从成核模态（$d_p<20$nm）中消失。成核后形成的分子团只有在激活后才会生长。虽然硫酸、水、氨三元同相成核机制能解释大部分地区的成核过程，但是这三种物质的浓度不足以解释成核之后颗粒物的生长过程。因此，可以认为颗粒物的形成与生长过程不是相互耦合的。也就是说，其他蒸汽如有机蒸汽，也会参与到颗粒物的生长过程中[2]。大量的研究结果显示，颗粒物的生长率为 1～10nm/h。而生长率针对不同的颗粒物尺寸、不同的季节都存在差异。大体来讲，成核作用形成的分子团具有的生长率要小于成核模态（$d_p<20$nm）颗粒物所具有的生长率。而夏季颗粒物的生长率相对于其他季节较大，说明光化学反应可以加强颗粒物的生长。

从理论上来讲，气溶胶颗粒物激活生长的最初阶段有如下几种机制：一是参与成核作用的蒸汽与分子团发生凝结作用；二是电荷促进的凝结过程（charge-enchanced）；三是自我凝聚；四是多相化学反应；五是异相成核作用而引起的分子团的激活；六是可溶性蒸汽引起的分子团的激活。前三种机制中，分子团只与参与成核的蒸汽相互作用（如硫酸、水和氨气），后三种机制中还涉及其他气体（如有机蒸汽）。

（1）成核蒸汽与分子团的凝结作用。

通过同相成核作用形成临界分子团之后，分子团的尺寸会发生变化。稳定状态时，分子团的尺寸与系统的压力呈对应关系。临界分子团对应临界状态时的压力，而尺寸变化后的分子团对应另外一个压力。两个压力的差值为分子团与蒸汽的凝结作用提供了动力。而蒸汽的凝结作用可以由开尔文方程[3]描述为

$$\Delta\mu_i + \frac{2\sigma v_{i,l}}{\gamma} = 0$$

① Kerminen V M,Kulmala M. 2002. Analytical formulae connectingthe "real"and the "apparent"nucleation rate and the nuclei number concentration for atmospheric nucleation events. J. Aerosol Sci, (33): 609-622.

② Boy M,Hellmuth O,Korhonen H,et al. 2006. MALTE—modelto predict new aerosol formation in the lower troposphere. Atmos. Chem. Phys, (6):4499-4517.

③ Sheldon K,Friedlander. 2000. Smoke Dust and Haze. Oxford:Oxford University Press.

这种机制中,分子团的生长率将快速增大,一定程度后保持不变。

(2) 电荷促进的凝结过程。

成核后形成的分子团,可能会显现出带电性,而这种带电性会促进分子团和较小颗粒物的生长。此时的凝结蒸汽,会显现出两极性,从而为带电分子团或颗粒物吸引。但是,这种影响只在较小分子团(如刚刚成核后的分子团)的生长过程中起作用,对于较大的颗粒物作用很小[1][2]。

(3) 自我凝聚。

属于同一模态的颗粒物之间的聚并作用。但是自我凝聚形成的颗粒物还属于该模态,与凝聚减少作用是不同的。除去在污染物浓度较高的烟羽或者重污染的城市中,自我凝聚的作用较大。其他地区,自我凝聚对于颗粒物和分子团的生长贡献较小。

(4) 多相化学反应。

许多研究表明,多相化学反应在二次有机气溶胶的形成中占有重要地位[3][4]。这些反应发生在气溶胶颗粒的表面和内部。有学者认为[5],多相化学反应可以较好地解释分子团的最初生长过程,而且相关的研究也取得了一些进展。但是,目前的研究还无法从机理上解释多相化学反应对于分子团的生长到底有多少贡献。同时,对于分子团尺寸的依赖性目前依然不清楚。

(5) 异相成核作用而引起的分子团激活。

对于气溶胶的形成过程,一种说法认为,成核作用形成的中性或者带电分子团,与一些蒸汽相互作用,进而发生激活生长。未被激活的分子团,就与较大的气溶胶颗粒物聚并而消失。如果不可溶的蒸汽与分子团作用而使其激活,那么就称为异相成核作用而引起的激活。激活过程(P 为激活概率)可以由激活概率(activation probability)进行表述。

$$\frac{\mathrm{d}N_{\mathrm{cluster}}}{\mathrm{d}t} = -kN_{\mathrm{cluster}}$$

$$P = \frac{N_{\mathrm{activated}}}{N_{\mathrm{cluster}}} = 1 - \exp(-kt)$$

① Yu F. 2006. From molecular clusters to nanoparticles: secondgenerationion-mediated nucleation model. Atmos. Chem. Phys, (6):5193-5211.

② Laakso L,Gagne S,Petäjä T,et al. 2007. Detecting charging state of ultrafine particles: instrumental development and ambient measurements. Atmos. Chem. Phys, (7):1333-1345.

③ Jang M,Czoschke N M,Northcross A L. 2005. Semiempirical model for organic aerosol growth by acid-catalysed heterogeneousreactions of organic carbonyls. Environ. Sci. Technol, (39):164-174.

④ Kalberer M,Paulsen D,Sax M, et al. 2004. Identification of polymers as majorcomponents of atmospheric organic aerosols. Science , (303):1659-1662.

⑤ Zhang K M,Wexler A S. 2002. A hypothesis for growth offresh atmospheric nuclei. J. Geophys. Res,(107).

(6) 可溶性有机蒸汽引起的分子团的激活。

可溶性蒸汽的激活作用与云滴的激活作用相似,都可以由科勒理论进行解释。只是此时的分子团凝结是发生在纳米尺度。二次气溶胶颗粒物是雾霾的重要组成部分。当大气中硫酸、氨气或者其他有机蒸汽含量较高时,会通过"气粒转化"作用形成大量细小的颗粒。这些颗粒的尺寸较小,很容易吸收大气中的水蒸气形成雾滴。在较为稳定的大气环境下,这些颗粒会进一步聚集,降低能见度,减少地面吸收的太阳辐射量,从而进一步增强大气稳定度,形成连续数日的雾霾天气。

2.2　主要污染源颗粒物形成机理

大气中二次颗粒物、燃煤电厂、机动车排放物、生物质燃烧和垃圾焚烧过程中颗粒物的形成虽具有不同的表现形式,但其技术机理相同。尺寸较小的颗粒($d_p <$ 0.1μm)主要是通过包含成核、凝结和聚并作用的"气粒转化"过程生成的,而尺寸较大的颗粒($d_p > 1\mu$m)主要来源于化石燃料燃烧过程中形成的飞灰或者机动车燃油产生的碳烟颗粒。这些排放源产生的颗粒物,具有较好的传输特性,在稳定的大气条件下非常容易积聚混合,形成雾霾天气。

2.2.1　电厂燃煤排放颗粒物的形成机理

大气中的颗粒物除了前面提到的二次气溶胶颗粒物以外,还包括污染源直接排放到环境中的一次颗粒。目前针对雾霾的成因,多数研究显示,燃煤电厂是颗粒物的排放大户。且其产生的污染气体,如 SO_2 和 NO_x 还会诱导二次颗粒物的形成。因此了解燃煤电厂颗粒物的形成机理对于减少颗粒物排放、合理制定减排措施至关重要。

燃煤产生的颗粒物粒径范围跨度很大,最小为纳米级别,最大可以达到 100μm 左右[①];由实际测量得到的除尘器进口处颗粒尺寸的对数正态分布可以看出,粒径主要集中在 0.1~0.2μm 和 10~20μm[②];2011 年环保部颁发的《火电厂大气污染物排放标准》中明确规定,从 2014 年 7 月 1 日起现有火电锅炉烟尘排放量不得高于 30mg/Nm³,从 2012 年 1 月 1 日起新建火力发电锅炉烟尘排放量不得高于 30mg/Nm³。对于目前电厂中使用的烟煤,燃烧 1kg 烟煤产生的烟尘量大约为 200g,其中粒径小于 2.5μm 的颗粒在 10g 左右。目前电厂常用的静电除尘器,其效率高达 99.9%,但是这个效率只针对尺寸大于 1μm 的颗粒。而粒径小于 1μm

① Hinds W C. Aerosol Technology. New York: John Wiley & Sons, 1999.

② Sloss L L, Smith I M. PM$_{10}$ and PM$_{2.5}$: an international perspective. Fuel Processing Technology, 2000, 65-66: 127-141.

的颗粒,其脱除效率较低。为了更好地脱除颗粒,目前出现了很多新的除尘技术,包括增强型静电除尘器、布袋除尘器、电袋除尘器和湿式电除尘器等,目的就是在尽量保证经济性的前提下实现达标。

1. 煤粉成分与颗粒物生成的关系

煤燃烧产生的颗粒物,与其组分关系密切。而煤的组成成分异常复杂,按照这些元素的不同含量可以大致分为三类:①主要元素,含量高于 $1000\mu g/m^3$,包含 C、H、O、N、S 等;②次量元素,含量介于 $100\sim1000\mu g/m^3$:包含煤中的矿物质和卤族元素;③痕量元素,含量低于 $100\mu g/m^3$:包含 As、Cr、Pb、Hg 和 Sb 等[①]。

其中主要元素在燃烧后多数氧化为 SO_2、NO_x、CO_2 和 VOC(挥发性有机物)等。这些气体污染物排放量大、浓度高,已引起广泛关注。而痕量元素由于含量低、排放量小很容易被人们忽视。虽然痕量元素含量一般远低于 $100\mu g/m^3$,但由于煤的消耗量巨大,痕量元素对于环境的污染仍然很大。特别是某些痕量元素的毒性大且化学性质稳定,具有较好的迁移性和沉积性,因此对环境和人体的危害较大。煤中痕量元素金属在煤燃烧过程中会部分或者全部发生气化,痕量元素蒸汽在温度较低的尾部烟道中通过一系列物理化学过程富集在细粒子表面[②];而燃烧后产生的亚微米颗粒物数量众多,比表面积大,相比于大颗粒,有害物质更容易通过均相成核和异相凝结富集在小颗粒表面。

2. 煤在燃烧过程中如何生成颗粒

煤粉在燃烧过程中产生的颗粒物主要集中在粒径小于 $1\mu m$ 的超细颗粒和粒径大于 $1\mu m$ 的残灰颗粒。从颗粒的数量和表面积来讲,亚微米颗粒占主导地位,但是从质量来讲,残灰颗粒占主导地位。这两类颗粒的形成机理存在较大差异。亚微米颗粒主要是由无机物气化—凝结过程而形成。随后的颗粒凝并、聚结及表面凝结和化学反应促进颗粒生长,决定了亚微米颗粒的最终粒径分布。而残灰颗粒来源于煤中的矿物质(含量>99%),是焦炭燃尽后的固体残留物。其形成主要受表面灰粒相互作用和焦炭破碎的影响。这两类颗粒物具有不同的物理化学性质,目前存在的主要形成机理包括:[③]①无机物的气化—凝结;②熔化矿物的聚合;③焦炭颗粒的破碎;④矿物颗粒的破碎;⑤热解过程中矿物颗粒的对流输运;⑥燃烧过程中焦炭表面的灰粒的脱落;⑦细小含灰煤粉的燃烧;⑧细小外在矿物的直接

---

①　Raask E. The mode of occurrence and concentration of trace elements in coal. Fuel, 1985, 64(1): 97-118.

②　Marskell W G, Miller J M. 1956. Some aspects of deposit formation in pilot-scale pulverized-fuel-fired installations. Fuel, 29(188): 380-387.

③　徐明厚,于敦喜,刘小伟,等. 2009. 燃煤可吸入颗粒物的形成与排放. 北京:科学出版社.

转化等。

在实际过程中,由于燃料性质和燃烧条件的不同,并非所有机制都起主要作用。通常机理①对亚微米颗粒的形成起决定作用,机理②～机理④是粗颗粒形成的主要机制,其他机理只在某些情况下对颗粒物的形成才具有一定贡献。具体的颗粒形成机理还可以细分如下:

1) 燃煤锅炉中亚微米颗粒物的形成机理

大量研究表明,亚微米颗粒物的形成过程十分复杂。首先在高温和局部还原性气氛下,煤中的原子态无机物以及矿物质中的易挥发成分(含量为 0.2%～3%)以原子或次氧化物的形式气化,气化产物在向焦炭颗粒外部环境扩散的过程中遇氧发生氧化反应生成其对应的氧化物。当这些气化产物在烟气中的蒸汽压力达到过饱和状态时,会通过均相成核作用形成大量细小微粒($<0.01\mu m$)。这些小颗粒通过两种途径逐渐长大:一种是颗粒之间通过相互碰撞、凝并作用形成更大的颗粒,其体积和组成成分由发生碰撞的微粒决定;另一种是无机蒸汽在已经形成的颗粒表面发生异相凝结,使颗粒体积增大。当烟气温度降低时,颗粒增长逐渐减缓,发生碰撞的颗粒因来不及合并而烧结在一起形成空气动力学直径大于 $0.36\mu m$ 的团聚物。由此可见,无机物的气化和随后的蒸汽凝结是亚微米颗粒形成的两个重要过程。后面分别介绍参与颗粒形成的各种物质的气化过程,形成新颗粒的成核作用以及随后颗粒的生长过程。

(1) 气化。

由前面的煤成分分析可知,煤中元素主要分为三部分,其中次量和痕量元素构成了煤的无机部分,是形成燃煤颗粒物的主要来源。这些无机元素在燃烧过程中气化过程十分复杂,主要包括元素的物理特性、元素的赋存形式、燃烧温度、氧气浓度、燃烧范围等。各种元素的气化特征如下。

① 碱金属 Na 和 K。碱金属 Na 和 K 通常以原子态、氯化物或者硅酸盐的形式存在于煤中,其在燃烧过程中的气化行为具有某些相似特征。原子态碱金属一般通过含氧羟基官能团与碳基质相连。金属氯化物通常以熔融盐的形式存在于煤中,在热解和燃烧过程中也很容易气化。以硅酸盐形式存在的碱金属一般很难气化。总之,碱金属的气化行为与其赋存形式密切相关,原子态和氯化物态碱金属首先发生气化,在较高的温度下,硅酸盐可能成为碱金属蒸汽的源或汇,这主要取决于气态碱金属与硅酸盐态碱金属之间的平衡关系[①],而氯离子的存在会抑制碱金属蒸汽与硅酸盐之间的反应。

② 难熔元素 Si 和 Al。Si 的气化行为十分复杂,至今尚无定论,但在锅炉正常

---

① Graham K A. 1990. Submicron ash formation and interaction with sulfur oxides during pulverized coal combustion. Cambridge: Massachusetts Institute of Technology.

运行的条件下,Si 的气化量较少,一般低于 0.01%;Al 与 Si 类似,其主要的气化形式为 Al_2O。

③ 碱土金属 Ca 和 Mg。对于碱土金属 Ca 和 Mg 的气化关注不如碱金属 Na、K 和 Si。但是在低阶煤燃烧的过程中,Ca 和 Mg 的气化对亚微米颗粒物的形成具有重要贡献。研究人员发现,低阶煤中原子态 Ca 和 Mg 与气化的 Ca 和 Mg 之间存在一定的相关性,因此认为不同煤种在燃烧过程中 Ca 和 Mg 气化行为的不同是由其赋存形式的差异造成的。例如,在烟煤中 Ca 和 Mg 主要以碳酸盐的形式存在,所以气化量很低,而在褐煤中,Ca 和 Mg 主要以原子态存在,他们在煤的热解和燃烧过程中极易气化[1]。

④ 难熔元素 Fe。Fe 的气化过程十分复杂。煤中铁元素主要来源是黄铁矿。黄铁矿多为外在矿物,粒径一般较大,与氧气的反应为放热反应。与燃烧的焦炭相似,外在黄铁矿颗粒的温度可能超过烟气温度,但是其周围环境为氧化性气氛,因此不是气化 Fe 的主要来源。焦炭内部黄铁矿颗粒的转化更为复杂,一方面焦炭内部通常为还原性气氛,使得黄铁矿的分解反应存在许多不确定性;另一方面,矿物间的相互作用使得其转化过程更加难以预测。

⑤ 痕量元素。痕量元素主要以有机盐、羟基官能团(—COOH)和无机质等形式存在。其在燃烧过程中的转化行为、在气相和固相产物中的分布不仅取决于其本身的挥发性,而且受多种因素影响[2],主要有:痕量元素在燃料中以何种形式存在;温度和压力;氧化性气氛还是还原性气氛;卤素特别是氯的存在;能作为吸收剂的化合物的存在。

(2)均相成核。

通过气化产生的蒸汽会发生成核作用,从而形成新颗粒。该过程也称为“气粒转化”。均相成核是当气体的蒸汽压超过其饱和蒸汽压而发生相变,形成凝结核的过程。这是形成亚微米颗粒的重要一步。凝结核一般由几个原子构成,尺寸一般小于 1nm,Seinfeld 和 Pandis[3] 讨论了原子团的形成、蒸发和凝结核的临界尺寸。在燃烧过程中,元素碳和难熔金属氧化物蒸汽都能产生过饱和蒸汽,因此会诱导发生均相成核作用。目前由于测量仪器的限制,多数情况只能测量到粒径大于 3nm 的颗粒。因此,实验结果中测量到的颗粒其实已经经历了一段颗粒生长的过程。

① Quann R J, Sarofim A F. 1982. Vaporization of refractory oxides during pulverized coal combustion//Nineteenth International Symposium on Combustion. Pittsburgh: The Combustion Institute, 1429-1440.

② Zevenhoven R, Kilpinen P. 2005-1-17. Control of pollutants in flue gases and fuel gases. http://web. abo. fi/~rzevenho/gasbook. html.

③ Seinfeld J H, Pandis S N. 1998. Atmospheric chemistry and physics: from air pollution to climate change. New York: John Wiley & Sons.

有学者研究表明,由难熔金属氧化物构成的亚微米颗粒,其均相成核和凝并生长都发生在焦炭颗粒边界区域中。而高挥发性组分如 Na 和 K 则扩散到混合烟气中,当温度降低时在所有颗粒表面进行凝结。Flagan 和 Friedlander[1] 的研究表明,由于均相成核的时间比颗粒的整个滞留时间短得多,所以该过程对于颗粒的最终数目和粒径分布影响不大。实际上燃烧中的均相成核作用是一个十分复杂的过程,不仅受到温度的影响,而且还受到产物种类及其浓度的影响,因此目前对其研究还存在很多困难。

(3) 颗粒生长。

成核后形成的颗粒,会与其他颗粒发生碰撞。并且蒸汽分子也会在新形成的颗粒表面发生凝结或者化学反应,从而导致颗粒尺寸的变化。在不同的温度下颗粒间的相互碰撞会产生不同的结果。当温度较高时,颗粒相互碰撞会发生凝并作用。凝并是发生碰撞的颗粒合并的过程。形成的颗粒尺寸较大,体积和成分是所有碰撞粒子体积和成分的累加,因此组成较为均匀。在高温条件下,亚微米颗粒的生长主要通过布朗碰撞和凝并过程,此时颗粒的生长速率主要由颗粒的碰撞速率决定。当温度较低时,相互碰撞的颗粒会发生聚结作用。此时由于温度较低,相互碰撞的颗粒因来不及发生凝并,而彼此烧结、缠绕在一起,形成具有不规则外形的聚结灰[2];如果温度下降得足够快,这些聚结灰会保留到最后,出现在飞灰中。

除了凝并和烧结可以改变颗粒的粒径分布之外,颗粒表面的凝结或者化学反应也会改变其粒径分布。表面凝结或者化学反应是指蒸气态物质向颗粒表面的沉积。该过程不会改变颗粒的数量,主要发生在温度较低的区域,既可以在亚微米颗粒表面发生,也能够在粗颗粒表面进行。燃烧过程中,挥发性较高的碱金属和痕量元素蒸汽能够扩散到烟气中,当温度降低时,这些蒸汽很容易凝结在颗粒物表面。由于粒径较小的颗粒比面积较大,所以容易富集这些挥发性元素。从而导致挥发性元素的质量随着颗粒粒径的降低而增大。此外,颗粒的表面物质与蒸汽还可能会发生化学反应,从而导致颗粒与蒸汽之间进行物质交换。无论表面凝结还是化学反应,挥发性元素都会富集到颗粒的表面,因此使颗粒的化学组成由内到外呈现分层结构[3],这对于颗粒的毒害机理有很大影响。

2) 残灰颗粒的形成

残灰颗粒来源于煤中的矿物质(含量>99%),是焦炭燃尽后的固体残留物。

---

① Flagan R C, Friedlander S K. 1978. Particle formation in pulverized coal combustion: a review// Shaw D T. Recent Developments in Aerosol Science. New York: John Wiley & Sons.

② Helble J J. 1987. Mechanisms of ash formation and growth during pulverized coal combustion. Massachusetts: Massachusetts Institute of Technology.

③ Neville M, McCarthy J F, Sarofim A F. 1982. The stratified composition of inorganic sunmicron particles produced during coal combustion. Proceedings of the Combustion Institute, 19(1): 1441-1449.

焦炭燃烧过程中,由于表面碳的氧化,包含其中的矿物质颗粒暴露出来,在焦炭表面熔化形成球状灰滴。随着燃烧的进行,焦炭颗粒直径不断减小,颗粒表面临近的灰粒可能相互接触,聚合在一起生成更大的灰粒。如果焦炭颗粒在燃烧中不发生破碎,那么燃烧完成后,颗粒中的所含矿物质会聚合在一起,生成一颗 $10\sim20\mu m$ 的飞灰。但是,在实际燃烧过程中,焦炭颗粒却会发生破碎,生成许多大小不一的飞灰颗粒。在典型的煤粉燃烧条件下(温度达到 1750K),每个焦炭颗粒会产生 $200\sim500$ 个 $1\sim10\mu m$ 的灰粒[①]。因此残灰颗粒的粒径分布是表面灰粒的聚合和焦炭颗粒的破碎两个过程相互竞争的结果[②]。

(1) 表面灰粒的聚合。

焦炭燃烧过程中,随着表面碳的不断消耗,颗粒中包含的矿物质逐渐暴露出来。碳燃烧是放热反应,因此颗粒内部的温度可以高于周围环境 $200\sim300K$。在这样高温的环境下,绝大多数矿物质都为熔融状态,由于较大的表面张力,其在焦炭表面形成球状灰滴[③]。研究发现,此时颗粒的表面张力足以使熔化灰粒始终附着在颗粒表面而不脱落。焦炭表面灰滴随着燃烧的进行,彼此距离逐渐减小,当两个熔融的灰粒发生碰撞时,就会聚合在一起形成较大的灰粒。表面灰粒的聚合速率不是恒定的,在焦炭反应初期和末期聚合速率较快,灰粒粒径增加得也较快,而在反应中期则较慢。

(2) 焦炭颗粒的破碎。

焦炭颗粒的破碎对于矿物质聚合具有抑制作用。可以减缓灰粒的生长,最终将对残灰颗粒的粒径分布产生重要影响。如果焦炭完全破碎,没有聚合发生,焦炭中的每颗矿物颗粒单独形成一颗灰粒,那么生成的残灰颗粒数量大而平均粒径小,残灰粒径分布十分接近煤粒中矿物颗粒的粒径分布。如果焦炭不发生破碎,焦炭中所有矿物聚合在一起生成一颗大粒径的灰粒,那么最终残灰颗粒数量比完全破碎少而平均粒径大。在实际燃烧系统中,由于燃烧条件的复杂多变,焦炭颗粒的破碎在所难免,所以最终残灰颗粒的数量和粒径介于上述两种极限模式之间。总之,焦炭破碎的程度决定了残灰颗粒的数量和粒径分布,破碎过程中灰粒数量增大,而粒径变小。

(3) 外来矿物的破碎。

许多研究表明,煤燃烧过程中不仅焦炭颗粒会发生破碎,矿物颗粒也能发生破

① Quann R J, Sarofim A F. 1986. Scanning electron microscopy study of the transformations of organically bound metals during lighite combustion. Fuel, 65(1):40-46.

② Kang S G, Sarofim A F, Beer J M. 1992. Effect of char structure on residual ash formation during pulverized coal combustion. Proceedings of the Combustion Institute, 24(1):1153-1159.

③ Ramsden A R. 1969. A microscopic investigation into the formation of fly-ash during the combution of a pulverized bituminoous coal. Fuel, 48(2):121-137.

碎。内在矿物质的破碎一般发生在煤燃烧初期[1],但是从最终飞灰的形成来看,内在矿物质破碎对于残灰的影响可以忽略不计。外在矿物质由于与碳基质没有或者很少有联系,破碎之后的碎片可以彼此分离,形成单独的、细小的飞灰,所以它们的破碎对于最终残灰粒径分布的影响不容忽视。外在矿物质的破碎行为在很大程度上取决于组成矿物本身在燃烧过程中的热力学行为[2]。破碎主要是分解气体产物的快速释放以及高温热冲击作用的结果。

(4) 表面灰粒的脱落。

研究发现[3],在煤粉脱挥发分阶段,大量挥发性气体的快速释放,会使颗粒做高速旋转运动。例如,粒径为 $100\mu m$ 的焦炭颗粒在开始燃烧时,其旋转速率可高达 $1000r/s$,因此,颗粒旋转产生的离心力可能使表面的灰滴脱落而形成粒径较小的飞灰。

以上对燃煤锅炉中颗粒的形成机理进行了简要讨论。尺寸较小的亚微米颗粒,其形成主要受到成核、异相凝结和凝并的影响。而尺寸较大的残灰颗粒,主要是表面灰粒的聚合和焦炭颗粒的破碎两个过程相互竞争的结果。可以看出,燃煤锅炉中颗粒物的形成过程十分复杂,影响因素众多。还需要进行更加深入的研究才能够彻底了解颗粒的形成机理。从而为颗粒的减排提供理论指导,为相关法规的制定提供依据。

2.2.2 机动车排放颗粒的机理

1. 机动车排放颗粒物的尺寸分布

2013 年北京市的汽车保有量达到 520 万辆,相比于 2012 年增加了 22.5 万辆。尽管各种研究机构对于机动车排放颗粒是否为主要的污染源存在争议,但是在远离工业排放源的地区,机动车排放依然是颗粒物的主要来源。图 2-3 给出了柴油发动机排放颗粒物的尺寸分布情况,可以看出,颗粒的数量浓度主要集中在成核模态($d_p < 0.1\mu m$),该模态颗粒表面常常附着可溶性的有机物,这些有机成分主要是未完全燃烧的燃料和润滑油。可溶性有机物主要包含多环芳香烃和硝基多环芳香烃,颗粒的质量浓度主要集中在积聚模态($0.1\mu m < d_p < 1\mu m$),这些物质都具有致癌性。图 2-3 右侧的纵坐标代表肺泡沉积系数,其中尺寸小于 $2.5\mu m$ 的颗粒

---

① Baxter L L. 1990. The evolution of mineral particle size distributions during early stages of coal combustion. Progress in Energy and Combustion Science, 16(4):261-266.

② Yan L, Gupta R P, Wall T F. 2002. A mathematical model of ash formation during pulverized coal combustion. Fuel, 81(3):337-344.

③ Kang S W. 1987. Combustion and atomization studies of coal-water fuel in a laminar flow reactor and in a pilot-scale furnace. Cambridge:Massachusetts Institute of Technology.

其沉积系数大于 0.9,因此研究车辆排放颗粒物的形成机理,评估其对人体健康的危害具有重要意义。

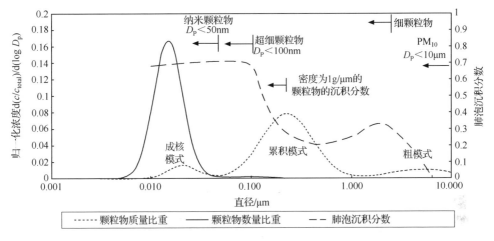

图 2-3　发动机排放颗粒的质量和数量浓度分布及颗粒的肺泡沉积系数[①]

在过去的 20 年中,由于发动机技术的进步和燃料质量的提升,柴油发动机排放的颗粒物浓度在逐渐下降。然而,对于车辆排放的颗粒物数量浓度的研究还很有限,因为颗粒的数量浓度主要受尺寸小于 $0.1\mu m$ 的颗粒影响。目前,多数机动车颗粒污染物的排放标准都是基于颗粒的质量浓度制定的。然而,个体暴露环境中的颗粒尺寸、数量和表面积浓度相比于其质量浓度更加重要。为了更好地估计颗粒对于人体健康的影响,研究发动机排放颗粒的数量浓度分布至关重要。[②]

2. 车辆排放颗粒物的形成机理

研究表明[③],由柴油发动机排放的颗粒物,在进入大气后的一段时间内,其状态会发生连续变化,主要是因为在排气管内颗粒发生凝并和吸附作用,同时尾气中的可凝结有机物与无机蒸汽会在颗粒表面凝结,从而改变颗粒的尺寸分布,这些可凝结蒸汽的浓度变化会受到大气稀释和老化作用的影响,在大气老化作用中,存在多个过程可以改变颗粒的尺寸分布,包括均相成核、二元均相成核和聚并作用。均相成核过程是指在达到过饱和状态的蒸汽区域自发地形成凝结核与纳米颗粒的过

①　Kittelson D B. 1998. Engines and nanoparticles: a review. Journal of Aerosol Science, 29:575-588.

②　Donhee K. Nucleation and coagulation of particulate matter inside a turbulent exhaust plume of a diesel vehicle.

③　Ahlvik P,Ntxiachristos L,Keskinen J,et al. 1998. Real time measurements of diesel particle size distribution with an electrical low pressure impactor. Society of Automobile Engineers:SAE 980410.

程。二元均相成核与均相成核作用类似,只不过此时存在凝结核,从而降低了成核所需的过饱和度。当热烟气排放到大气后,受到大气稀释作用的影响,烟气中的挥发性蒸汽分压降低,而这些蒸汽的压力是温度的函数,此时温度也会随着稀释作用降低。温度与蒸汽压力之间的关系是非线性的,因而在一定的稀释水平下,蒸汽的饱和度会达到最大值。对于尾气中的有机部分,在蒸汽的稀释比处于 5:1 和 50:1 之间时,其饱和度达到最大值,但是该值一般不足以使有机蒸汽发生成核作用。然而在 10:1 和 50:1 的稀释比之间,硫酸蒸汽却能够发生成核作用。颗粒尺寸分布受到聚并、成核和凝结作用的影响,其控制方程为

$$\frac{\partial C_k}{\partial t} = \frac{1}{2}\sum_{j=1}^{k-1}\beta_{k-j}C_{k-j}C_j - C_k\sum_{j=1}^{\infty}\beta_{k,j}C_j + J(t)\delta(k) + \beta_{1,k-1}C_1C_{k-1} - \beta_{1,k}C_1C_k$$

式中,等号右面前两项是聚并项;第三项代表成核项;最后两项代表凝结项。其中 C_k 是依赖于时间变化的体积为 V_k 的颗粒的数量浓度;β 是两个碰撞颗粒的聚并核函数;$J(t)$ 是成核率;δ 是克罗内克函数。

3. 排放的颗粒浓度与车辆运行状况的关系

除了大气的稀释和老化作用外,机动车的运行工况对于颗粒的浓度与粒径分布的影响也十分明显。一般而言,重型柴油车尾气颗粒物排放与车辆的瞬态运行工况有密切关系,如柴油车在快加速时常常能用肉眼观察到尾气管冒黑烟的现象。郝吉明等利用重型车排放车载试验系统,对柴油货车和公交车开展的实际道路排放测试显示:柴油车尾气的 $PM_{2.5}$ 粒数浓度和质量浓度与车速的瞬态响应关系比较显著[①]。在车辆怠速时,$PM_{2.5}$ 的浓度会保持在一个较低的水平,例如,数量浓度约为 $1.5\times10^7/cm^3$,质量浓度约为 $50mg/m^3$;而车辆在快加速时,$PM_{2.5}$ 的浓度则常常出现较高的峰值,例如,数量浓度达到 $6\times10^7/cm^3$,质量浓度接近 $200mg/m^3$;相应的在快减速后,$PM_{2.5}$ 的浓度也会快速降低至较低的谷值。

尽管同为重型柴油车,但货车与公交车在排放尾气 $PM_{2.5}$ 数量浓度变化趋势上却存在差异。分析其原因,可能是因为用途不同,车辆日常的运行工况存在差别。公交车基本在市区运行,车速以 20~40km/h 为主,而载重货车主要用于长途运输,其车速常常比较高。一般而言,车速越大,车辆受到的摩擦阻力也越大,发动机需要输出更大的功率,油耗和燃烧温度也就随之增加。因此,燃烧产生的颗粒物浓度呈现出随速度增加的趋势是很容易理解的。另一方面,燃烧状况的好坏也决定了颗粒物产生的多少,在怠速和低速运行下发动机燃烧状况差,不完全燃烧的比例高,甚至机内润滑油也参与燃烧,则颗粒浓度会大大增加。这就解释了货车从怠速到中速运行时尾气 $PM_{2.5}$ 数量浓度递减的变化趋势,而公交车运行速度较低,在

---

① 郝吉明,段雷,易红宏,等. 2008. 燃烧源可吸入颗粒物的物理化学特性. 北京:科学出版社.

设计和调试时均保证怠速和低速运行时的发动机燃烧状况相对较好。

不同的柴油车在怠速和低速运行下的发动机燃烧状况差异较大：燃烧状况不佳的发动机将未燃尽的燃料排出时，碳氢化合物在尾气中的冷凝成核作用使 $d_p <$ 50nm 的成核态颗粒物浓度升高，因此导致平均几何直径减小；而当发动机的部分机内润滑油被排气带出时，由于油滴的粒径较大，因此导致平均几何直径增大；当车速逐渐增大时，各车辆的发动机燃烧状况有所改善，机内温度的升高也使生成的碳烟颗粒成为尾气 $PM_{2.5}$ 中的主要组分，几何平均直径为 70~100nm。可以看出，燃料的质量和车辆运行状况以及大气环境的状态对颗粒物的产生都会造成影响。

2.2.3　生物质燃烧形成颗粒的机理

一般所讲的"生物质"是指利用大气、光、水和土地等通过光合作用生成的有机物中除去化石燃料的那部分有机物。其主要组成包含林木废弃物（木块、木片、木屑、树枝等）、农业废弃物、水生植物、油料植物、有机物加工废料、人畜粪便和城市生活垃圾等。生物质含量巨大，是仅次于煤炭、石油和天然气的第四大能源，占世界能源消费总量的 14%[①]。目前接近一半的世界人口都在使用生物质作为能源。其中多数用于采暖和炊事做饭。中国是一个农业大国，约 80% 的人口以农业为主，生物质燃料在农村能源构成中占有比较重要的位置。据 2008 年全国农业普查显示，农村居民炊事使用的能源中，主要使用秸秆的达 13318 万户，占 60.2%。每户每年平均消耗 4000~5000kg 秸秆。近年来，中国农作物秸秆消耗的绝对量变化不大，其燃烧排放的组分对大气污染的影响不容忽视。

生物质主要由纤维素、半纤维素、木质素组成。燃烧时纤维素、半纤维素和木质素首先放出挥发性物质，最后转变成炭。生物质的燃烧方式可以分为两大类：开放式燃烧和受限燃烧[②]，其中农作物秸秆露天燃烧以及森林大火和草原大火都属于开放式燃烧，而受限燃烧则指在家庭和工业中利用各种燃烧设备燃烧物质。世界范围内，农作物秸秆燃烧几乎占生物质燃烧的 20% 左右，是生物质燃烧的重要组成部分。

1. 生物质燃烧产生颗粒的组分

生物质燃烧会产生大量气体和颗粒物质，对大气环境、全球气候系统及生态系

---

①　钟浩,谢建,杨宗涛. 2001. 生物质热解气化技术的研究现状及其发展. 云南师范大学学报,21(1)：41-44.

②　郝吉明,段雷,易红宏,等. 2008. 燃烧源可吸入颗粒物的物理化学特性. 北京：科学出版社.

统都会产生重要影响[1][2][3]。生物质燃烧产生的气体主要包括 CO_2、CO、CH_4、NO_x、N_2O、CH_3Cl、CH_3Br 和大量的挥发性有机物[4]。而生物质燃烧产生的颗粒物主要由碳质颗粒和水溶性钾(K^+)构成。颗粒中的含碳量最高可达 73%[5]。主要包含有机碳和元素碳,其中有机碳的含量高达 65%~90%。

相关学者研究了开放式燃烧产生颗粒物的粒径分布和组分构成情况。郝吉明等通过采样分析,得到了农作物秸秆露天焚烧排放的 PM_{10} 的质量浓度分布和化学成分分布。结果表明,PM_{10} 的质量粒径分布呈现单峰分布,峰值为 0.26~$0.38\mu m$,位于积聚模态[6],该结果与 Hays 的研究结果相似。对于颗粒的组分分析显示:有机碳、元素碳、铵根离子、钾离子和氯离子的浓度较高,硝酸根离子和硫酸根离子的浓度较低,这些离子的分布基本也呈现出单峰态的形式。小麦秸秆和玉米秸秆露天焚烧产生 $PM_{2.5}$ 的化学分析结果显示,有机物是其中最主要的成分,分别占到 50.05% 和 43.64%,元素碳分别占 7.65% 和 2.98%,水溶性离子的比例较高,分别为 29.18% 和 43.95%,地壳物质和微量元素所占比例很小,占小麦秸秆焚烧产生 $PM_{2.5}$ 的 0.88% 和 0.03%,占玉米秸秆焚烧产生 $PM_{2.5}$ 的 0.57% 和 0.02%;

从以上给出的质量粒径分布和化学组成分布的结果分析,可知农作物露天焚烧排放的颗粒物主要由不完全燃烧产生的含碳成分以及 K、Cl 和 N 等易挥发元素的气化、成核、冷凝和凝聚形成的无机成分组成。而针对农作物秸秆露天焚烧排放颗粒物的质量浓度累积频率分布研究可知,$PM_{2.5}$ 占 PM_{10} 排放的 98%,PM_{10} 占 93%。

2. 受限式燃烧的颗粒物排放特点

受限燃烧中使用的生物质与煤相比具有如下特点:其含碳量较小,含固定碳也少。生物质燃料的含碳量最高仅为 50% 左右,与年代较短的褐煤含碳量相似,而固定碳含量明显低于煤。因此生物质燃料燃烧时间短、热值较低。生物质含氢较

① Andreae M. 1991. Biomass burning: its history, use and distribution and its impact on environmental quality and global climate//Levine J S(Ed). Global Biomass Buring. Kan Bridge City: MIT Press, 3-21.

② Penner J E, Diekinson R E, O Neill R E. 1992. Effects of aerosol from biomass buring on the global radiation budget. Science, 256: 1432-1434.

③ Mandalakis M, Gustafsson O, Alsberg T, et al. Contribution of Biomass Burning to Atmospheric Polyeyclic Aromatic Hydrocarbons at Three European Background Sites. Environ. Sci.

④ Crutzen P J, Andreae M O. Biomass burning in the tropics: impact on atmospheric chemistry and biogeochemical cylcles. Science, 1990,250: 1667-1669.

⑤ Cachier H, Liousse C, Buat-Menard P, et al. 1995. Particulate content of savanna fire emissions. Journal of At mospheric Chemistry,22: 123-124.

⑥ 郝吉明,段雷,易红宏,等. 2008. 燃烧源可吸入颗粒物的物理化学特性. 北京:科学出版社.

多,造成其挥发分较多。生物质中的碳元素多数与氢结合,形成低分子的碳氢化合物。当温度达到 250℃时开始热分解,350℃时 80％的挥发成分析出。挥发成分的析出时间较短,若空气供应不当,则有机挥发物会在未燃尽的情况下排出,可以观察到此时排放的烟气成黑色,严重时甚至为黄色浓烟。生物质燃料的密度明显低于煤炭,质地比较疏松,特别是秸秆,这使得生物质燃料易于燃烧并较快燃尽,灰烬中残留的碳量比燃用煤炭少。生物质燃料的含硫量通常较低,小于 2％,因此燃烧排放的 SO_2 浓度较低[①]。生物质炉灶的燃烧一般达到 800～900 摄氏度,远低于煤燃烧温度,而且燃烧时燃料和空气的混合基本为自然混合,混合效果不佳,同时炉灶燃烧空间较小,大量析出的挥发成分往往来不及完全燃烧即排出,以上因素导致燃料的燃烧不充分,燃烧效率低,排烟中含有大量的含碳颗粒物、可凝结的有机物以及 CO、挥发性有机物和 NO_x 等气态污染物。

受限燃烧排放 $PM_{2.5}$ 的质量谱呈现单峰分布,峰值为 $0.26～0.38\mu m$,位于积聚模态。气化—凝结过程是受限燃烧排放 $PM_{2.5}$ 的主要形成机制。颗粒主要由不完全燃烧产生的含碳成分和由 K 和 Cl 等易挥发的元素经气化、成核、冷凝和凝聚而形成的无机成分组成。可以看出,生物质燃烧不仅能量利用率较低,而且会排放大量颗粒物加剧雾霾污染。因此需要探索高效的生物质利用方式,尽量减少秸秆露天焚烧,推进农村地区能源高效利用方式,从源头降低污染。

2.2.4　垃圾焚烧排放

随着经济社会的快速发展,垃圾的排放量急剧增大,严重影响了人类生存环境和城市持续发展。当前,我国城市垃圾年产量已达 1.4 亿吨以上,且仍以每年 8％～10％的速度增长。城市生活垃圾存量约为 60 亿吨,全国已有 200 多个城市被垃圾包围。处理城市垃圾的主要方法有填埋法、堆肥法、分类处理法、焚烧法等,其中垃圾的焚烧处理方法可使垃圾高温灭菌达到无害化。针对目前日益紧缺的城市用地,焚烧后的垃圾容积降低大约 90％,大大缩减了垃圾的占有空间;同时,垃圾焚烧余热还可供热、发电,实现资源再利用。因此垃圾的焚烧处理不仅可以保护环境,还能充分利用资源,是垃圾处理发展的必然趋势[②]。

1. 垃圾的组成成分与烟气中污染物的成分

垃圾燃料的组成成分复杂、含量变化大。主要受到城市发达程度、燃料结构、生活水平、饮食习惯、市场物资供应以及季节变化的影响。以北京为例,目前北京

---

① 刘建禹,崔国勋,陈荣耀. 2001. 生物质燃料直接燃烧过程特性的分析. 东北林业大学学报,32(3):290-294.

② 王莹,李红彪,周春林. 2004. 垃圾焚烧污染物的形成机理及控制. 电站系统工程,20(3):33-34.

市的垃圾组成成分已趋于发达国家水平:其中灰土成分由 1990 年的 53.22%降到 1995 年的 10.92%,而食品类成分从 24.89%上升到 35.96%,垃圾中如纸类、玻璃、金属、塑料等可回收再利用的成分所占比例更是成倍增加①。垃圾燃料的复杂组分决定了焚烧烟气的组成成分和含量的多样化。垃圾中的可燃成分含有氯、氯化物以及氮、硫等物质。在垃圾焚烧过程中会生成 SO_2、NO_x、H_2S、HCl、重金属、飞灰颗粒物和有机氯等污染物,如氯化二苯并二噁英、氯化二苯并呋喃等剧毒物质。特别是后两种物质,虽含量很少,但却能对环境造成致命威胁。

2. 垃圾焚烧污染物的形成过程

目前采用的垃圾焚烧系统主要由垃圾储存、焚烧、余热锅炉供热发电、烟气净化处理、排烟等部分组成。其中,垃圾焚烧和烟气净化处理是两个重要的环节,这两个环节处理的情况会直接影响垃圾焚烧烟气各部分的形成及其含量变化。

生活垃圾焚烧过程中,在高温热分解和氧化的作用下,可燃物及其产物的体积和粒度减小。而不可燃物大部分滞留在焚烧炉炉排上以炉渣的形式排出,质量较轻的颗粒物在气流机械携带和热涌力的作用下,与焚烧炉产生的高温气体一起在炉膛内上升,经过与锅炉的热交换后从锅炉出口排出,形成含有颗粒物即飞灰的烟气流②。在输运的过程中,颗粒物会与周围的蒸汽发生异相凝结,颗粒之间会发生聚并作用从而改变颗粒的粒径分布状态。产生的颗粒一般呈灰白色或深灰色,粒径小于 $300\mu m$。颗粒形态多样,其中以不规则形状聚合体居多③,从质量来看,Si、Ca、Al 是颗粒的最主要成分。此外还含有 K、Na、Cl、Fe、Ti、Mg 等主要元素成分和 Pb、Cr、Cd、Zn、Hg、Cu、Ni、As 等微量污染元素成分。由于原料和焚烧方式的差异,飞灰的成分也有较大差异。相比于颗粒的危害,垃圾焚烧产生的二噁英(Dioxin)所带来的威胁更大。二噁英是一种无色无味、毒性严重的脂溶性物质,这类物质非常稳定,熔点较高,极难溶于水,可以溶于大部分有机溶剂,所以非常容易在生物体内积累,对人体危害严重。国际癌症研究中心已将其列为一级致癌物。因此,一旦垃圾焚烧过程中产生的烟气处理不当,不仅会释放大量的颗粒物造成雾霾污染,同时还会掺杂诸如二噁英之类的有害物质,形成"毒雾",对人类的生命安全构成严重威胁。

---

① 沈伯雄,姚强.2002.垃圾焚烧中二恶英的形成和控制.电站系统工程,18(5).
② 高宁博,李爱民,陈茗.2006.城市垃圾焚烧过程中主要污染物的生成和控制.电站系统工程,22(1):38-40.
③ 张金成,姚强,吕子安.2001.垃圾焚烧二次污染物的形成与控制技术.环境保护,(5):17-18.

2.3　雾霾治理与空气质量标准

正是基于颗粒物的不同尺寸、浓度及其对环境和人体健康构成的巨大威胁,各国政府都对颗粒的排放标准做出了严格规定,在此基础上形成了各国的空气质量标准。世界卫生组织发布了《空气质量准则》,提出 PM_{10}、$PM_{2.5}$ 年均浓度为 $20\mu g/m^3$ 和 $10\mu g/m^3$(微克/立方米),日均浓度为 $50\mu g/m^3$ 和 $25\mu g/m^3$ 的标准值。许多国家也已经制定了空气中 PM_{10}、$PM_{2.5}$ 防治标准。欧美、日本等国在原有 PM_{10} 的基础上将 $PM_{2.5}$ 作为最新的控制项目,取消了传统的总悬浮颗粒物(TSP),而印度、中国等发展中大国也逐渐从 TSP 的控制向 PM_{10}、$PM_{2.5}$ 的控制过渡。

各国的细颗粒物排放标准近年来变得越来越严苛,其中美国国家环保局(EPA)于 1985 年将原始颗粒物指示物质由 TSP 项目修改为 PM_{10},并在 1997 年对 $PM_{2.5}$ 首次制定了严格的国家环境空气质量标准,年均值为 $15\mu g/m^3$,日均值为 $65\mu g/m^3$。现行标准在 2006 年取消了 PM_{10} 年均浓度限值,降低 $PM_{2.5}$ 日均浓度限值至 $35\mu g/m^3$。欧盟在 1999 年对 PM_{10} 标准进行了修订,将 $PM_{2.5}$ 的测量纳入 PM_{10} 监测体系,提出在减少 PM_{10} 的同时减少 $PM_{2.5}$,并在 2008 年规定 $PM_{2.5}$ 在 2010 年的年均浓度目标限值为 $25\mu g/m^3$。日本于 2009 年增加了 $PM_{2.5}$ 的标准值,年均为 $35\mu g/m^3$,日均为 $15\mu g/m^3$。澳大利亚 2003 年开始对 $PM_{2.5}$ 的排放进行监控,日均限值为 $30\mu g/m^3$。

我国现行国家《环境空气质量标准》(GB 3095—1996)是 1982 年颁布实施并于 1996 年、2000 年修订的标准,规定了 TSP 和 PM_{10} 的标准,要求一级日平均标准为 $0.12mg/m^3$,统一在空气质量监测中纳入 PM_{10} 指标。鉴于 $PM_{2.5}$ 重大的环境和社会影响,2012 年 3 月 1 日国务院发布新修订的《环境空气质量标准》(GB 3095—2012),重点纳入了 $PM_{2.5}$ 的指标,一级限值要求 PM_{10} 24 小时平均值在 $50\mu g/m^3$,$PM_{2.5}$ 24 小时平均值为 $35\mu g/m^3$,分步实施对 $PM_{2.5}$ 的监测,并于 2016 年 1 月 1 日起在全国范围实施[①]。

目前政府出台的措施中主要依据颗粒物的质量浓度制定,但是有学者提出,相比于颗粒物的质量浓度,其数量浓度和组成成分更能说明其危害。Wichmann 等[②]在研究大气颗粒物的数量和质量组成时发现:超细颗粒物数量占 $PM_{2.5}$ 数量的 88%,而超细颗粒物质量只占 $PM_{2.5}$ 质量的 5%,这表明大气颗粒物的数量浓度主

① 《环境空气质量标准》GB 3095—2012.

② Wichmann H E, Spix C, Tuch T W, et al. Dailymortality and fine and ultrafine particles in Erfurt, Germany. Part I: role or particle number and particle mass. Research Report 98, Health Effects Institute, Cambridge, MA. 2000.

要由超细颗粒物决定,而其质量浓度主要由较大的粗颗粒物决定。长久以来,人们一直关注颗粒的质量浓度,但是对于人体危害最大的小颗粒,其质量浓度一般很低,且颗粒物的数量浓度是描述其性质的重要物理参量,对于颗粒物的研究十分关键。因此,一些专家呼吁及早建立基于颗粒物数量浓度的排放标准。

此外,我国大气中颗粒物的化学组成复杂,通常包括有机物、炭黑、硫酸盐、硝酸盐、铵盐等。中国科学院大气物理所王庚辰认为,$PM_{2.5}$的浓度并不是最主要的,相比之下,$PM_{2.5}$的组成成分的检测更重要,如$PM_{2.5}$中包含有机物和重金属颗粒,那么即使在$PM_{2.5}$浓度不高的情况下,空气对人体的危害也会较大。尤其是汽车尾气,不仅排放颗粒物,还排放有害气体,这部分气体能通过"气粒转化"反应转化为颗粒物,造成空气污染。同理,有的企业虽然排放$PM_{2.5}$很少,但排放有机物多,有机物一旦转化成颗粒物,同样会造成污染[①]。

① 尹航. [2013-08-13]. 大气物理专家:$PM_{2.5}$组成成分比浓度更关键. http://scitech. people. com. cn/n/2013/0813/c1007-22549469. html.

第3章 国外雾霾典型治理及其启示

┌─────────┐
│ 阅 读 提 要 │
└─────────┘

　　从世界各国雾霾发展的历史看,经济发展到一定历史阶段,传统化石能源的大规模消耗相伴而来的环境问题就会凸显出来。特别是大气污染,因其涉及面广,影响严重,更加受到关注。西欧、美国、日本等发达国家都受到过同样的困扰。之所以会受到同样的困扰,归根结底,还是因为这些国家在工业化进程中选择了"先污染、后治理"的道路,因为如此,减少或者替代工业化进程中的传统化石能源消费以及化石能源清洁利用是各国入手处理大气污染问题的基本解决路径,从发达国家治理雾霾的基本经验可以看出这一点。

　　从历史看,雾霾是传统工业化方式的必然产物,雾霾等大气污染是伴随着人类社会工业化的进程而产生的,世界上多个国家都曾经历过类似情况,为治理雾霾许多国家采取了诸多行之有效的措施,因雾霾多是发生在工业化大城市,因此城市之间的联防联控机制成为雾霾治理的基本经验之一。综合国外大城市的雾霾治理一体化经验,主要的经验如下:一是行政手段,比如政府大力推动新能源汽车、绿色交通和节能减排;二是法律手段,通过严格监管强制督促实施环保方案,并加强环境执法和处罚力度;三是经济手段,如通过排污权交易促进节能减排,通过政府减免税收和财政激励来引导绿色经济发展;四是完善环境基础设施手段,如加强绿化、节水、节地等。本章重点介绍国外大城市大气污染治理一体化的经验及对京津冀雾霾一体化治理的启示。

3.1 国外雾霾事件的典型成因及其治理历程

　　工业化国家在发展过程中,都曾面对过严重的大气污染问题,经历过雾霾频发的阶段,其成因既有个性,又有共性,各国均采取了有针对性的应对措施。

3.1.1 两起典型雾霾事件的成因

　　在欧美等发达国家出现的严重大气污染的代表性事件是 1952 年伦敦烟雾事件和 20 世纪 40 年代开始的美国洛杉矶光化学烟雾事件。

1. 伦敦烟雾事件简介

伦敦是老牌资本主义国家英国的首都,欧洲最大的城市,也是全球最繁华的城市之一。伦敦是欧洲的经济金融贸易中心,与美国纽约、日本东京并列为世界上最重要的金融中心。16世纪后,随着英国资本主义的兴起,伦敦城市规模迅速扩大。第二次世界大战后人口急剧膨胀,20世纪50年代进入繁荣时代。1952年12月5日开始,逆温层笼罩伦敦,城市处于高气压中心位置,垂直和水平的空气流动均停止,连续数日无风。当时伦敦冬季多使用燃煤采暖,市区内还分布有许多以煤为主要能源的火力发电站。由于逆温层的作用,煤炭燃烧产生的二氧化碳、一氧化碳、二氧化硫、粉尘等气体与污染物在城市上空蓄积,引发了连续数日的大雾天气。期间由于毒雾的影响,不仅大批航班取消,甚至白天汽车在公路上行驶都必须开着大灯。因为人们看不见舞台,室外音乐会也被取消。当时,伦敦正在举办一场牛展览会,参展的牛首先对烟雾产生了反应,350头牛有52头严重中毒,14头奄奄一息,1头当场死亡。不久伦敦市民也对毒雾产生了反应,许多人感到呼吸困难、眼睛刺痛,发生哮喘、咳嗽等呼吸道症状的病人明显增多,进而死亡率陡增。据史料记载,从12月5日到12月8日的4天里,伦敦市死亡人数达4000人。在发生烟雾事件的一周中,48岁以上人群死亡率为平时的3倍;1岁以下人群的死亡率为平时的2倍。在这一周内,伦敦市因支气管炎死亡704人,冠心病死亡281人,心脏衰竭死亡244人,结核病死亡77人,分别为前一周的9.5倍、2.4倍、2.8倍和5.5倍。12月9日之后,由于天气变化,毒雾逐渐消散,但在此之后两个月内,又有近8000人因为烟雾事件而死于呼吸系统疾病。当时人们没发现有什么异常,后来重新检查当年死亡病人的肺的样本发现有许多重金属、碳和其他有毒元素,这些均来自燃料。在这一年,英国的公交车正好换成燃油的,而且冷空气使人们家家户户都燃起壁炉,使得空气污染越加严重。此后的1956年、1957年和1962年伦敦又连续发生了多达12次严重的烟雾事件。直到1965年后,有毒烟雾才从伦敦销声匿迹[1][2]。

2. 洛杉矶光化学烟雾事件简介

美国洛杉矶光化学烟雾事件是世界著名的又一公害事件。洛杉矶市位于美国西岸加利福尼亚南部,洛杉矶市人口380万,大洛杉矶地区人口约1777.6万。按

①　Mayor of London. 2002. 50 years on the struggle for air quality in London since the great smog of December 1952. Greater London Authority.

②　Luisa T M. 2012. Impacts of Emissions from Megacities on Air Quality and Climate. Conference of International Global Atmospheric Chemistry, Beijing.

照人口排名,是美国的第二大城,仅次于纽约。洛杉矶市区面积 4319.9 平方公里,洛杉矶地区(下辖洛杉矶市和其他 45 个小城市)陆地面积 1214.9 平方公里。洛杉矶市西临太平洋,东、南、北三面为群山环抱,处于气象学中所称西海岸气候盆地之中,大气状态以下沉气流为主,极不利于污染物质的扩散;而且常年高温、少雨,日照强烈,给光化学烟雾的形成创造了条件。洛杉矶位于美国西南海岸,西面临海,三面环山,是个阳光明媚,气候温暖,风景宜人的地方。早期金矿、石油和运河的开发,加上得天独厚的地理位置,使它很快成为了一个商业、旅游业都很发达的港口城市。洛杉矶市很快就变得空前繁荣,著名的电影业中心好莱坞和美国第一个"迪斯尼乐园"都建在这里。城市的繁荣又使洛杉矶人口剧增。白天,纵横交错的城市高速公路上拥挤着数百万辆汽车,整个城市仿佛一个庞大的蚁穴。从 1943 年开始,洛杉矶每年从夏季至早秋,只要是晴朗的日子,城市上空就会出现一种弥漫天空的浅蓝色烟雾,使整座城市上空变得浑浊不清。这种烟雾使人眼睛发红,咽喉疼痛,呼吸憋闷、头昏、头痛。1943 年以后,烟雾更加肆虐,以致远离城市 100 千米以外的海拔 2000 米高山上的大片松林也因此枯死,柑橘减产。仅 1950~1951 年,美国因大气污染造成的损失就达 15 亿美元。在 1952 年 12 月的一次光化学烟雾事件中,洛杉矶市 65 岁以上的老人死亡 400 多人。1955 年 9 月,由于大气污染和高温,短短两天之内,65 岁以上的老人又死亡 400 余人。直到 20 世纪 70 年代,洛杉矶市还被称为"美国的烟雾城"。后来通过实施一系列措施,洛杉矶光化学烟雾在 20 世纪 80 年代以后得到缓解[1][2]。

3. 两起典型大气污染事件的成因

针对两起严重大气污染事件,以欧美为代表的发达国家逐渐形成了外场观测——实验室模拟——数值模式相结合的闭合研究体系,极大地提高了对大气污染的物理、化学过程的认识,对雾霾事件的成因有了深刻的认识。

对伦敦烟雾的研究表明,1952 年伦敦烟雾事件发生的直接原因是燃煤产生的二氧化硫(SO_2)和粉尘污染,间接原因是开始于 12 月 4 日的逆温层所造成的大气污染物蓄积。大气中的 SO_2 被氧化形成硫酸盐,与燃煤产生的粉尘结合,导致表面大量吸附水,成为凝聚核,这样便形成了浓雾。针对 1952 年伦敦烟雾事件,形成了著名的《比佛报告》,英国政府于 1956 年颁布了《清洁空气法案》(1958 年又加以补充),该法案是一部控制大气污染的基本法,对煤烟等排放进行了详细具体的规定。

---

① David P. 2012. Ozone in the Anthropocene: lessons from urban to remote measurements at northern mid-latitudes. Conference on International Global Atmospheric Chemistry, Beijing.

② SCAQMD. 1997. The Southland's War on Smog: 50 years of progress toward clean air.

洛杉矶光化学烟雾是汽车、工厂等污染源排入大气的碳氢化合物(HC)和氮氧化物(NO_x)等一次污染物,在阳光的作用下发生光化学反应,生成臭氧(O_3)、醛、酮、酸、过氧乙酰硝酸酯(PAN)等二次污染物,一次污染物和二次污染物的混合物所形成浅蓝色有刺激性的烟雾污染现象。洛杉矶在20世纪40年代就拥有250万辆汽车,每天大约消耗1100吨汽油,排出超过1000多吨碳氢(CH)化合物,300吨氮氧(NO_x)化合物,不止700吨一氧化碳(CO)。此外,还有炼油厂、供油站等其他石油燃烧排放,这些化合物被排放到阳光明媚的洛杉矶上空,形成了一个毒烟雾工厂。

事实表明,经济发展到一定历史阶段,相伴而来的环境问题就会凸显出来。特别是大气污染,因其涉及面广、影响严重,更加受到关注。西欧、美国、日本等发达国家和地区都受到过同样的困扰,之所以会受到同样的困扰,归根结底还是因为这些国家和地区在工业化进程中选择了"先污染、后治理"的道路,这与我们梳理的世界上主要地区发生的雾霾事件和大气污染成因得出的结论也是一致的。也正因为如此,减少或者替代工业化进程中的传统化石能源消费以及化石能源清洁利用是各国处理大气污染问题的基本解决路径。

3.1.2　发达国家大气污染治理历程简要回顾

1. 欧洲大气污染防治历程

19世纪中后期,随着煤烟型污染在欧洲越演越烈,欧洲多个城市遭受了严重的烟雾事件侵袭,以英国为首的欧洲国家采取了提高烟囱高度,消灭低矮点源和大规模开发应用消烟除尘、脱硫技术的控制策略。直到20世纪40年代,欧洲国家通过燃料替代的方式,将煤炭改为天然气和油,困扰多年的煤烟型污染才得以解决。到70年代,酸雨与污染物跨界传输问题的凸显,促使欧洲开始采取积极的总量削减控制策略,1985年的赫尔辛基公约首次对SO_2提出了削减50%的目标,此后在不同的公约中又分别增加了对NO_x和VOC的削减目标。为了实现污染物的削减目标,欧盟通过实施大型燃烧装置大气污染物排放限制加强燃煤电厂污染物排放的控制,1987年出台了首部《大型燃煤企业大气污染物排放限制指令》(88/609/EEC),对新建电厂的SO_2、NO_x和颗粒物排放进行控制。从1994年硫议定书修正案以来,基于不同生态环境,充分考虑地区间差异的临界负荷概念,各缔约国根据自身对酸雨的敏感性程度来制定减排目标和进程,有效地调动了各国的减排积极性,同时也使主要污染物排放在原本已获得较好成效的基础上得到了进一步控制。1999年发布的《哥德堡公约》以控制酸化、富营养化和近地面臭氧的排放为目标,分别对硫、氮氧化物、VOC、重金属和氨的排放上限进行了限制,并进一步提出了对排放量较大和削减成本相对较低的国家进行大幅削减的计划。2001年欧盟进

一步推行了欧洲清洁空气计划,该计划基于 EMEP 提供的数据,利用 RAINS 模型
从人体健康、建筑物、农作物和生态系统等 4 个方面对 2000～2020 年污染物浓度
及其影响进行了基线情景研究,并展开相应的费效分析。2002 年《大型燃煤企业
大气污染物排放限制指令》(2001/80/EC)出台,进一步加严了对污染物排放量的
控制指标。

2. 美国大气污染防治历程

第二次世界大战结束后,美国多个城市经历了快速的经济增长、房地产开发、
道路建设以及人口膨胀。在加州,南部的洛杉矶地区和北部的旧金山地区成了当
时该州最引人瞩目的地区。随着城市的扩张和发展,洛杉矶和旧金山地区开始出
现"烟雾"笼罩的现象。为解决旧金山地区的大气污染问题,1955 年成立"湾区空
气污染控制区",负责治理当地的大气污染,并于 1957 年实施了第一个污染控制措
施,即禁止垃圾堆和废物堆的露天燃烧。

美国从国家层面对大气污染的系统治理始于 20 世纪 70 年代。1970 年,美国
环保署(EPA)成立,同年通过了《清洁空气法(修订案)》(又称《1970 清洁空气
法》)。《1970 清洁空气法》奠定了美国沿用至今的大气污染治理体系基础,从而构
建了美国环境大气质量标准与排放总量控制相结合的大气污染防治策略体系。美
国环保署(USEPA)在全国设立了 247 个州内控制区和 263 个州际控制区,各州对
其所管辖区域内的空气质量负有主要责任。这一阶段美国主要通过对电厂和其他
重工业废气的净化,以及对汽车尾气排放控制的策略来实现空气质量的改善。
1977 年《清洁空气法案》修正案颁布,将全美划分为"防止严重恶化区"和非达标
区。为了达到国家环境空气质量标准,各州都制定了固定源和移动源相关污染物
的排放标准,并以州实施计划的形式给出各州空气质量达标和改善的时限和具体
措施及可行性分析,EPA 批准并对其执行情况进行监督检查。1990 年《清洁空气
法》第二次修正议案将酸雨、城市空气污染、有毒空气污染物排放三方面的内容纳
入到法案中,制定和实施酸雨计划,并规定了二氧化硫排放许可证和排污交易制
度。随着近地面 O_3 和细颗粒物污染成为突出问题,2005 年美国 EPA 进一步发布
了"清洁空气州际法规",该法案旨在通过同时削减 SO_2 和 NO_x 帮助各州的近地
面 O_3 和细颗粒物达到环境空气质量标准[①]。

3. 日本大气污染防治历程

日本作为一个在第二次世界大战以后快速发展起来的工业化国家,在经济高
速发展的过程中,也产生过不少环境污染问题,爆发过"水俣病"、"骨痛病"等世界

---

① 长城战略咨询.2013-04-08.欧美大气污染防治特点分析和经验借鉴.

著名的污染事件。但日本较好、较快地解决了严重的污染环境问题,成为工业化国家在环境保护方面的一个典范。

日本污染问题的产生,与欧美各国相比,主要是把工业化的过程压缩在短期内实现的结果。环境恶化和损害的速度快,采取应对措施的速度也很快。日本的大气污染防治历程大致可划分为两个时期。

第一时期为 1955 年至 1973 年。1945 年日本战败后,经过十年重建,经济复苏。从 1955 年开始到 20 世纪 70 年代初,日本进入了前所未有的经济高速增长时期。50 年代后半期的实际经济增长率为 8.8%,60 年代前半期为 9.3%,到 60 年代后半期上升为 12.4%。与此同时,能源的消耗也日渐加大。从 1955 年到 1964 年,日本的能源消耗量增长了约 3 倍。伴随着高速的工业化和不断增加的能源消耗,日本产生了严重的大气污染和其他形式的环境污染。在东京,一到冬季市民很难看见太阳。在川崎、尼崎、北九州等地,大气污染进一步恶化,引发了市民的慢性支气管炎和支气管哮喘病。1964 年 9 月,发生在富山市的化工厂氯气泄漏事故,导致 5131 人中毒。从 20 世纪 50 年代后半期到 60 年代前半期,由于在沿海大规模建设联合企业,致使能源政策由煤炭向石油转移,这也造成大气污染类型由烟尘型为主转变为硫氧化物型为主。为了紧急应对严重的大气污染和随之产生的健康严重损害,国家实施了积极有效的对策。如政府制定规则,指导工业界引进低硫原油,规划和引进重油脱硫装置、引导民间革新和投资于排烟脱硫装置等诸多污染管理技术,使工业发展造成的大气污染在短期内得到较大改善,在经济没有受到严重影响的情况下,成功地实施了对粉尘和硫氧化物为主要对象的工业污染的治理,最终实现了 OECD 报告书所说的"在污染防治战争中取得胜利"。

第二时期为 1974 年以后到现在。这一时期,汽车排气叠加在众多工厂、作业场所的排放之上,以氮氧化物等为主的城市生活型大气污染成为大气污染控制的主要对象。采取的措施仍沿袭了前一时期所采取的对策,通过制定每辆汽车的排气标准(单个排放源限制)、开发汽油车的排放气体控制技术等措施获得了成功。在这一时期,由于石油危机后的能源价格上扬,促进了节能政策的出台和节能技术的发展。随着 1973 年的第四次中东战争、1978 年的伊朗革命和 1990 年的海湾战争导致世界石油市场出现危机,日本采取积极的节能措施和推进新能源的政策,加快了工业结构从重工业为主向机械组装、信息等工业方向的转化,削减了工业部门的大气污染物排放,在节约能源、利用新能源的同时,有效改善了空气质量和环境[1]。

---

[1]　李蒙. 2014. 日本的大气污染控制经验——面向可持续发展的挑战. 法人,(4).

3.1.3　发达国家大气污染治理的主要措施

发达国家治理大气污染总体上是把立法作为重要保障；把理念创新、转变发展方式和生活方式作为根本途径；把公众参与监督、加强规划管理和对公民进行环保教育作为有效手段[1]。

1. 加强大气污染防治法律法规建设

（1）制定完善的大气污染防治法律体系。英国早在 19 世纪就制定了《阿尔卡利法》和《公共卫生法》，并于 1956 年颁布了专门针对大气污染的《清洁空气法》。美国于 1955 年颁布了《空气污染控制法》，并于 1963 年制定了《清洁空气法》成为大气污染防治的主要法律依据。日本于 20 世纪 50 年代颁布了《烟尘限制法》《公害对策基本法》《大气污染防治法》等大气污染治理的综合性法律体系。

（2）明确各级政府大气污染防治的权责。美国 1970 年修订的《清洁空气法》明确联邦负责制定全国空气质量标准，州负责制定本州达标方法与时间表，地方负责具体实行并针对本地特殊情况对此进行补充的大气污染防治三级管理体制。英国《环境保护法》和《国家空气质量战略》提出中央政府制定统一的国家空气质量战略，市郡政府有权在无法达到国家空气质量标准的区域申请成立空气质量管理区，并制定远期空气质量行动计划以达到国家标准。国家环境局综合控制大型、危险的工业设施，地方政府监管小型、危险程度低的工业设施。国家成立空气污染健康影响委员会，评估各空气污染区对人体健康的影响[2]。

（3）划定大气污染控制区域，实行区域联动。美国《空气质量法》划定空气质量控制区，协调各州间的大气污染问题。1976 年加州率先建立控制区域空气污染的政府实体"南海岸区域空气质量管理区"，并赋予其立法、执法、监督、处罚的权利，通过制订并推行空气质量管理计划、排污许可、检查、监测、信息公开和公众参与等方式实现减排目标。英国、日本的大气控制区范围较小，中央和地方的关系更加灵活。

（4）制定并适时修订大气污染物的种类和排放标准。1968 年英国修订的《清洁空气法》确定烟尘浓度的"林格曼黑度"，规定在控烟区内严禁排放高于"林格曼二度"的黑烟，其后又制定了国家大气排放物目录以评估污染源排放量。1995 年，明确 78 个行业的主要污染物标准。2012 年起开始实行新的空气质量指数评价体系，明确规定二氧化硫、二氧化氮、颗粒物 $PM_{2.5}$、PM_{10}、铅等 12 项污染物的上限值或目标值。美国根据污染物构成变化于 1990 年修订《清洁空气法》时将原来的大

---

① 薛志钢,郝吉明,陈复,等. 2003. 国外大气污染控制经验. 重庆环境科学,25(11):159-161.
② 郑权,田晨. 2013. 美国洛杉矶雾霾之战的经验和启示. 环球财经,11:70-71.

气污染物调整为臭氧、一氧化碳、二氧化硫、二氧化氮、铅以及颗粒物 PM,并明确了新的标准。

（5）规定多种渠道的经费来源,为大气污染防治提供资金保障。美国大气污染防治经费数额巨大,来源多元。20 世纪 90 年代在空气污染控制领域的支出每年在 310 亿~370 亿美元之间,而 2003 年国家环保局全年的工作经费才 76.16 亿美元,其他经费来源主要包括排污收费、排污权交易和燃油税费等。英国 1956 年的《清洁空气法》明确在控烟区内改装炉灶的费用,30% 自理,30% 由地方政府解决,40% 由国家补助。日本环境保护的资金来源除政府直接补贴外,还包括排污收费、环保税收、环境基金等,1973 年《公害健康损害补偿法》进一步规定向污染企业强制征收污染费以补偿污染受害患者。自从 1990 年美国《清洁空气法修正案》正式提出排放量交易制度后,目前发达国家均开始尝试通过排放权交易制度促进市场对大气污染的调节。

2. 加快产业转型和能源结构转型

（1）强制推行工业和能源领域污染治理,鼓励产业结构调整,发展循环经济。英国制定污染工厂的酸性上限浓度和烟雾浓度,并在相关法案的支持下,强制关闭或转移大型污染设施。20 世纪 80 年代,随着全球制造业向发展中国家转移,发达国家对工业污染的控制全面转向为产业结构调整,着力于发展高科技产业、服务业和绿色产业。同时欧洲和日本政府开始大力倡导循环经济,鼓励企业采用先进的清洁生产工艺和技术,并倡导在企业内部、企业之间、产业园区中构建废弃物相互利用的循环经济体系。

（2）工业治理思路从排放浓度控制向总量控制转变。早期发达国家的大气污染物排放控制以浓度控制为主,20 世纪 80 年代以后各国修订相关标准时均引入排放总量控制。日本的总量控制分为排放口总量控制和区域总量控制。排放口总量控制以最高允许排放总量和浓度为基础,以不超标为要求;区域总量控制以排放总量的最低削减量为基础,以削减达标为要求。政府对排放总量、总量削减计划、额度分配等均进行了严格界定。

（3）推进能源结构转型,鼓励新能源应用。1973 年的石油危机倒逼发达国家降低能源需求,提高能源效率,并推动能源结构转型。1970 年,英国能源消费结构中煤炭、天然气、石油、电力比例约为 39.1∶2.5∶47.1∶11.4,此后相继通过发布能源白皮书《我们能源的未来:创建低碳经济》和《英国可再生能源战略》,提出能源规划、供应链、电网建设、生物能源利用方面的改革计划和税费、金融政策支持。2011 年,英国能源消费结构煤炭、天然气、石油、电力比例已调整为 1.8∶30.7∶45∶19.8,并计划于 2020 年将再生能源比例提高到 15%。

3. 加强节能减排,倡导低碳生活方式

(1) 重点治理交通污染。20 世纪 80 年代,交通污染取代工业污染成为发达国家空气质量的首要威胁,各国均加强了交通污染治理。首先是提高并统一新车排放标准。英国要求所有新车必须加装催化器以减少氮氧化物污染,对超标车辆罚款。美国加州要求 1994 年后出售的汽车全部安装"行驶诊断系统",即时监测机动车的工作状态,让超标车辆及时脱离排污状态和接受维修。其次是推广清洁能源。各国均大力推广使用无铅汽油。日本积极开发轻油低硫磺化和柴油汽车低公害化的新型技术。2000 年以后,英国和日本均大力投资发展氢燃料电池公共汽车,第三是限制私家车行驶,积极发展公共交通。伦敦提高市内停车费用,出台"堵塞费",并设立 1000mi(1mi≈1.6km) 长的公交专用道和自行车步道网。东京都市圈以轨道交通为主,形成 2000km 长、500 个车站的轨道交通网络,承担了东京圈 80% 以上的城市客运交通量。

(2) 重视城市绿地建设和管理。伦敦绿化带始建于 20 世纪 40 年代,2010 年绿化带面积达 4841km²,而建成区面积仅为 1577km²。同年英国绿化带总面积约 1.6 万 km²,占英国国土面积的 13%。实施 5 个城市绿地保护五年计划,建立了详细的城市绿化标准,包括人均占有城市公园面积、布局、服务半径、规模、选址、服务设施设置和允许建筑面积等。东京都政府还出台了补助金等一系列政策,鼓励和支持屋顶绿化。《绿色东京规划(2001—2015)》提出,到 2015 年东京屋顶绿化面积要达到 1200ha。

(3) 鼓励居民使用节能电器。20 世纪 70 年代,英国政府开始鼓励市民和商家使用节能电器,其后日本和美国也建立了电器使用的"节能标签"制度和"能源之星"标识体系,并给予使用者财政补贴和税收优惠。

(4) 鼓励低碳建筑和低碳社区建设。1993 年,英国环境、交通、建筑研究等部门共同开发衡量建筑物能源利用效率的能源效率标准评价程序。2007 年,英国政府宣布在全国建设 10 个生态镇,并对所有房屋节能程度进行"绿色评级",要求从 2016 年开始,所有新建住宅必须实现"零排放"。英国的贝丁顿社区成为世界低碳社区典范。

4. 加强环保信息公开,鼓励公众参与和监督

(1) 实时监测并公开大气污染状况,为居民提供免费的技术指导和生活引导。美国环保署等机构通过 AIRNow 网站向公众即时发布全美各地空气质量水平的易懂信息,包括动态空气质量指数图、臭氧指数图、PM$_{2.5}$指数图以及根据各指数列出的全美空气质量最差的 5 个地点,并为居民提供生活指引。日本在 248 种有害大气污染物质中,针对 23 种优先对待的污染物制定详细测定方法,并建立测定管

理体系。英国伦敦于 1999 年建立第一个 $PM_{2.5}$ 监测站，目前已有 17 个监测站在运行。

（2）通过司法诉讼增强社会对污染事件的关注和民众参与污染防治的热情。1970 年美国的《清洁空气法》修正案首次将公民诉讼条款纳入环保立法中，规定任何人都可以作为私人公民对触犯环保法规者和未能履行职责的环保机构和官员在法院进行起诉。1996 年至 2007 年，日本东京大气污染受害者以政府和七大汽车厂家等为被告提起损害赔偿诉讼，迫使被告出资设立受害者医疗费资助制度，赔付 12 亿日元和解金，并迫使政府出台抑制汽车尾气排放对策。

（3）鼓励社会团体开展相关研究推动立法完善。这一领域的典型案例是以美国癌症协会 ACS、美国肺脏协会 ALS 为代表的社会机构与学术界开展的 $PM_{2.5}$ 与城市非正常死亡、致病性之间关系的学术研究，为 $PM_{2.5}$ 立法提供了强有力的科学依据，有效推动了美国环境立法的补充与完善。

5. 加强环保教育，提高公众环保和节能意识

（1）环保教育从娃娃抓起。德国有关幼儿教育的法规规定，幼儿园要把教导儿童维护自己以及周围环境的卫生作为一项重要内容。德国有数百个森林幼儿园，即在森林中搭建简易住房，让孩子生活其中，从小认识大自然的奇迹，同时了解到自己有保护大自然的责任。在学校里，与环保有关的活动是学生课外活动的重点内容之一，社会也鼓励青少年进行与环保相关的创造。日本环保教育分为学校、家庭、社会三个层面。学校环保教育从小学到高中都有，而且是必修课，教材内容翔实，既有理论又有实践。美国将环保知识融合在各个科目之中。幼儿园的孩子学习"爱护树木"、"爱护地球"等文字，从小就已经潜移默化地有了环保概念。小学时，老师讲简单的自然常识，告诉孩子们保护环境的意义。中学阶段，学校会从物理、化学、生物等角度解释一些环保的原理。

（2）通过多种形式对全体公民进行环境保护教育。美国环保署等机构通过 AIRNow 网站，不仅向公众即时发布全美各地空气质量水平的易懂信息，还通过互联网对美国公众进行环境保护教育。进入美国环保署的网站就可以看到一个教育资源的专页。在这个专页中有专门为环保研究人员服务的，也有为学校教师服务的，还有为学生服务的。最有意思的网页"环境探索者俱乐部"，是专门为儿童服务的。德国有一个由政府机构、民间组织和学校组成的庞大环保教育网络，向民众作环保知识介绍，向企业推广环保技术，向社会宣传新的环保立法。联邦环境部对全国环保意识建设进行总协调，实行"国家环保行动计划"，在全社会推广可持续发展意识的教育。

（3）组织开展各种环保活动。为唤起民众特别是青年学生对环境的保护意识，英国建设寓教于乐的公园，向人们展示当地社区参加的可持续发展活动。如垃

圾回收、森林保护和湿地发展;利用废旧物资制成群众喜闻乐见的玩具、雕塑、工艺品;在公园中开辟一块块的绿色食品生产地,周末和节假日让民众自己种瓜种菜,寓教育于休闲和娱乐之中。

（4）普及全民节能意识教育。在英国,人们日常生活中处处可以体现出节能习惯和节能意识,节能已逐步形成人们的自觉行动。在英国城市里彻夜灯火通明的现象少见,大型公司和政府部门都没有"照明工程",夜晚漫步在伦敦街头看不到大面积流光溢彩和楼体通明的景观,大多数店铺橱窗的灯光在打烊后就全部关闭,有些店铺还安装了定时关灯装置,住宅和公寓楼道内大多采用自动断电装置。为了节能连首相府所在地唐宁街 10 号也换上节能灯。

3.2　国外雾霾一体化治理的经验

本节选取洛杉矶等典型大城市的雾霾及大气污染治理经验,以为京津冀大气污染治理提供借鉴。

3.2.1　洛杉矶大气污染治理经验

洛杉矶市位于美国西岸加利福尼亚州南部。洛杉矶市人口 380 万,大洛杉矶地区人口约 1777.6 万。按照人口排名,是美国的第二大城市(仅次于纽约)。洛杉矶市区面积 4319.9 平方公里,洛杉矶地区(下辖洛杉矶市和其他 45 个小城市)陆地面积 1214.9 平方公里。加利福尼亚州,特别是洛杉矶地区浓缩了美国大气污染治理的历程,形成了一系列可供借鉴的经验。

1. 洛杉矶大气污染治理过程

洛杉矶遭受到烟雾的侵扰可以追溯到第二次世界大战以前。1903 年的一天,厚重的工业粉尘使广大居民误以为发生了日食。第二次世界大战极大地提高了工业发展水平,也带来了空气污染。城市人口以及机动车的数量快速增长。根据气象记录,1939 年到 1943 年间能见度迅速下降。洛杉矶人也越来越感到震惊,烟雾模糊了他们的视野,烟尘侵入了他们的肺部。到了 1943 年,更严重的状况发生了,这就是著名的洛杉矶"光化学污染事件"(见 3.1 节)[①]。

1943 年,洛杉矶在分析雾霾产生的原因时,首先想到的是位于市区的南加州燃气公司生产厂,其生产一种合成橡胶原料的丁二烯产品。在公众的压力下,该厂被迫临时关闭。但是雾霾并没有减少,反而越发频繁。人们开始意识到,雾霾产生

---

①　丁金光,杨航. 2010. 光化学污染的预防与处置——以洛杉矶光化学污染事件为例. 青岛行政学院学报,(6):22-26.

的原因并非想象的那么简单,而要消除也不是一时之功。随后人们知道雾霾还有许多其他来源,如机车和柴油机车喷出的烟、焚烧炉、城市垃圾场、锯木厂、废木厂焚烧的垃圾等。

1946年,《洛杉矶时报》聘请空气污染专家Tucker分析洛杉矶雾霾问题并提出解决方案。经过分析,Tucker提出减少空气污染的23个推荐方案,包括禁止焚烧废橡胶等。

1952年,加州理工学院化学家Arie首次提出,雾霾形成与汽车尾气以及光化学反应下的气粒转化有着直接关系,并指出臭氧是洛杉矶雾霾的主要成分。他的结论成为大气治污史上具有里程碑意义的研究。

科学家的研究让洛杉矶市民意识到,自己选择的生活方式造成了目前的污染,心爱的汽车就是污染源。从市到州,一系列级别越来越高的法规制定出来,一系列治理大气污染的措施开始实施。第一次有专人检查炼油和燃料添加过程中的渗漏和汽化现象,第一次建立了汽车废气标准,第一次对车辆排气设备作出规定,等等。

洛杉矶与雾霾战斗的道路是漫长的。加州政府对汽车装备标准的规定遭到了汽车制造商的抵制,而限制汽油中的烯烃最高含量和提倡开发天然气等新型燃料又遭到了石油大亨们的反对。人们开始意识到,面对跨国产业巨头,应当寻求联邦层面的立法支持。

到了20世纪60年代末,随着美国民权和反战运动的高涨,越来越多的人开始关注环境问题。1970年4月22日,2000万民众在全美各地举行了声势浩大的游行,呼吁保护环境。民众的努力促成了1970年联邦《清洁空气法》的出台。这又是一个重要的里程碑,标志着全国范围内污染标准的制定成为可能[①]。这次环保大游行是世界上最早的大规模群众性环境保护运动,除推动了美国《清洁空气法》的颁布,还催生了1972年联合国第一次人类环境会议。2009年,第63届联合国大会决议将每年的4月22日定为“世界地球日”。

经过几十年的治理,到20世纪80年代末,洛杉矶治理雾霾的成果开始逐步显现出来,洛杉矶空气质量有了明显改善,除臭氧、短时可吸入颗粒物$PM_{2.5}$和全年可吸入颗粒物的污染指标未能达到联邦空气质量标准外,其他污染物指标均达到联邦标准。

2. 洛杉矶大气污染治理措施

(1) 成立专门的空气质量管理机构,实现联防联控。1946年,洛杉矶市成立了全美第一个地方空气质量管理部门——烟雾控制局,并建立了全美第一个工业污染气体排放标准和许可证制度。1947年,尽管遭到石油公司和商会的竭力反

---

① 周恒星. 2013. 洛杉矶雾霾之战. 特写,101-103.

对,洛杉矶县空气污染控制区成立,成为全美首个负责空气污染控制的管区。随后10 年里,加州南部橙县、河滨县和圣伯纳蒂诺县也先后成立相同的组织。1967 年,加州空气资源委员会(ARB)成立,并制定了全美第一个总悬浮颗粒物、光化学氧化剂、二氧化硫、二氧化氮和其他污染物的空气质量标准①。1977 年,为了实现跨地区合作应对空气污染,合理分摊治污费用,由位于南加州地区的洛杉矶县、橙县、河滨县和圣伯纳蒂诺县的部分地区联合成立南海岸空气质量管理局(SCAQMD),对区内企业和固定污染源的污染物排放进行统一监管。

(2) 通过立法为空气污染防治提供法律保障。洛杉矶空气污染防治的法律框架包括联邦、州、地区(南海岸空气质量管理局)和地方政府四个不同层次。在联邦政府层面,美国环境保护署负责制定全国性的空气保护法规。1970 年联邦政府通过的《清洁空气法》是从 1955 年的《空气污染控制法》、1963 年的《清洁空气法》、1967 年的《空气质量控制法》发展而来的,1977 年、1990 年又对其进行了两次修正。《清洁空气法》是一项全国性的立法,具有广泛的约束效力。

在州政府层面,1988 年,加州通过了《加州洁净空气法》,对未来 20 年的加州空气质量进行全面规划。加州空气资源局负责制定路面和非路面移动污染源的排放标准、汽车燃料标准,以及消费产品管制规定,同时负责根据联邦《洁净空气法》制定州政府的空气质量实施计划。《加州洁净空气法》较联邦政府的《洁净空气法》更严格,因此《加州洁净空气法》成为州政府监管空气质量标准的主要依据。在地区管理层面,洛杉矶所在的南海岸空气质量管理局负责监管固定污染源、间接污染源和部分移动污染源(如火车和船只的可见排放物)的污染物排放,同时负责制定区域空气质量管理规划和政策。在地方政府层面,由南加州政府协会(SCAG)负责区域交通规划研究,编制区域经济和人口预测,协调各城市之间的合作和协助地方执行减排政策。

(3) 引入市场机制。20 世纪 70 年代开始,各国治理空气污染借鉴了水污染治理的排污许可证制度,对排污企业进行管制。加州实行比美国联邦更加严格的标准,如美国联邦将排污 100 吨以上的企业认定为主要污染源,而加州明确排污 10吨以上就按主要污染源予以监控。SCAQMD 推出了 RECLAIM 空气污染排放交易机制。纳入交易机制的有 300 多家工厂,由 SCAQMD 对其排污情况进行在线实时监测,其排放额度分配依据以前的估算量得出,并且每年递减,从而强制排污企业减少空气污染。排放指标在芝加哥期货市场公开挂牌交易,现在每年交易额约 10 亿美元。

(4) 加强空气污染治理先进技术研发。加州在开发先进技术治理空气污染方面一直居领先地位。1953 年,加州空气污染控制改革委员会推广涉及空气污染控

---

①　王传军. 2014-04-20(8).洛杉矶治理雾霾 50 多年.光明日报.

制技术,包括减少碳氢化合物的排放量、创建汽车尾气排放标准、柴油卡车和公交车使用丙烷作为燃料、放缓增长重污染工业、禁止垃圾露天焚烧、发展快速公交系统等。加州还成立机动车污染控制局,负责测试汽车尾气排放并核准排放控制装置。20 世纪 60 年代在全美率先实行减少汽车尾气排放量的措施。1975 年要求所有汽车配备催化转换器。20 世纪 70~80 年代,鼓励使用甲醇和天然气取代汽油。1988 年,加州空气质量管理局成立技术进步办公室帮助私营企业加快发展低排放或零排放技术。这些先进技术包括燃料电池、电动汽车、零 VOC 涂料和溶剂、遥感、可用替代燃料的重型车辆和机车。此外,加州在监测空气污染方面领跑全美。1970 年在全美率先监测 PM_{10};1980 年监测废气中的铅和二氧化硫;1984 年监测 $PM_{2.5}$;1990 年分析 $PM_{2.5}$ 的化学成分。

3. 洛杉矶大气污染治理经验

洛杉矶大气污染治理经验主要有以下方面。

(1)制定严格的空气质量标准和污染治理政策。加州的空气质量标准比联邦政府严格。联邦政府授权州和地区空气质量管理机构通过严格的法规和政策治理空气污染。这些主要法规和政策包括制定严格的污染源排放标准、严格的空气质量监管、制定清洁能源政策、鼓励使用天然气和可再生能源等。这些类似于计划经济手段的"指令及管控(command-and-control)"治理政策,加上市场导向的政策配合,在洛杉矶空气污染治理中发挥了良好作用。

(2)建立跨区域治理权威机构。由于空气污染是跨界的,受地理环境、上下游关系的影响,一座城市无法独立做好空气污染治理,必须打破行政区域限制。加州建立跨区域的空气质量管理机构,并赋予强有力的行政执法和监管权力,极大地增强了监管机构的权威。

(3)重视科学和技术研究。20 世纪 40 年代初洛杉矶发生光化学烟雾污染时,各界人士都茫然不知所措,经过大约 10 年的摸索,由加州理工学院斯米特率先发现机动车与工业尾气的光化学反应产物是污染的原因,为污染控制指明了方向,之后的控制都围绕这个科学结论展开。20 世纪 50 年代后,政府应对污染的一个重要措施就是对污染进行科学研究以及有针对性地成立相关机构进行高水平的科技攻关。如 1968 年成立的加州空气资源局(CARB),第一届主席就由斯米特担任,几十年来 CARB 引领与左右了美国空气污染的科研水平、控制技术、标准制定、法规条例等进程。

(4)加强宣传,获得强有力的民意支持。公众强烈要求有一个清洁的环境是洛杉矶空气质量持续改善的推动力。美国《清洁空气法》的出台是公众运动的结果。公众透过法律诉讼和其他行动向政府施加压力,是迫使未尽全力的政府机构正视空气问题的重要因素。目前,在美国,公众可以全面参与和监督空气质量标准的制定和实施,如公民可以对 PM$_{2.5}$ 的标准监控程序进行监督,根据公布的全年监测统计和日常监测数据,参与所在州的环保机构举行的公共听证会。

(5) 加快产业结构调整。洛杉矶的传统制造业已基本转移到了发展中国家,从而大大减少了污染物排放。近年来,新兴产业发展迅猛,如电子、通信、软件、生物技术、互联网和多媒体产业兴起,逐步替代了传统机械制造、能源和化工产品的生产,大大减少了污染物的排放量。

(6) 鼓励清洁能源和可再生能源的开发和利用。洛杉矶地区要求使用天然气替代石油或燃煤发电;鼓励使用风能、太阳能等可再生新能源使用;加强可再生能源和提高能源使用效率研发;制定减少温室气体和臭氧排放政策;提高建筑节能标准;为购买新能源汽车和安装太阳能设备的家庭提供财政补贴。

(7) 大力发展公共交通,减少汽车用量。洛杉矶地区大力提倡公共交通,扩建区内轻轨系统和洛杉矶市地铁系统;在高速公路上设立两人以上车辆专用通道,并允许单人驾驶新能源汽车使用专用通道;在市区增设自行车车道。

(8) 做好城市规划,提倡居家节能。增加主要交通干道、轻轨和地铁沿线的住宅密度,控制郊区的无限制性扩展;鼓励民众在工作地点附近购房,缩减上下班的距离;大力发展节能住房,修建更加密闭的屋顶和窗户;更新家用供暖系统,提倡使用节能灯,支持节能家电销售。

3.2.2　伦敦大气污染治理经验

英国是世界上最早实现工业化的国家,伦敦是世界上最早出现雾霾问题的城市之一。从 19 世纪初到 20 世纪中期的 100 多年间,伦敦在冬季发生过多起空气污染案例,其中 20 世纪 50 年代,震惊世界的"伦敦烟雾事件"让"雾都"之名举世皆知。现在伦敦已经抛掉了"雾都"的帽子,并成为全球的生态之城,其治理污染的许多经验值得借鉴。

1. 伦敦大气污染治理历程

1952 年的严重烟雾事件,促使英国人开始深刻反思,英国政府开始"重典治霾",取得了显著成效。1953 年以来伦敦 60 多年的烟雾治理,大致经历了四个阶段。

第一阶段为初步治理阶段(1953～1960 年)。英国政府 1953 年成立了由比佛领导的比佛委员会,专门调查烟雾事件的成因并制定应对方案。1956 年出台《清洁空气法》,同时成立清洁空气委员会。具体的管理措施包括由地方政府负责划定烟尘控制区,改造家用壁炉,更换燃料,禁止黑烟排放等。1960 年,伦敦的二氧化硫和黑烟浓度分别下降 20.9%、43.6%,取得了初步成效。

第二阶段为取得显著成效阶段(1961～1980 年)。1968 年,英国政府对《清洁空气法》进行了修订和扩充,赋予负责控制大气污染的住房和地方政府部部长更多权限。1974 年,颁布《污染控制法》,规定机动车燃料的组成,并限制了油品(用于机动车或壁炉)中硫的含量。这一阶段最核心的措施是大幅度扩大了烟尘控制区的范围。到 1976 年,烟尘控制区的覆盖率在大伦敦地区已达到 90%,伦敦空气中 SO_2 和黑烟的浓度大幅下降。到 1975 年,雾霾天数已经从每年几十天减少到 15 天,1980 年降到 5 天。

第三阶段为平稳改善阶段(1981～2000 年)。大气污染治理的重点从控制燃煤开始逐步转向机动车污染控制。政府陆续出台或修订了一系列法案,如《汽车燃料法》(1981 年)、《空气质量标准》(1989 年)、《道路车辆监管法》(1991 年)、《清洁空气法》(1993 年)、《国家空气质量战略》(1997 年)、《大伦敦政府法》(1999)等,使伦敦大气污染治理的法律法规更加完善。

第四阶段为低碳发展阶段(2001 年至今)。此时 SO_2 和黑烟都不再是伦敦的主要污染物。2002 年,伦敦市长经过广泛咨询后发布了伦敦的空气质量战略。2003 年,《英国能源白皮书——我们能源的未来:创建低碳经济》中首次正式提出低碳经济概念,提出将于 2050 年建成低碳社会。此后,伦敦的空气质量战略于 2006 年、2010 年进行了两次修订。目前,伦敦空气质量控制的重点是机动车污染控制,主要污染物是二氧化(NO_2)和 PM_{10}。低层空气中烟的污染有 93% 得到控制,酸雨的危害已基本消除。

2. 伦敦大气污染治理措施

(1)建立和完善法律法规。1956 年,在著名的《比佛报告》推动下,英国颁布了世界上首部空气污染防治法案——《清洁空气法》。在此基础上,20 世纪 60 年代以后,不断完善《清洁空气法》,又相继出台了《污染控制法》、《汽车燃料法》、《空气质量标准》、《环境保护法》、《道路车辆监管法》、《环境法》、《大伦敦政府法案》、《污染预防和控制法案》和《气候变化法案》等一系列空气污染防控法案,对废气排放进行严格约束,明确严格的处罚措施,以控制伦敦的大气污染。

(2)制定国家空气质量战略。从 1995 年起,英国制定了国家空气质量战略,规定各个城市都要进行空气质量的评价与回顾,对达不到标准的地区,政府必须划出空气质量管理区域,并强制在规定期限内达标。随后英国提出《能效:政府行动计划》(2004)、《气候变化行动计划》(2005)、《英国可持续发展战略》(2005)、《低碳建筑计划》(2006)、《退税与补贴计划》(2007)、《英国能效行动计划 2007》、《国家可再生能源计划》(2008)和《低碳转型计划》(2009)等一系列计划与政策的出台。尤其是 2009 年《低碳转型计划》,勾画了英国政府发展低碳经济的国家战略蓝图。

(3)加大财政投入。2009 年英国政府拨款 32 亿英镑用于住房的节能改造,对那些主动在房屋中安装清洁能源设备的家庭进行补偿。2009 年 4 月,布朗政府宣布将"碳预算"纳入政府预算框架,使之应用于经济社会各方面,并在与低碳经济相关的产业上追加了 104 亿英镑的投资,英国也因此成为世界上第一个公布"碳预算"的国家。"碳基金"是由英国政府利用每年大约有 6600 万英镑的气候变化税作为投资、按企业模式运作的商业化基金。"碳基金"的运作,有力地促进了英国商业和公共部门减排 CO_2,加大投资可再生能源等低碳技术。2008 年英国政府启动"环境改善基金",将政府对低碳能源和高能效技术示范和部署的支持以及对能源与环境相关的国际化发展结合起来,提供相应的基金资助。为了在绿色运输和能源项目中加大投资,2010 年 3 月英国设立 10 亿英镑(7.49 亿欧元)绿色能源基金,改造运输体系使用清洁燃料,提升低碳能源(如风能、海洋波浪能和太阳能)的利用。

(4) 加强利用清洁能源等技术大力发展低碳经济。伦敦烟雾事件发生时,伦敦的烟尘最高浓度达 $4460\mu g/m^3$,二氧化硫日平均浓度达到 $3830\mu g/m^3$。20 世纪 50 年代,伦敦的有关部门通过对大气污染源进行分析,发现污染物主要来自工业和家庭燃煤,因此,除了划定"烟尘控制区",区内的城镇只准烧无烟燃料外,还决定增加清洁能源比例,推广使用无烟煤、电和天然气,减少烟尘污染和二氧化硫排放。到 1980 年,煤炭仅限于远郊区工厂使用。煤炭占总能源消耗的比例,从 1948 年的 90% 下降到了 1998 年的 17%,天然气的占比从 0 上升到 36%。2003 年,英国首次正式提出低碳经济概念,将于 2050 年建成低碳社会。2009 年英国政府公布的发展低碳经济的国家战略蓝图规定,到 2020 年可再生能源在能源供应中要占到 15% 的份额,其中 40% 的电力来自低碳领域(30% 来源于风能、波浪能和潮汐能等可再生能源,10% 来自核能)。

(5) 平衡发展资源,疏散人口和工业企业。20 世纪 40 年代末伦敦建成 8 座新城,60 年代末在城市以北和西北地区又兴建了 3 座新城(这 3 座新城距伦敦市中心的距离从 80 公里到 133 公里不等)。这些新城的建设为人口和工业外迁提供了有利条件。在此基础上,伦敦政府利用税收等经济政策鼓励市区企业迁移到这些人口较少的新城发展,各新城对吸引工业企业落户也采取了积极的措施,许多工厂纷纷外迁。自 1967 年起,伦敦市区工业用地开始减少,至 1974 年市区共迁出 24 万个劳动岗位,以后又迁出 4.2 万个。与此同时,新城企业由原来的 823 家增加到 2558 家;新城的人口总数也由原来的 45 万增至 136.7 万(包括其他地区迁入的人口)。

(6) 加强对机动车尾气排放的综合治理。20 世纪 80 年代初,伦敦的机动车保有量已达 244 万辆,道路交通阻塞日趋严重,机动车尾气成为大气的污染的主要来源。面对这一严峻局势,伦敦市政府采取综合措施进行治理,实行向公共交通、步行、骑自行车等节油、无污染的出行方式转变的交通发展战略。设立公交专用道,设立 1000 英里长的自行车线路网,设立林荫步道网,投资发展新型节能、无污染的公交车辆,扩大交通限制的范围,提高停车费用,征收"拥堵费"加强汽车制造业的技术改造。伦敦市政府公布的《交通 2025》方案计划在 20 年内,减少私家车流量9%,每天进入塞车收费区域的车辆数目减少超过 6 万辆,废气排放降低 12%。同时还计划 2015 年前建立 2.5 万套电动车充电装置。

(7) 加强城市绿化建设。伦敦市在城市外围建有大型环形绿化带,至 20 世纪80 年代该绿化带面积达 4434 平方公里,与城市面积(1580 平方公里)之比达到2.8∶1。远期绿带规划面积可达 5791 平方公里,与城市面积之比可达 3.67∶1。绿带的建设在置换城市空气、保持生态平衡、改善城市环境、控制城市向外扩展等方面发挥了重要作用。在园林绿化面,重视生态园林,倡导建设"花园城市"的理念,目前伦敦城市中心区有 1/3 的面积被花园、公共绿地和森林覆盖[1]。

(8) 加强信息公开,鼓励市民积极参与。英国是最早将空气治理信息向民众实时通报的国家。官方网络向市民发布伦敦地区实时空气质量数据以及各污染物每小时的浓度和一周趋势图。公民在环境问题的讨论、决策、监督、执行上均有参与权。公民获知空气信息的途径不被官方独家垄断[2]。政府开设的"英国空气质量档案"网站、民间组织与伦敦国王学院环保组织合作开设的"伦敦空气质量网络"均发布伦敦地区实时空气质量数据。伦敦在治理大气污染方面重视科研力量的参与,许多全国性的研究机构、大学、工厂都广泛参与科研工作。

3. 伦敦大气污染治理经验

从工业革命的先驱到生态文明的领跑者,英国为世界其他国家的工业化、城市化进程提供了借鉴。概括起来,伦敦大气污染治理经验主要有以下四个方面。

(1) 通过法律法规为环境治理保驾护航。作为世界两大法系之一英美法系的重要代表国家,英国在治理城市环境方面的法律体系建设值得大书特书。1956 年英国政府颁布的《清洁空气法案》是世界上首部空气污染防治法案。依据该法案,伦敦开始大规模改造城市居民的传统炉灶,减少煤炭用量;在城市中设立无烟区,区内禁止使用可产生烟雾的燃料;冬季采取集中供暖,推广电力和天然气的使用,将重工业和发电厂等煤烟污染大户迁出市区[3]。1968 年,英国政府颁布法案,要求工业企业建造高大的烟囱,以加强疏散大气污染物。1974 年,政府出台《控制公害法》,设置囊括空气、土地以及水源等多领域的保护条款,并规定工业燃料的含硫上限。从 20 世纪 80 年代开始,汽车取代燃煤成为伦敦空气的主要污染源,针对汽车

① 王亚宏. 2013-01-31(5). 伦敦:从雾都到生态之城. 经济参考报.
② 罗志云,闫静. 2013. 伦敦近代大气污染治理及对北京市的启示. 中国环境科学学术年会论文集,(5):4333-4337.
③ 顾向荣. 2000. 伦敦综合治理城市大气污染的举措. 城市环境.

交通的一系列法律法规随之逐步推出。这些法律法规为有效地防控和治理大气污染提供了可靠的保障。

（2）加强科学规划，强调制度引领。英国重视大气污染治理的战略规划，特别是从 1995 年起，国家制定了一系列防治大气污染的"行动计划"，尤其是 2009 年的《低碳转型计划》，勾画了发展低碳经济的国家战略蓝图。区域大气污染防治规划是区域总体规划的重要组成部分，是从协调经济发展和保护环境之间的关系出发防治大气环境污染的行动纲领。制定科学的区域大气污染防治规划，采取区域性综合防治措施，为有效地控制大气环境污染指明了方向。同时，通过制定控制大气污染的科技计划、战略性新兴产业发展计划等，把大气的综合治理与利用转变为新兴产业，彻底消除隐患，大力促进了生态文明建设。

（3）绿色产业随行。城市的繁荣离不开产业发展。而传统意义产业的发展往往伴随着能源消耗的加剧，进而形成的污染似乎不可避免。在几十年的发展中，为了避免城市空气污染的恶化，伦敦选择了一条绿色产业之路①。英国是最早提出"低碳"概念并积极倡导低碳经济的国家，政府以科技进步推动经济发展的思路十分明确，近年来无论科技政策的制定还是产业发展战略的规划，都紧紧围绕这一思路展开。按照英国政府计划，到 2020 年，可再生能源在能源供应中要占 15％的份额，40％的电力将来自绿色能源。如今，英国已经是全球近海风能开发利用最充分的国家，其对太阳能的推广利用也正在全面展开。

（4）环保理念驱动。无论相关法律法规和规划计划的制订，还是产业方向的选择，伦敦治理城市空气污染行为的背后，折射出的是英国人在饱受环境之殇后不断强化的环境意识。政府鼓励环保，人人做好环保，环保理念的普及和发扬是保证伦敦摘掉"雾都"帽子的深层次因素。英国是最早关注气候变化问题的国家之一，2007 年颁布的《气候变化行动纲要》，设定了以 1990 年为基准，到 2025 年要实现60％的减碳目标。在此大框架下，政府制定各项政策时都考虑到减少碳排放的问题。此外，鼓励民众合理利用能源，节约使用资源。环保理念在政府和民众的配合下不断在全社会宣扬和渗透。

（5）科学技术支撑。在伦敦空气污染治理的过程中，科学技术发挥了关键的作用。英国政府鼓励企业采用大气污染控制技术改革生产工艺，优先采用无污染或少污染的工艺②。政府要求企业严格生产工艺操作，选配合适的原材料，有利于减轻污染或对所产生的污染物进行处理。安装废气的净化装置，对污染源进行治理，使大气环境质量达到标准。除通过攻关关键技术实现治污目标和产业升级外，

---

① 余志乔,陆伟芳.2012.现代大伦敦的空气污染成因与治理——基于生态城市视野的历史考察.城市观察,(6).

② 刘海英.2014-01-19.伦敦治理雾霾的措施和经验.科技日报.

科学研究和科学技术在为国家宏观决策方面提供了可靠的依据。前首相布莱尔在回顾伦敦治理大气污染过程时深有体会地说："拯救环境还要依靠科学技术。"

3.2.3　东京大气污染治理经验

第二次世界大战后,东京经济进入了高速增长期。生产大规模扩张造成的工业污染使东京城市上空的烟雾增多,空气质量急剧恶化。与此同时,随着汽车的迅速普及,氮氧化物和碳氢化合物等污染物的排放量日趋增长,严重影响了东京的空气质量,引发了多起光化学烟雾事件。面对日益严峻的大气污染问题,东京地方政府采取了多种行之有效的政策措施和技术手段持之以恒治理大气污染,终于使东京成为世界上最清洁的大都市之一和世界上能源利用率较高的城市[①]。

1. 东京大气污染治理过程

东京大气污染治理过程大体分为四个阶段。

第一阶段为工业公害防治。1949年东京出台《东京都工厂公害防治条例》,成为日本最早开始对公害问题采取对策的城市。条例以工厂的设备及操作所产生的粉尘、有毒有害气体和蒸汽等为限制对象,规定新建工厂、设备改造和新增设备等的申报手续,并对容易产生大气污染的工厂实施责令改进设备、停止使用或限制作业时间等措施。到20世纪60年代,工业废气排放导致严重的光化学烟雾现象。1969年,在实施《烟尘限制法》《公害对策基本法》《大气污染防止法》等国家环境立法的基础上,颁布《东京都公害控制条例》,严格执行有关控制规定,使二氧化硫等污染物排放从浓度控制转向排放总量控制。1970年,东京都成立公害局,负责东京防治工业公害工作。

第二阶段为由防止公害到环境保护,由"末端治理"向"重在预防"转变。从20世纪80年代开始,东京进入环境保护与经济发展并重的时期。针对工业公害和机动车尾气排放造成的大气污染问题,开始采取更为综合的环境政策,将政策的中心从对工业公害的防治,逐渐转移到积极的污染控制和环境保护。1978年制定和实施了严格的汽车尾气排放标准。1980年,将原东京都公害局改为环境保护局,颁布实施了《东京都环境影响评价条例》,强化建设项目的环境准入管理,使环境保护由"末端治理"向"重在预防"转变。1987年制定出台更为综合全面的《东京都环境管理规划》。

第三阶段为从经济与环境兼顾转为可持续发展优先,由"被动治污"向"主动治污"转变。进入20世纪90年代,随着《减少汽车氮氧化物总排放量的特殊措施法》

---

① 首都社会经济发展研究所,日本经营管理教育协会课题组. 2007-12-17. 东京大气污染治理经验. 北京日报.

《环境基本法》等国家环境立法和《东京都环境基本条例》(1994)的颁布实施,《东京绿地规划》等专项环境规划相继制定。在大气污染控制政策的推动下,企业越来越重视开发环境模拟和协调技术,将环境保护手段纳入产品设计和生产的最初环节,实现了由"被动治污"向"主动治污"转变。

第四阶段为推动环境革命,建设"低能耗、二氧化碳低排放型城市"。进入 21世纪,东京都政府提出"以保护市民健康安全为基本出发点,推动环境革命,促进环境优先型和事前预防为主的环境政策的实施"。鉴于汽车尾气已成为最主要的大气污染源,一方面限制车辆,另一方面积极发展节能环保汽车,同时逐年加大对公共交通的投入。为削减温室气体排放,改善大气环境,2002 年制定《新东京都环境基本计划》。2006 年颁布《东京都新战略进程》紧急三年计划,提出防止地球温暖化的相应对策。2007 年颁布并实施《东京都大气变化对策方针》,率先提出削减二氧化碳气体排放实施策略,计划到 2020 年之前,温室气体的排放量要比 2000 年降低 25％的目标,力争将东京建成 21 世纪新兴典范城市。

2. 东京大气污染治理主要措施

(1) 严格控制工业企业污染。东京都政府从 1958 年开始制定东京圈基本规划,对产业结构的调整方向、各产业的发展战略、主导产业和支柱产业的选择、产业地区布局等作出详细规定。从 20 世纪 60 年代起,将许多制造企业纷纷迁到横滨一带其至国外。通过关闭或外迁重污染企业,促进产业结构转型,工业企业污染得到有效控制。随着日本经济从"贸易立国"逐步向"技术立国"转换,东京"城市型"工业结构进一步调整,以新产品的试制开发、研究为重点,重点发展知识密集型的"高精尖新"工业,并将"批量生产型工厂"改造成为"新产品研究开发型工厂",使工业逐步向服务业延伸,实现产业融合,形成东京现代服务业集群。此外,还采取鼓励企业采用清洁生产工艺和技术,减少或消除废弃物的排放;应用生态学和循环经济的理念和方法构建循环经济体系;尝试和创造适用于工业、农业和服务业的先进企业环境管理科学和管理技术等具体措施。

(2) 加速治理汽车尾气污染。首先是大力发展轨道交通和公共交通。目前东京轨道交通承担了城市交通客运的 86.5％,远远高于世界其他大城市。其次是开发和普及新技术,减少汽车污染。推广使用以液化石油气和天然气为燃料的汽车、以压缩天然气为燃料的汽车、电力汽车,以及废气排放标准远远低于国家标准的新式柴油汽车。推动汽车废气净化器等技术研发。最后是开发新型燃料技术,实现轻油低硫磺化和柴油汽车低公害化。降低轻油和汽油中的硫磺浓度。为普及新型环保汽车在临海副中心建设氢燃料供应站。启动燃料电池汽车试运行项目。为争取混合动力汽车的大量普及,制定《低油耗汽车利用章程》。

(3) 大力削减温室气体排放。为降低电量消耗,对家用电器颁布使用"节能标签"制度,自 2006 年 10 月开始执行。利用天然的光、热、风建造舒适住宅,提高住宅的节能性,同时对现有住宅进行节能改造,合理利用能源改良取暖方式,促进节能减排。敦促太阳能机器厂家、住宅建筑公司、能源供应等单位联合组建机构,明确规定性能标准,开发新产品,提高人们对环保商品的认知,促进太阳能的广泛利用。同时,积极推介、普及能够大幅度削减二氧化碳排放的工业产品。

3. 东京大气污染治理主要经验

(1) 不断完善大气污染控制政策,实现由被动治理向主动治理转变。东京大气污染治理过程是一个由被动治理向主动治理转变的过程。开始是工业公害防治,后来由工业公害防治发展到注重环境保护,实现由"末端治理"向"重在预防"转变,再后来从经济与环境兼顾转为可持续发展优先,实现了由"被动治污"向"主动治污"转变,乃至到目前发展为推动环境革命,建设"低能耗、二氧化碳低排放型城市"阶段。这一系列的转变都是通过不断完善大气污染控制政策实现的。正是通过一系列大气环境控制政策的制定和完善,东京的大气环境才出现根本性的好转,成为日本其他城市治理大气污染的典范,同时推动了日本国家环境政策的制定。

(2) 建立健全公众参与的环境管理机制,营造重视环境保护的社会氛围。公众的积极参与和意见表达是治理大气污染、实现可持续发展的重要保障。东京公众参与的环境管理机制,起源于一种自下而上的反公害运动,后来逐步发展为一种自上而下与自下而上方式紧密结合、相互推动的环境管理运作机制。东京都政府对污染做出反应是由于污染造成的社会压力,而不只是污染的严重程度。经过反公害运动后,政府、企业和公民在环保目标上达成一致,东京都形成了一个高效、负责的新三元结构的环境管理体系。政府通过环境审议会与社会各界人士、企业协商制定政策,由企业具体实施并进行自我管理,由公众积极参与并进行社会监督。公众参与的方式与机制,一是预案参与。东京都政府通过设立审议机构、健全听证会制度、依据民意调查制定政策等措施,使市民在环境法律法规、政策、计划等的制定过程中及重大环境治理行动之前发表自己的见解,影响决策过程和结果。二是过程参与。通过媒体、社会活动、环境纠纷处理和市民选举等方式,实现对政府和企业的监督。三是行为参与。市民"从我做起",采取自我行动参与参与环保事业。为减少汽车污染,东京市民出行大多自觉乘坐公共交通工具,而将私人汽车作为一种休闲娱乐工具,仅在到偏远地区办事或外出旅游时才会使用。政府采取多种措施和手段鼓励公众参与。

(3) 加强环境技术的研究、开发和应用,为治理大气污染提供基础保障。源头治理与末端环保技术相结合是标本兼治的有效手段。东京都的源头治理主要包括产业结构从资源密集型向技术和知识密集型升级,能源结构从高硫燃料向低硫和脱硫化转变最根本的是改变人们高生产、高消费、高废弃物的生活方式,将最新的节能技术运用到社会的各个层面,推广普及可重复利用能源,从经济上、生活上将城市的一切运行模式都转换到"二氧化碳低排放型"上来。不论在 20 世纪 80 年代以前重点解决工业企业污染问题,还是后来治理汽车尾气污染方面和削减温室气体排放方面,都把加强环境技术的研究、开发和应用,作为治理大气污染的基础保障。

（4）加强城市绿化建设,建立治理大气污染长效机制。东京都政府将城市绿化建设视为控制城市大气污染的既经济又有效的措施之一,制定了一系列条例和计划。如《城市规划法》规定,从东京市内的任何一点向东西南北方向延伸 250 米的范围内,必须见到公园,否则就属于违法,将会受到严厉的处罚。近几年,随着城市建设的快速发展,在拥挤的城市中心区域开发新的空地来建造绿地以防止扬尘,已经变得越来越困难。面对这种情况,东京都政府大力鼓励和支持屋顶绿化,兴建屋顶花园和墙上"草坪"。许多业主在设计大楼时都考虑在屋顶修建花园。高层楼上的餐厅、饭馆在凉台上修建微型庭院。为普及屋顶绿化,政府出台了补助金等一系列优惠政策。建筑管理部门规定,在新建大型建筑设施时必须有一定比率的绿化面积,屋顶花园可以作为绿化面积使用。《绿色的东京规划（2001—2015 年）》提出,到 2015 年,东京屋顶绿化面积要达到 1200 公顷。

3.2.4 德国鲁尔工业区大气污染治理经验

鲁尔工业区位于德国西部、莱茵河下游支流鲁尔河与利珀河之间,在北莱茵——威斯特法伦州境内。鲁尔区有着丰富的煤炭资源,机械制造业、氮肥工业、建材工业等许多重型工厂分布在河谷两岸。区内人口和城市密集,人口达 570 万,工厂、住宅和稠密的交通网交织在一起,形成连片的城市带。鲁尔工业区在战后西德经济恢复和经济起飞中发挥过重大作用,工业产值曾一度占全国的 40%。到 20 世纪 50 年代,鲁尔区已成为当时德国乃至世界重要的工业中心。鲁尔工业区的雾霾问题在 20 世纪 60 年代开始出现,经过不懈的努力,到 20 世纪 90 年代初成功治理[①]。

1. 鲁尔工业区大气污染治理过程

德国鲁尔工业区雾霾发生的主要原因是燃煤造成的大气污染和"逆温"天气。1961 年,鲁尔工业区共有 93 座发电厂和 82 个炼钢高炉,每年向空气中排放 150 万吨烟灰和 400 万吨二氧化硫,这些大气污染物在空气中悬浮,并因为高空气温比低空气温更高的逆温现象的出现,使大气层低空的空气垂直运动受到限制,难以向高空飘散而被阻滞在低空和近地面,从而形成了雾霾。1962 年 12 月,鲁尔工业

---

① 中国科学技术信息研究所. 2014-03-03. 德国鲁尔区大气污染防治经验.

区部分地区空气 SO_2 浓度高达 $5000\mu g/m^3$，当地居民呼吸道疾病、心脏疾病和癌症等发病率明显上升，雾霾导致 156 人死亡。1979 年 1 月 17 日上午，联邦德国意志广播二台突然中断了正在播出的节目，分别用德语、土耳其语、西班牙语、希腊语和南斯拉夫语紧急通知鲁尔工业区西部地区民众，空气中 SO_2 含量严重超标，德国历史上首次雾霾一级警报就此拉响。1985 年 1 月 18 日，雾霾再次笼罩鲁尔工业区，空气中 SO_2 浓度超过了 $1800\mu g/m^3$，这次是最为严重的雾霾三级警报。空气中弥漫着刺鼻的煤烟味，能见度极低。这次雾霾致使 24 000 人死亡，19 500 人患病住院。

德国从 19 世纪的工业化开始，一直到 20 世纪 60 年代的 100 多年间，废气排放几乎不加任何控制。1952 年的伦敦烟雾事件也未引起德国重视，因为当时的德国正处于战后恢复期，发展经济是第一要务。1961 年，勃兰特在竞选总理时提出了"还鲁尔一片蓝天"的治污纲领，从此德国治理空气污染的努力一直没有停止。

1964 年鲁尔工业区所在的北威州政府颁布《雾霾法令》，但迫于经济利益和保障就业的压力，污染限值设定较宽。当时采取的"环保措施"是"高烟囱"政策，即把烟囱加高到 300 米，降低低层大气中的污染物浓度。此举虽然有效降低了鲁尔工业区大气污染的数据，但带来了更严重的后果，半个欧洲为此遭受酸雨之苦，导致农作物减产、鱼类死亡，危及饮用水安全。1971 年，大气污染治理首次纳入联邦德国的政府环保计划。1974 年，德国第一部联邦污染防治法正式生效，SO_2、H_2S 和 NO_2 开始执行更严格的污染限值。此后，1979、1999 年分别签署《关于远距离跨境大气污染的日内瓦条约》和《哥德堡协议》。

长期有效的治理工作让鲁尔工业区的雾霾治理取得了巨大成效。据鲁尔工业区所在的北威州环境部门统计，1964 年，莱茵和鲁尔工业区空气中 SO_2 的浓度约为 $206\mu g/m^3$，而在 2007 年下降到 $8\mu g/m^3$，降幅达 97%。空气中悬浮颗粒物浓度在 1968 年至 2002 年间也出现明显下降，2012 年鲁尔工业区所有空气质量测量站中 $PM_{2.5}$ 年均含量最高只有 $21\mu g/m^3$。从整个德国的情况看，自 1985 年以来，空气中可吸入颗粒物逐步减少，自 1991 年柏林出现最后一次"雾霾"事件后至今，德国再也没有拉响"雾霾警报"。这是德国各方雾霾治理措施更加严格和完善，前期持续的治理行动取得的结果。回顾德国和鲁尔工业区雾霾治理之路，德国人为环境保护付出了沉痛代价，但最终坚持了下来，如今环保理念已经深入人心。

2. 鲁尔工业区大气污染治理措施

（1）持续出台和实施相关法律法规和标准。德国在制定空气净化法律法规方面有三个里程碑。首先是 1974 年的《联邦污染防治法》。1962 年鲁尔工业区发生雾灾之后，德国各州纷纷出台雾霾管制条例，规定出现雾霾天气时，政府可要求企业停产、车辆停驶。1974 年，德国出台《联邦污染防治法》，针对大型工业企业进行法律约束,为其制定更严格的排放标准。该法律经过多次修改和补充,成为德国防治大气污染的最重要的法律之一。其次是 1979 年的《关于远距离跨境大气污染的日内瓦条约》。1979 年,联合国欧洲经济委员会主导缔结的《关于远距离跨境大气污染的日内瓦条约》,强调通过各国通过科技合作与政策协调来控制污染物排放。此后每隔几年,在这一公约的基础上都衍生出新的关于控制大气污染的协议条款。最后是 1999 年的《哥德堡协议》。1999 年,欧洲国家以及美国、加拿大共同签署《哥德堡协议》,为硫、氧化氮、挥发性有机化合物和氨等主要污染物设定相关的排放上限。根据该协议,到 2010 年,德国要完成 SO_2 排放减少 90%、氮氧化物排放减少 60% 等目标。目前德国及各地区已出台 8000 多部环境保护法规,其中相当一部分涉及雾霾和大气污染治理。根据法律规定,一旦企业造成空气质量问题,公民有权要求相关机构对企业进行调查,要求他们根据法律更新完善装置。如果问题仍旧没得到解决,相关机构有权让企业停业。

(2) 大力发展高新技术产业和现代服务业等低碳和绿色产业。鲁尔工业区兴起于 19 世纪中叶,在很长一段时间内一直依赖煤炭、钢铁、化学、机械制造等重化工业发展,"偏重"的产业结构带来了雾霾等严重的大气污染。20 世纪 60 年代,鲁尔工业区开始进行调整产业结构与布局,发展第三产业并开展生态环境综合整治。开始采取的主要措施有制订调整产业结构的指导方案,通过提供优惠政策和财政补贴对传统产业进行清理改造,投入大量资金改善当地的交通基础设施、兴建和扩建高校和科研机构、集中整治土地,为此北威州政府 1968 年制定了第一个产业结构调整方案"鲁尔发展纲要"。20 世纪 70 年代,鲁尔工业区在继续加大前期改善基础设施和推动矿冶工业现代化的同时,加大开放力度,制定特殊的政策吸引外来资金和技术,逐步发展新兴产业。20 世纪 80 年代以来,德国联邦和各级地方政府充分发挥鲁尔工业区内不同城市的优势,因地制宜形成各具特色的优势行业,实现产业结构的多样化。发展新兴产业需要强有力的科研基础支持,为此鲁尔工业区积极发展科研机构,除了专门的科研机构外,每个大学都设有"技术转化中心"(鲁尔工业区已发展成为欧洲大学密度最大的工业区),形成了一个从技术研发到市场应用的体系。同时,政府鼓励企业之间以及企业与研究机构之间进行合作,以发挥"群体效应",政府对这种合作下进行开发的项目予以资金补助。

(3) 联合周边国家制定统一的环境治理政策。鲁尔工业区空气质量的进一步改善还得益于欧共体的统一环境政策。由于空气是流动的,人们意识到空气净化不是一个国家的问题,防治大气污染需要国际合作。1979 年,《关于远距离跨境大气污染的日内瓦条约》为区域大气污染控制做出规定。20 世纪 80 年代初,欧共体制定了更严格的污染物排放限值,不再只针对周边大气的污染物浓度,而是直接针对废气本身。截至 1988 年,鲁尔工业区 80% 的发电厂安装了烟气净化设备,不符合排放标准的发电厂在 1993 年之前全部关闭。1999 年,欧洲国家以及美国和加拿大共同签署了《哥德堡协议》，要求共同减少排放规模。2005 年 1 月 1 日起，德国实行统一的欧盟排放标准，粒径小于 $10\mu m$ 的可吸入颗粒物年平均值应低于 $40\mu g/m^3$，日平均值应低于 $50\mu g/m^3$。日平均值高于该值的情况，每年不得超过 35 天。2010 年德国将欧盟关于 $PM_{2.5}$ 的规定引入本国，争取到 2020 年将 $PM_{2.5}$ 年平均浓度降至 $20\mu g/m^3$ 以下。

（4）建立空气监测网络和预警响应机制。德国建立了包括鲁尔工业区在内的全德空气质量检测站点，一旦某地区超标，当地州政府就与市、区政府合作，根据当地具体情况出台一系列应对措施，包括对部分车辆实施禁行或者在污染严重区域禁止所有车辆行驶，限制或关停大型锅炉和工业设备，限制城市内的建筑工地运作，避免燃烧木头、焚烧垃圾等行为，控制非生活必须工业产品生产。截至目前，德国联邦和各州共设有 643 个空气质量监测站点，这些监测站点各有分工，形成一个完整的空气质量监测网络。其中，联邦环保局的监测站点有 7 个，选址远离城乡地区，主要负责按国际公约和欧盟法律来监测未受人类生活影响的空气质量状况，各联邦州的空气质量监测站点在城乡地段按层次进行布局。德国各地监控网点的监测数据在网上一目了然，每个人都可以在网上了解到当日和近日的空气质量，包括可吸入颗粒物、一氧化碳、二氧化硫、二氧化氮和臭氧等具体指标，并可预测未来几天的空气质量状况[①]。

（5）积极开展环保宣传和环保教育。呼吁民众节能减排、使用节能家电、在家不要乱烧树叶和木头、选择节能减排的采暖方式如天然气集中供暖、出行多搭乘公共交通或骑车、主动选择使用可再生能源、私家车尽量选择排量小、污染小的车辆等，尽量减少因为生活方式等原因造成的有害气体和颗粒物排放。坚持不懈的环保教育，使公民的环保意识不断增强。德国联邦环境部公布的民调显示，92％的德国人认为环境保护很重要，87％的人表示由于担忧下一代的生存环境，必须使自己的行为有利于环保。

3. 鲁尔工业区大气污染治理经验

（1）长期规划，分阶段有重点地持续推进。德国把大气污染治理作为一项长期的任务，根据不同发展阶段导致雾霾出现的不同污染源，有针对性地采取相应的措施，并持之以恒地加以推进。20 世纪 60 年代主要消除煤烟和大颗粒粉尘；70 年代重点减少空气中二氧化硫的含量；80 年代重点治理氮氧化物、碳氢化物、臭氧和重金属等空气污染物引起的光化学烟雾等污染；从 90 年代中期以来，重点整治微小颗粒物。德国雾霾真正加以解决是在 20 世纪末，为了避免出现反弹和出现各种新的情况持续制定出台了许多创新举措。

---

① 王新，何茜. 2013. 雾霾天气引反思. 生态经济，(4)：18-23.

（2）制定标准，并强化系列行动计划。德国政府在依靠行政手段控制大气污染方面的一个重要策略是制定空气质量标准、限制排放源的排放和建立总的排放限值。在此基础上，制定广覆盖、约束性强、符合地方实际的一系列行动计划，包括全面考虑各种污染因素如燃料质量和原料，根据现有技术的单源制定排放限值，对于小源（乘用车）的型式试验如大型工厂和道路工程制定严格的审批程序，制定跨境大气污染管制政策，中央与地方共同合作制定符合各自地方实际情况的清洁空气行动计划等。

（3）通过高投入促进治理地区实现转型。为了使鲁尔工业区重现碧水蓝天，过去 50 年在环保和转型方面花费巨大。例如，针对鲁尔工业区的煤炭价格补贴，1996 至 1998 年，联邦政府给予主营煤炭业的鲁尔集团的补贴分别为 104 亿、97 亿和 85 亿马克；在关闭污染企业、解决失业问题、治理污水、集中整治土地等方面也投入大量资金，其中仅在推动鲁尔工业区生态和经济改造的"国际建筑展埃姆舍尔公园"（IBA）计划过程中，从 1991 年至 2000 年就耗资超过 800 亿欧元。

（4）注重追求大气污染治理的实效。德国早期治理鲁尔工业区污染曾经采取将高污染企业向发展中国家或不发达地区转移的措施，以及加高烟囱降低当地空气中的污染物浓度数值的办法，结果导致污染转移，特别是加高烟囱导致半个欧洲出现酸雨。总结吸取过去的教训，德国大气污染治理重点是有针对性地减少和避免大气污染物质对人类健康和环境造成有害影响，直接针对污染源本身来限制和采取措施，不寄希望于转移污染排放或片面追求个别地区的大气污染物浓度数值达标。因此，使大气污染治理取得了实实在在的效果。

（5）重视科技在治理大气污染中的支撑作用。在不断推进大气污染治理的过程中，德国非常重视科技的应用，包括不断加强空气净化处理等技术密集型的环保产业，切实加强分析研究大气污染的源头，应用各种现代化的检测手段实时在线监测污染源等。由于在执行环保法规方面不打折扣，企业治理污染尽可能通过利用先进技术来实现环保达标，因为超标排污交的罚款要远远高于企业自身进行环保治理的费用。

3.2.5 巴黎大气污染治理经验

过去几十年中，法国巴黎虽然没有出现灾难性的大气污染问题，但也一直为大气污染所困扰。特别是 2013 年 12 月，大巴黎地区和罗纳—阿尔卑斯省连续多日空气污染指数大幅超标。为治理大气污染，无论法国中央政府还是巴黎地方政府都出台了多项措施。

1. 巴黎大气污染治理过程

法国是世界上能源结构相对合理的国家之一，巴黎市的主要能源依靠核能，故煤烟型污染几乎已完全根治。巴黎的大气污染主要是过多的机动车辆。根据2010年每日大气污染指数(API)调查,巴黎和北京的汽车保有量几乎相等,巴黎为500万辆,北京约480万辆。需要指出的是,巴黎私人拥有的柴油车数量已由2002年的41%增加到2012年的63%;货车数量同期也有所增加,大部分配备的都是柴油发动机。21世纪初以来,巴黎的空气质量时好时坏,其城市大气污染对人的身体健康的危害日益严重,患呼吸道疾病和其他疾病的人数明显增多。2013年12月,大巴黎地区连续多日大气污染指数大幅超标,成为2007年以来巴黎最为严重的污染情况。不仅在巴黎,2013年法国15个城市市区大气微粒物指标超过欧盟标准上限,因此法国将面临欧洲法院起诉,更可能面临数亿欧元罚款。

巴黎市民和政府对大气污染的认识,是伴随着问题的严重性一步步深化的。在20世纪90年代,法国政府把大气污染的程度分为10级,1995年6月30日,巴黎测得污染达到创纪录的7级(严重污染),这让巴黎人很震惊。但巴黎市政府并不重视大气污染的监测,对于实施应对措施也是疑虑重重。在一些环保组织的牵头下,巴黎市民对政府进行了讨伐。在公众的压力之下,1996年,法国国会通过《防止大气污染法案》,提出要加强对空气质量的监测、消除工业污染源、根据污染情况限制出行等。此后,为了治理巴黎等城市的大气污染,一方面法国中央政府在国家层面出台了一批法律法规和行动计划来促进节能减排和空气质量改善,另一方面巴黎地方政府则根据当地的实际特点实施了一些个性化的治理措施,最终使情况得以好转。

2. 巴黎大气污染治理主要措施

(1) 出台专门法律法规。在1996年出台的《防止大气污染法案》的基础上,法国政府于2010年颁布了《空气质量法令》,规定$PM_{2.5}$和PM_{10}值浓度上限,可吸入颗粒物1年内超标天数不得多于35天。为了推动节能减排,法国于2005年7月通过了《能源政策法》,并于2007年推出"环境问题协商会议",提出要到2020年为节能减排、促进可持续发展方面投资4000亿欧元 。在降低建筑能耗和污染方面,法国出台了新版的《建筑节能法规》,规定从2013年1月起对所有新申请的建筑必须符合年耗能的限制进行了大幅调整,对于耗能巨大、污染较重的老建筑,也将逐步分批获得改造。

(2) 针对空气质量改善实施专门的行动计划。法国正在实施的旨在改善空气质量的行动计划有三个。第一是颗粒减排计划。2011年,基于Grenelle环境会议框架,法国中央政府出台"颗粒减排计划",在工业、服务业、交通、农业等各领域建立一系列长效机制,减少可吸入颗粒物对民众健康的影响和对环境的污染,力争到2015年使可吸入颗粒($PM_{2.5}$)在2010年基础上再减少30%。截止到2012年底,该计划已有40%的措施实施,另有50%的措施正在实施过程中,剩下的10%正在制订。第二是空气质量紧急计划。针对 2011 年推出的"颗粒减排计划"中的缺陷，2013 年法国政府审核通过了"空气质量紧急计划"，该计划重点聚焦交通工具的减排问题，针对可吸入颗粒物（PM_{10} 和 $PM_{2.5}$）和二氧化氮等污染物，制订了 5 个方面、38 项具体应急措施。如鼓励发展多种运输形式和清洁交通、在大气污染严重区域限制机动车流量、减少工业和居民生活燃料排放、采用车辆税收等调节手段改善空气质量、加强宣传和交流力度改变公众一些污染环境的日常行为习惯等。第三是空气保护计划。该计划由各地方政府针对各地区的不同情况，为改善或保持本地的空气质量，根据中央政府的"空气质量紧急计划"而制订相关措施。要求城市常驻居民超过 25 万人和污染指数超标的地区必须制订"空气保护计划"。主要内容包括降低城市内快速道的限速、降低一些燃料机器的排放值、强化对工业污染物排放的检查力度等。全法目前已有 38 个空气保护计划在建或已实施，这些计划覆盖地域包括了大部分法国常驻居民。

（3）加强对巴黎地区 $PM_{2.5}$ 排放的科学研究与监测。2011 年，在法国科学院大气系统实验室主持下，多国参与的研究团队对 2009 年至 2010 年巴黎地区 $PM_{2.5}$ 情况进行了综合研究。该项目利用地面、高空及遥感监测手段，应用法国国家空气质量模型 CHIMERE（现为欧盟空气质量预报模型），针对 $PM_{2.5}$，特别是有机颗粒物进行污染源解析，定量一次和二次污染，细化了局部和区域污染以及人为和自然污染，重新整理了巴黎 $PM_{2.5}$ 的排放源清单。为了加强对 $PM_{2.5}$ 排放的监测，巴黎加强了空气监测站的建设。目前，巴黎大区内共有 50 个自动空气检测站点，还安装有大量可移动检测仪，所有检测结果一律 6 小时内公开发布。

（4）鼓励市民"低碳"出行。为减少城市温室气体排放量，巴黎实施一系列公交工程解决汽车污染。例如，开辟自行车车道，提倡人们骑自行车，推行"自行车城市"计划，为市民提供几乎免费的自行车租赁服务，让更环保、占用道路场地资源更少的交通工具发挥更大作用；开展"无车日"活动；将巴黎的车辆逐步改换为电动车或浓缩天然气汽车；拓展地铁和增开公共汽车线路，完善公交覆盖网，并拟恢复有轨电车 。此外，巴黎还针对三大主要排放源（车辆、供暖和工业）实施了欧盟标准，减少了 24% 的氮氧化物排放和 45% 的微小颗粒物排放。

3. 巴黎大气污染治理经验

（1）加强大气污染防治的法制建设。法国针对大气污染防治出台多项法律法规和专项行动计划，为治理大气污染提供了坚实的法律保障。此外还出台具有法律约束力的大气污染应急行动方案，对大气污染严重时的工业生产、居民生活、交通出行等的限制做出明确规定，并建立信息发布系统，及时发布有关信息。

（2）改善公共交通，鼓励使用清洁能源交通工具。因为巴黎的能源主要依靠核能，汽车的尾气排放是巴黎大气污染的主要来源，所以，巴黎把大气污染的防治重点放在降低汽车能耗与排放上。一方面积极发展公共交通,拓展公交汽车和地铁的覆盖面;另一方面鼓励市民使用清洁能源交通工具。为了刺激电动车和混合动力车的销售,法国政府为新车购置提供高达数千欧元的补贴。

(3)加强对大气污染源的科学研究和监测体系建设。大气污染源的确定是开展大气污染治理的前提。法国重视这方面的研究。2011 年由法国科学院大气系统实验室主持的对巴黎地区 $PM_{2.5}$ 情况的综合研究,是全球首次以中纬度发达国家大都市 $PM_{2.5}$ 为研究对象的系统研究工作,为巴黎的大气污染治理提供了科学依据。此外促进对大气污染监测的全面性,加强了大气污染监测站和大气污染信息发布系统建设。

3.3　国外雾霾一体化治理经验的启示

改革开放以来,中国经济持续 30 多年快速增长,工业化和城镇化全面加速。由于经济持续增长与经济规模扩大、消费扩张及消费方式变化、人口增长等各种因素对资源消耗和污染排放的增加,使环境问题日趋严重。虽然我国在改革开放之初就对环境问题引起重视,并提出不走发达国家先污染后治理的老路,但最终也未能摆脱库兹涅茨曲线①所揭示的环境与发展演变的规律,在很大程度上重蹈了西方国家的覆辙②。

2010 年 5 月,国家环境保护部、国家发展和改革委员会等 9 部委针对近年来我国一些地区酸雨、灰霾和光化学烟雾等区域性大气污染问题日益突出,严重威胁群众健康,影响环境安全问题,制定下发了《关于推进大气污染联防联控工作改善区域空气质量的指导意见》。2013 年 9 月,国家环境保护部、国家发展和改革委员会等 9 部委根据国务院《大气污染防治行动计划》,制定下发了《京津冀及周边地区落实大气污染防治行动计划实施细则》。同年底,京津冀及周边地区六省市区大气污染联防联控机制正式启动。

实际上,京津冀及周边地区大气污染联防联控机制早在 2008 年北京奥运会召开之前和召开期间就已经实行过,并收到显著效果。但就目前实施情况看,与珠三角、长三角的联防联控对比,京津冀联防联控遇到的困难和挑战最大。长三角经济

---

① 库兹涅茨曲线(Kuznets curve),又称倒 U 曲线(inverted U curve)、库兹涅茨倒 U 字形曲线假说,由美国经济学家西蒙·史密斯·库兹涅茨于 1955 年提出。该曲线通过人均收入与环境污染指标之间的演变模拟,说明经济发展对环境污染程度的影响:一国经济发展水平较低时,环境污染的程度较轻,但随着人均收入的增加,环境污染由低趋高,环境恶化程度随经济的增长而加剧;当经济发展达到一定水平、到达某个临界点后,随着人均收入的进一步增加,环境污染又由高趋低,其环境污染的程度逐渐减缓,环境质量逐渐得到改善。

② 宁淼.国内外区域大气污染联防联控管理模式分析.环境与可持续发展,2012,(5):11-18.

发展比较一致,浙江、江苏、上海经济发展基本上是同步的,联防联控具备许多有利的条件。珠三角联防联控只涉及一个省,做起来相对简单。但京津冀的联防联控则不同,一是地域广,超过 21 万平方公里;二是跨越的省份多,包括河北、天津、北京、山西、山东、内蒙古六个省市区;三是经济发展非常不平衡,既有中央直属的特大型的发达的大都市,也有众多的经济欠发达的小城镇。面对错综复杂的情况,大气污染联防联控理念的确立、法律法规的制定、体制机制的完善等,还难以适应治理实践的要求[①]。发达国家大气污染联防联控的经验给了我们一些启示。

3.3.1　树立联防联控理念,建立区域管理组织,增强责任意识和合作意识

树立联防联控的理念。大气污染治理不是某一个城市、某一个地区乃至某一个国家单独能够实现的。西方发达国家在经历了沉痛的教训之后,深刻认识了这个道理,于是采取签订共同遵守的条约或制定共同遵守的法律等形式,实施跨城市、跨地区、跨国乃至跨州的区域联防联控措施治理大气污染。在中华文明的历史长河中,人与自然的关系一直被视为"天人关系",倡导"天人合一"的和谐理念。改革开放以来,一些地方和企业在追求经济增长速度和物质财富进步的过程中,忽略了人的精神、道义、美德等崇高价值,在物质和精神之间出现了严重的分裂与失衡。从某种意义上说,中国生态环境危机实质上是人的精神危机,环境问题实质上是生态伦理道德问题。只有唤醒人们的生态意识,培育人们热爱生命、热爱自然、与自然和谐相处的内在情感,才能正确认识和处理人与自然的关系;只有具备高尚的道德才能自觉遵循保护环境的行为准则,主动履行对自然的道德责任和义务。因此,推动区域联防联控的内在动力是人们正确的环保理念的确立。

建立联防联控的区域管理机构。由于空气污染是跨界的,受地理环境、上下游关系等影响,一座城市无法独立做好空气污染治理,必须打破行政区划限制,实行区域联防联控,而要保证联防联控取得实效,必须建立具有权威性的区域管理主体。美国加利福尼亚州是有效实施大气污染区域联防联控的典范,1946 年美国第一个空气污染控制区设在洛杉矶,最初解决空气污染的方法是在洛杉矶及其邻近区域内召开非正式会议,对各行政区的政策进行协调,以期控制空气污染。事实证明,这个方法并不理想。在这个过程中,人们逐渐认识到空气污染的流动性,一个行政区的努力根本就很难奏效,必须要有一个跨越行政区域并拥有指令权的机构来负责区域空气污染问题。在多次讨论和研究后,1976 年,在美国议会和州长的授权下,加州创设了南海岸空气质量管理区(SCAQMD)。加州南海岸空气质量管理区由一个 12 人组成的委员会领导,其中州政府代表 3 个,其他 9 个委员由各县

---

①　云雅如,王淑兰,胡君,等. 中国与欧美大气污染控制特点比较分析. 环境与可持续发展,2012,(4):32-36.

和部分规模较大城市代表组成,有的城市市长亲自参加①。同时还设有南加州政府协会(SCAG)和加州空气资源委员会(ARB)。加州南海岸空气质量管理区对制定空气标准负主要责任,在制定区域空气质量管理中发挥重要作用。加州的经验表明,设立一个跨行政区域的、独立的、专门的权威机构,对于综合治理空气污染至关重要。目前我国的京津冀大气污染一体化综合治理,还没有这样一个机构。现在的"京津冀及周边地区大气污染防治协作小组"只是一般性的协调协作组织,不是一个具有综合管理职能的权威机构。因此,国家有必要建立一个统一协调管理京津冀及周边地区大气污染防治协工作的领导机构,统一负责区域内大气污染治理的相关工作,如区域内细颗粒物、二氧化硫、氮氧化物、挥发性有机物等污染物的控制对策,以及能源结构、产业结构、产业布局、城市发展规划调整等,并赋予相应的执法权和监督权,以保证实现《关于推进大气污染联防联控工作改善区域空气质量的指导意见》中提出的"五统一"(统一规划、统一监测、统一监管、统一评估、统一协调")的总体要求②。从发达国家的实践看,建立新型的组织保障机制是大气污染治理区域一体化能否顺利实施的关键。

要增强合作意识和责任意识。区域内各级政府和每一个企业,都要从保护好区域内大气环境、提升环境质量的大局出发,紧密配合,通力合作,克服地方保护主义和片面追求经济效益的错误做法。

日益严重的雾霾侵袭着每一个人的健康,保护环境涉及每一个人的切身利益,同时也是每一个公民应该履行责任和义务。国家气候战略中心主任李俊峰在一次接受记者采访时说过这样一段话:"环保的代价不仅是企业、政府的,更多是每一个人的。我们必须为环境保护付出代价。把油的质量做得更好,我们多付一点钱是值得的;为使用清洁的燃气发电,多付几分钱的代价是应该承受的"③。区域联防联控要求每一个公民都要积极参与,既要参与空气质量标准和政策措施的制定,也要参与实施过程和结果的监督④。同时,做到从我做起,从一点一滴做起,共同营造家园的美好蓝天。政府要为公民参与创造便利条件⑤。

3.3.2　加强立法执法,促进信息公开,为联防联控提供法律保障

通过加强立法保障污染治理的有效实施,同时严格依法行政,严肃查处环境违法行为,实行严格的执法责任制和过错追究制是发达国家的重要经验。中国环境保护的立法进程明显滞后于经济社会发展,而且环境立法缺乏系统性、协调性,加

---

① 蔡岚.2013.空气污染治理中的政府间关系.中国行政管理,(11).
② 刘大为.2011.区域大气污染联防联控研究-以华中地区为例.西安:西北大学.
③ 2014.《中国开启重典治霾"元年" 马年推进自上而下全民治霾》,中国经济周刊,(2).
④ 谢玮.2014.全球治霾60年对中国的启示.中国经济周刊,(2).
⑤ 朱留财.2006.从西方环境治理范式透视科学发展观.中国地址大学学报(社会科学版),6(5):52-57.

上环境执法不严,甚至环境法律在某些地方形同虚设。为此,需要学习借鉴西方国家环境立法经验,立足于中国实际,按照可持续发展原则、预防污染和有效控制跨界污染原则,水、大气、固体废物等污染综合控制原则,公众参与原则,以及环境与经济综合决策原则等,加快建立健全各项环境保护法律制度,特别是污染物总量控制、许可证、排污费、环境影响评价、环境审计等方面的环境法律制度,使之更加完备、更加透明、更加公正,并且把污染综合控制和全过程控制作为这些法律制度的基本目标①。目前,国家针对区域一体化防控大气污染制定了相关意见,但还没有出台专门法律法规,应在认真总结区域一体化防控大气污染实践经验的基础上,加大区域治理的法律法规建设②。同时,鉴于不同地区空气质量状况差异以及开展区域空气污染防治紧迫性的不同,可以鼓励各区域根据实际情况在中央政府的指导下进行探索性的政策创新,鼓励区域管理机构和地方政府出台相关法律性、政策性文件,为区域治理提供保证。地方政府的创新,还可以对中央政府制定更大范围政策法律提供经验③。如美国加州创新性的空气质量管理计划的制定和实施,明显地影响了联邦政府 1990 年空气法案的制定。

发达国家的经验表明,加强空气质量监测,推进环境信息公开,鼓励公民参与,对提高环境公共治理绩效至关重要。建设空气质量监测网络是治理雾霾的一项重要的基础性工作。在这方面我国存在严重的不足。以北京为例,目前北京建成了27 个环境空气质量自动监测子站,分布在全市各区县。据统计,北京约为 16410km²,大伦敦城约为 1577km²,伦敦面积不到北京的十分之一,而环境监测站的数量近乎北京的 4 倍。美国洛杉矶城约为 1290km²,也拥有 37 个大气环境监测子站。洛杉矶空气污染监测数据 24 小时实时在网上发布,公众随时可以查看④。污染检测数据的及时、公开发布,促进了公众环保意识和参与程度,对排污企业构成了强大压力,极大地推动了空气污染的治理,增强了监管机构的权威。因此,要完善区域空气质量监管体系,提高空气质量监测能力,增加区域空气质量监测点位,完善空气质量信息发布制度,实现区域监测信息共享。公众参与是治理雾霾的社会基础。要采取多种形式动员和引导公众参与区域大气污染联防联控工作,建立和完善知情制度、听证会制度、监督制度、公诉制度、环境信息公开制度,规范环境信息公开的主体、内容、方法以及责任,明确公众获取环境信息的法律程序、途径和方式,为公众参与和法律诉讼开辟有效渠道。

---

① 江莉.2013.《大气污染防治法》法律制度的研究.长春:吉林大学.
② 薄燕.2011.美国国会对环境问题的治理.中共天津市委党校学报,(1):60-65.
③ 李青.2011.对国际大气污染防治主要法律文件的研究.重庆:重庆大学.
④ 中国科学技术信息研究所.[2014-3-14].洛杉矶、伦敦、巴黎等治理雾霾与大气污染的措施与启示.http://cn.chinagate.cn/en vironment/2014-03/04/content_31665347_2.htm.

3.3.3　加大科技投入，强化市场参与，调动各领域积极性

　　发达国家在治理空气污染的过程中，科学技术发挥了关键性的作用。英国政府鼓励企业采用大气污染控制技术改革生产工艺，优先采用无污染或少污染的工艺，使大气环境质量达到标准。除通过攻克关键技术实现治污目标和产业突破外，科学技术更重要的意义在于通过科学研究为国家宏观决策提供可靠的依据①。决策越科学，可执行性就越好，政策就更可能取得较好的效果。在没有认定主要空气污染源的 1943 年至 1950 年期间，美国加州政府因缺乏对大气污染认识做出关闭当地军工厂等错误决策，并延误了宝贵的治理时机，不仅造成大量经济损失，还加剧了空气污染对居民造成的损害。后来的加州空气资源局的重要使命之一，就是研究空气污染原因及应对方案。因此，为应对区域内大气污染机理的复杂性与控制对策的复杂性，科学研究应有效地支撑管理决策，而管理决策应以科学研究为依据。这就要求充分利用有关机构的环境科研力量，建立区域性的环境科研合作平台，如"区域大气科学研究中心"。借鉴发达国家和我国珠三角地区的经验，京津冀区域大气科学研究机构应该包括污染源清单组、监测组、模型组、信息组与评估组，通过加强区域大气复合污染的机理研究，建立区域内多污染物的动态污染源清单，在此基础上制定区域内城市的污染物削减分配方案。在技术支撑方面，应组织力量开展烟气脱硝、有毒有害气体治理、洁净煤利用、挥发性有机污染物和大气汞污染治理、农村生物质能开发等技术攻关，加大细颗粒物、臭氧污染防治技术示范和推广力度，加快高新技术在环保领域的应用，推动环保产业发展。

　　发达国家环境问题得到较好解决的一个重要原因是其有一个比较稳定的政府投入机制予以保障。与之比较，我国环境财政支出经历了一个曲折艰难的发展过程，直到 2006 年，环境保护才以"节能环保"科目成为中央和地方一个独立的支出类别，但环境财政支出杯水车薪，其规模与我国经济发展水平、财政收支规模以及环境公共治理的客观需求极不相称。这种局面对正处于环境问题叠加式爆发的中国来说，必须迅速加以改变。特别是对于重点污染区域，中央和区域内各级政府要加大资金投入力度，推进重点治污项目和大气环境保护基础设施建设。在加大政府投入的同时，要注重利用市场手段。目前我国环境公共治理的手段还比较单一，过分依赖关停并转、处罚等行政性手段实践证明，仅靠行政命令、检查和处罚难以达到可持续的环境保护目标。相反，发达国家利用经济手段鼓励节能减排的成功案例则屡见不鲜。日本等发达国家环境保护的资金来源除政府直接补贴外，还包括排污收费、环保税收、环境基金等。自从 1990 年美国《清洁空气法修正案》正式提出排放量交易制度后，目前发达国家均开始尝试通过排放权交易制度促进市场

　　①　石头. 2013. 雾霾治理：伦敦告别雾都之经验. 求知-借鉴与参考，(6)：58-60.（原载中国青年网）

对大气污染的调节。京津冀区域大气污染治理手段应趋于多元化,并且应当更加注重市场机制。例如,明确资源和环境的产权,征收环境税、费,广泛使用排污许可证,利用市场机制建立专门的"区域大气环境保护基金",发展完善碳排放权交易市场等。

3.3.4　优化区域发展规划,合理调整产业结构,转变经济增长方式

在西方发达国家中,同样工业化程度较高的德国却很少出现雾霾天气。虽然鲁尔工业区出现过严重的空气污染事件,但从总体上看,德国的环境压力比较小。其中一个重要原因就是德国的发展规划比较科学合理。以城市发展布局为例,德国共有 10 万人口以上的城市共 82 个,其中超过 100 万人口的城市只有 3 个,最大的城市首都柏林,人口也只有 338.67 万人。众多的城市人口都在 30 万以下。从企业和事业单位的分布来看,一些世界著名的大企业、大科研院所和著名的大学等,多数都分部在中小城镇。这种布局,不仅减少了环境压力,也减少了公共安全压力。德国制定发展规划最大的特点,首先是坚持"以人为本",规划的最终目标是实现全体民众生活水平的不断提高和社会收入分配的相对公平,发展的涵义更多地指自然资源得到有效的保护和合理利用,生态群落更加多样化,环境和景观更加适宜民众生存。其次是重视区域协调均衡发展,力图为全国的所有区域创造相对平等的发展机会和发展环境[①]。目前,我们国家正在着手制定京津冀一体化发展规划,德国的经验值得很好借鉴。例如,适度限制大城市规模的无限扩张,鼓励中小城镇的发展,特别是河北等欠发达地区中小城镇的发展;在产业布局上,多为中小城镇发展支柱产业创造条件;在产业转移上,要严格环境监管,防止污染转移,确保产业转入地的环境安全等。

日本从 20 世纪 50 年代的"产业优先"到 20 世纪 80 年代"环境保护与经济发展同等重要",再到 21 世纪"环境保护先行"和"环境立国",大致经过了 50 年的时间[②]。我国自改革开放以来的 30 多年的经济快速发展期,经济的增长方式是粗放式的,即以 GDP 和财政收入为导向,以高投资、高出口、高资源能源消耗、低土地成本和劳动力成本为路径。从日本的经验看,我国应加快转变经济增长方式,走可持续发展之路,这也是京津冀区域一体化治理大气污染的治本之策:一方面,区域内各级政府要把可持续发展作为环境保护的核心价值,通过环境教育、文化导向、舆论引导、伦理规范、道德感召等,唤醒企业和民众的环境保护意识,真正将环境保护意识全面贯穿到经济社会发展和人们的日常生活之中;另一方面,要通过技术进步、结构升级、法制约束、社会规范等,大力促进经济增长方式转型。

---

① 汤伟.2014.雾霾治理研究与国外城市对策.城市管理与科技,(1):76-79.
② 邵平.2012.张家口、北京和廊坊大气污染联合观测研究.南京:南京信息工程大学.

3.3.5　建立长效机制,保障治理成果的可持续性

发达国家从遭受污染痛下决心治理,到治理初见成效,通常都需要几十年的时间。从 1943 年算起,洛杉矶这个"美国空气污染之都",尽管投入巨额资金、巨量资源、巨大努力,进行人类有史以来最长时间、最大规模的污染控制实践活动,直至 2008 年甚至今天,空气质量虽得到翻天覆地的改变,但相比之下,洛杉矶的污染仍高居美国各大城市之首,由此可见污染控制的艰巨性[①]。为此,对京津冀区域大气污染治理的长期性要有足够的认识,不能寄希望于"毕其功于一役"。2008 年北京举办奥运会时,就曾经与天津、河北、山西、内蒙古和山东等周边省份开展空气污染协商治理,根据北京市的空气质量状况对这些省份的能耗进行适当限制,最直接的做法就是停工停产。北京奥运前后的空气质量确实得到了短暂提升。世博会期间的长三角地区、亚运会期间的珠三角地区,也采取过类似的措施,在一定程度上改善了这些地区的空气质量。但是,短期的停工停产并不能够成为防治空气污染的长远出路,只有建立和完善跨省区域的协作制度、落实责任,才能实现联防联控。发达国家各国政府均将治理空气污染作为一项长期的任务,根据不同发展阶段导致雾霾出现的不同污染源,有针对性地采取相应的措施,并持之以恒地加以推进。因此,京津冀区域在推动雾霾治理的过程中,应将其作为一项长期而艰巨的工作,制定长期的治理战略和计划,建立完善的治理机制,有步骤、分阶段地扎实推进治理工作的开展。而且,即使在治理取得一定成效的情况下,也要采取巩固措施保障治理的可持续性。

---

① 曹军骥.[2014-05-12]洛杉矶治污历史是人类环境治理的财富.经济参考网.

第4章 京津冀雾霾成因及其类型深度分析

```
┌─────────────┐
│ 阅读提要 │
└─────────────┘
```

　　工业排放、特殊的地形气象条件、汽车尾气、燃煤排放等因素对京津冀地区雾霾的形成起到决定作用。京津冀地区雾霾之重,归根到底,还是因为京津冀地区污染总量太大,超过了这一地区本身的环境容量和自净能力。京津冀三地处于不同的发展阶段,三地的经济、文化、社会结构不尽相同,大气污染呈现鲜明的地域特征。必须因应三地的发展阶段和发展特征,一体化设计治理雾霾的方案,体现共同但有区别的责任,才能真正形成长效机制。

　　从前面分析可知,京津冀地区的雾霾成因更为复杂,其雾霾的成分也更为复杂,由此决定了其治理难度更大,本章将进一步对其雾霾成因进行深度分析,以便有针对性地提出治理建议。

　　京津冀雾霾治理一体化,是促进人口、资源、环境协调发展的需要,是提升京津冀地区可持续发展能力的需要,是捍卫京津冀地区民众健康基石的需要。一个地区要想长治久安,要想不断提升竞争力,必须尽早消除人们的"心肺之患"。由于发展洼地、行政层级等多方面原因,生态环境共建、共治、共享是京津冀一体化发展面临的突出问题。基于扩大环境容量、减少污染总量、提升环境承载力的目标,京津冀雾霾治理一体化有利于区域空气质量逐步好转。

　　从生态修复的角度看,经过多年的地下水超采,华北平原如今极度干枯,植被生长稀疏,对雾霾的稀释左支右绌。如果继续像现在这样唯 GDP 至上,30 年后,古老而美丽的华北平原将会消失①。但只要我们痛下决心,积极行动,实施积极的生态修复,华北平原可以用 20 年到 30 年的时间重焕生机。就作者对长江流域中上游、陕北地区的了解情况看,1998 年长江洪水之后,一些地方退耕还林,休养生息,再次成为许多大型野生动物(如野猪、老虎)的栖息地。陕北地区过去千沟万壑,水土流失严重,经过这些年的植树造林,生态环境大为好转。夏季延安成为许多人的避暑胜地。这些地方可以再次重焕生机,华北平原为什么不可以呢?

　　从雾霾治理的实施主体而言,仅有政府、企业不够,我们每个人既是雾霾的受

---

　　① 这是杨伟民同志 2013 年 7 月在清华大学演讲时表达的一个观点。相关报道见:http://news. hexun. com/2013-07-09/155960922. html.

害者,也是雾霾治理的参与者。抓住能源消费、汽车尾气排放、扬尘污染等关键环节,增加绿色盈余,降低污染总量,"标本兼治和专项治理并重、常态治理和应急减排协调、本地治污和区域协调相互促进,多策并举,多地联动,全社会共同行动"①。聚集正能量,点点滴滴,积流成河,方能祛霾返清。

2013 年 1 月,北京有 25 天被雾霾深锁,"雾霾一月"世界震惊。作为中国的首都,北京是"雾霾一月"中受关注度最高的城市,但不是深陷雾霾的唯一城市。从京津冀地区到齐鲁大地,从长三角到江淮大地,数百万平方公里的国土为雾霾所困,6 亿人呼吸严重污染的空气②。

"新年第二个周末,全国中东部地区都陷入严重的雾霾和污染天气中。中央气象台将大雾蓝色预警升级到黄色预警,环保部门的数据显示,从东北到西北,从华北到中部乃至黄淮、江南地区,都出现了大范围的重度和严重污染。在受影响最严重的京津冀地区,北京、石家庄、保定、邯郸、天津、沧州、廊坊、唐山等都发布了大雾橙色预警。其余在山东、四川、安徽等省市都发布了黄色或橙色预警。河南新乡和开封甚至发布了大雾红色预警信号"③。

雾霾频繁来袭、在中国环境史上具有非凡意义的 2013 年,京津冀地区成为首当其冲的"雾霾重灾区"。

"吴晓青指出,2013 年,中国 74 个城市实施了新的空气质量标准,根据去年全年的监测,74 个城市有 3 个城市达到了空气质量二级标准,其他 71 个城市均不同程度地存在超过新空气质量标准的情况。空气质量相对较好的前 10 位城市是海口、舟山、拉萨、福州、惠州、珠海、深圳、厦门、丽水和贵阳。空气质量相对较差的前 10 位城市分别是邢台、石家庄、邯郸、唐山、保定、济南、衡水、西安、廊坊和郑州。这其中有 4 个省会城市在较差的 10 个城市之中"④。

从如图 4-1 所示的全国霾区预报图可以看出,2014 年 2 月 16 日 8 时—2 月 17 日 8 时,京津冀大部地区有中度霾,部分地区有重度霾,雾霾连成一片,堪为全国"雾霾重灾区"。需要特别注意的是,北京北部的承德、张家口等地区未在霾区之列。

这是一组令人震惊的数字。2013 年空气质量最差的前 10 位城市,河北有 7 座,这 7 座城市全部位于北京以南。国土面积占全国 2% 的京津冀地区,坐落如此众多的霾城。这其中,既有尚未进入空气质量最差前十位、人口车辆众多的北京、天津两座特大型城市,也有人口较少的廊坊、衡水等中等城市。空气流动性差,京

① 新华网.[2014-02-26].习近平在北京考察,就建设首善之区提五点要求. http://news. xinhuanet. com/politics/2014-02/26/c_119519301. htm.

② 任仲平.2013-07-22.生态文明的中国觉醒.人民日报.

③ 金煜.2013-01-13.全国多地陷入严重雾霾天.新京报.

④ 环保部.[2014-03-08].京津冀空气污染最重有 7 城市排前 10 位. http://www. chinanews. com/ shipin/cnstv/2014/03-08/news390354. shtml.

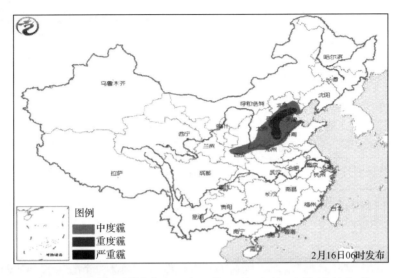

图 4-1　全国霾区预报图(2014 年 2 月 16 日 08 时—2 月 17 日 8 时)

资料来源：中央气象台

津冀地区不同霾城上空的雾霾，"你中有我，我中有你，你来我去，我来你去"，相互作用影响，极易形成雾霾连成一片的情形。雾霾罩顶，京津冀地区人们正常的生产生活秩序受到巨大影响。

4.1　京津冀地区雾霾成因的地形气象分析

京津冀地区并非弹丸之地。在京津冀大部分地区成为"雾霾重灾区"的 2013 年，北京以北的河北地区，是另外一番景象：

如图 4-1 所示，截止到 2013 年 12 月 31 日，承德市区 $PM_{2.5}$ 浓度年均值为每立方米 49 微克，全年市区空气质量一级天数 43 天、二级天数 206 天，达标天数占全年总天数的 68.2%，轻度污染天数 85 天，占 23.3%，中度污染天数 25 天，占 6.9%，重度污染天数 6 天，占 1.6%，未出现严重污染天气。按空气质量从优到劣排名，承德在京津冀 13 个城市中始终位居前列[1]。

同在京津冀地区，以北京为界，北京以北的空气质量相对较好。除了承德，张家口 2013 年的空气质量可圈可点。

"2013 年全年空气质量达标天数 266 天，处于环保部监测的长江以北城市中最高水平"[2]。

---

①　陈宝云. 2014-01-16. 2013 承德市优良天数达 249 天未现严重污染天气. 燕赵都市报.

②　耿建扩，等. 2014-05-14. 张家口生态环境得到有效恢复. 光明日报.

　　获益于这样一种得天独厚的空气质量禀赋以及较为丰富的地貌及其所带来的"小气候",北京与张家口已经联手,积极申办 2022 年冬奥会。当河北其他地区工厂轰鸣,烟囱高耸,张家口与承德作为拱卫北京、天津两座重要城市生态质量的前沿阵地,已成为北京、天津的"米袋子"、"菜篮子"、避暑疗养胜地。2014 年 APEC 峰会也是在离北京市中心 50 公里外的怀柔雁栖湖举办。

　　与北京以北的承德、张家口等地区相比,北京以南的空气质量较差,为不折不扣的"雾霾重灾区"。如表 4-2 所示,张家口、承德、秦皇岛三地的空气质量达标天

表 4-1　2013 年承德环境质量概况

★ 市区空气质量达到和好于二级天数为 249 天,居全省前列,其中,一级天数为 43 天,二级天数为 206 天。全年共出现重污染天数 6 天。市辖八县城区空气质量达到和好于二级天数在 335 天至 360 天之间

★ 全市 7 条河流(滦河、武烈河、伊逊河、柳河、瀑河、潮河、清水河)共监测 25 个常规断面,水质达到和好于Ⅲ类的断面 17 个,占 68%,较 2012 年增加 12 个百分点,高于全省平均 19.4 个百分点。劣Ⅴ类断面 2 个,占 8%

★ 市区共设 23 个地下水监测点位,其中水质良好的 20 个,占监测点位的 87%

★ 市区声环境质量处于较好水平。与 2012 年相比区域环境噪声、功能区噪声、道路交通噪声基本持平

★ 市区集中式饮用水水源地水质达标率保持 100%

★ 生态环境质量总体评价为良好,继续保持全省最优

资料来源:承德市环境保护局提供的公开资料。

表 4-2　2013 年河北各地空气质量达标天数

城市	空气质量达标天数(单位:天)
张家口	284
承德	249
秦皇岛	204
廊坊	126
沧州	126
唐山	103
保定	87
衡水	69
邯郸	53
石家庄	45
邢台	36

资料来源:作者根据河北省环境保护局提供的公开资料整理。

数相差不大,到了第 4 位廊坊,空气质量急转直下。观澜溯源,特殊的地形、气象条件对这种现象的形成起到一定作用。

4.1.1　京津冀地区的地形结构和区域发展

京津冀地区,西侧是南北走向的太行山脉,北侧是东西走向的燕山山脉,东临渤海湾,南接中原,如图 4-1 所示。京津冀地区西部、北部地形较高,南部、东部地形较为平坦,整体呈现西北高、东南低的地形特点。我国著名科学家竺可桢先生对此有过一段经典描述:

"以直隶[①]的地形而论,东南部是一个广大的冲积平原,西北部是山岭。平原成半圆形,以天津附近的海河口为中心。平原的广度,多至 600 里,少至 200 里。这个平原的高度,大致很平,从沿海起一直到平原的尽头,相差不过六、七十尺,所以坡度非常小,差不多每里只高一寸。但是一到西部山岭之区,却就突然的增高了"[②]。

从地形上看,京津冀地区囊括多种地形,包罗万象,雄伟的高山、连绵的草原、崎岖的山岭、宽广的平原、多水的滩涂、风景宜人的海滨,但整体以种植小麦、一望无垠的华北平原为主。冬季,从蒙古草原呼啸南下的北风,由北向南依次刮过京津冀地区。华北平原中南部成为北京空气污染扩散的下风向。风力够大、持续时间够长,空气污染物会继续向南驱散,"刮"出一个蓝天。天气静稳,或刮东南风,本地污染和从外部输送的污染相互叠加,层层累积,容易形成严重的空气污染。

在历史上很长一段时间,京津冀地区,水系发达,河湖纵横,有悠久的行舟走船历史。"山水相依",华北平原的许多河流发源于太行山脉、燕山山脉。

在这个平原(华北平原,作者注)上的河流,都流向一点,成辐射形,他的总归宿地就是海河的河口[③]。

水往低处流,西部、北部山区为京津冀地区河流的上游。这里山川秀美,植被丰盛,宛如天然的生态屏障。对北京居民,北京西北高、东南低的地形特点尤为突出。位于北京西郊的皇家园林——三山五园,位于北京昌平的十三陵,俱为自然风貌与人工经营美美与共的风水宝地。久而久之,北京居民很自然形成"上风上水"、"下风下水"的地理文化观念。这样一种观念在中国名城居民中,并不多见。

为了保护北京居民的水源和生态环境,在 1949 年后北京由"消费城市"向"生

---

① 　此处的直隶,包括今天的北京、天津、河北(但不包括承德、张家口地区). 作者注.
② 　竺可桢. 1927. 直隶地理的环境和水灾 . 科学,12(27).
③ 　竺可桢. 1927. 直隶地理的环境和水灾. 科学,12(27).

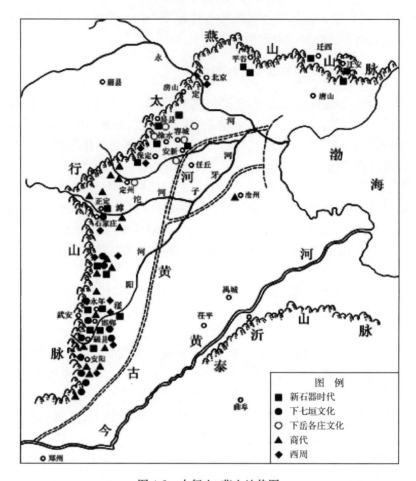

图 4-2　太行山、燕山地势图

南北走向的太行山脉、东西走向的燕山山脉因其山高林密,成为京津冀地区天然的生态屏障。但这样
一种半封闭地形,一旦天气静稳,污染物容易积累,会加重京津冀地区的空气污染状况
资料来源:张翠莲,等。太行山东麓地区文明化进程研究//沈长云,张翠莲. 中国古代文明与
国家起源学术研讨会论文集. 北京:科学出版社,2011

产城市"的转变中①,北京的昌平、顺义、怀柔、密云、延庆为开发强度受到严格限制
的生态涵养区。北京居民的生命线——官厅水库、密云水库、十三陵水库,全都位
于北京北部。水是生命之源、生态之基、生产之要。保护北京北部的生态环境,也

---

① 1949 年 3 月 17 日,《人民日报》刊登社论《把消费城市变成生产城市》,指出"在旧中国这个半封建、
半殖民地的国家,统治阶级所聚居的大城市(像北平),大都是消费城市。有些城市,早也有现代化的工业(像
大津),但仍具有消费城市的性质。它的存在和繁荣除尽量剥削工人外,则完全依靠剥削乡村……我们进入
大城市后,决不能允许这种现象继续存在。而要消灭这种现象,就必须有计划地、有步骤地、迅速恢复和发展
生产。"此后,北京开始了向"生产城市"的转型.

就保住了北京居民的生命之源。从这样一种环境地理推而广之,河北的张家口、承德也担负为北京涵养水土、锁住风沙的重任。以张家口为例:

今年(2014 年),张家口将实施建设京冀生态水源保护林 10 万亩,为北京提供更加优质的生产、生活用水。张家口年均降水量不足 400 毫米,为缓解水资源短缺状况,该市加快农业产业结构调整,因地制宜推进管灌、喷灌、微灌等农业节水项目建设。在坝上地区实施 42 万亩以膜下滴灌为主要方式的高效节水工程改造,年节水 1600 万 m³[①]。

2001 年,北京成功申办奥运会。为治理环境,北京开启了工业企业外迁的时间窗口。在这一波世所罕见、投资巨大、牵涉面广的企业外迁潮中,河北的许多地方承载了北京的外迁工业(如曾经为北京最大的企业——首钢搬迁到河北唐山曹妃甸,北京焦化厂转移到唐山海港开发区),环境容量日趋紧张。张家口、承德不仅没有成为北京的工业外迁地,生态修复力度还得到进一步加强。在坝上地区实施 42 万亩以膜下滴灌为主要方式的高效节水工程改造,年节水 1600 万 m³。目前,坝上地区总体地下水位回升 46cm,标志着生态环境实现了逆转[②]。

天时不如地利,地利不如人和。有了这样一些地利和人工保护措施,呼啸南下的北风刮过张家口、承德等地,与经过建筑密集、开发强度较大的华北平原中南部地区大有不同。考察地形、气象对京津冀地区雾霾形成的影响,可以得出以下结论:

(1) 以北京为界,在整个京津冀地区,北京以北的空气质量相对较好,北京以南的空气质量相对较差。大体说来,越往北走,空气质量越好,越往南走,空气质量越差。同样在北京,北京空气质量的南北差异明显,南北区县的 $PM_{2.5}$ 浓度相差近一倍。北京市环保局发布的《2013 年北京市环境状况公报》显示,2013 年,北京各区县中,$PM_{2.5}$ 浓度最高的是大兴区,为 $107.8\mu g/m^3$,浓度最低的为延庆县,为 $68\mu g/m^3$。

(2) 西北风足够强劲,持续时间够长,京津冀地区的空气质量有所保证[③]。风力不足,"强弩之末势不能穿鲁缟"[④],华北平原中南部沉积大量的空气污染,污染物大范围累积,雾霾重重。"一无风,二无雨,就有霾",就此而言,在人工减排力度不足的情形下,京津冀地区的空气质量有一定的"靠天吃饭"色彩。

(3) 静稳天气[⑤]持续时间越长,污染越严重。并且,往往过后一天,污染状况,

---

① 耿建扩,等. 2014-05-14. 张家口生态环境得到有效恢复. 光明日报.
② 耿建扩,等. 2014-05-14. 张家口生态环境得到有效恢复. 光明日报.
③ 另外两种能在雾霾天改善京津冀地区空气质量的天气为降雨、降雪.
④ (汉)司马迁. 史记·韩安国传.
⑤ 静稳天气,指由于出现持续不利于扩散气象条件导致的污染物大范围积累。京津冀地区,秋季冬初一般为静稳天气的高发季节.

扶摇直下。2013年10月1日至10月7日,北京前雨、中晴、后雾霾。从10月5日开始,"空气质量和能见度将一天不如一天,主要原因还是污染物难以扩散,堆积在北京本地,形成雾霾"①。

特殊的地形、气象条件对京津冀地区雾霾的形成起到一定作用。但是,外因通过内因起作用,内因是事物存在的基础,规定事物发展的基本趋势。京津冀地区雾霾之重,归根到底,还是因为京津冀地区污染总量太大,超过了这一地区本身的环境容量和自净能力。京津冀三地处于不同的发展阶段,三地的经济、文化、社会结构不尽相同,大气污染呈现鲜明的地域特征。

京津冀三地地缘相接,地域一体,历史渊源深厚。有人形象地将京津冀三地比喻为"双黄蛋"。北京、天津这两座特大城市好比"双蛋黄",河北为包裹"双蛋黄"的"蛋清","蛋黄"与"蛋清"紧密相连,利益攸关。从地理、人文的角度看,京津冀三地山水纵横交错,来往密切。北京、天津两地的饮用水源几乎都发源于河北。北京、天津居民食用的许多农产品如板栗、鸭梨、小麦来自河北。北京、天津的外来移民中,河北移民居多。

就是这样一个地缘相接、人文相亲的区域,京津冀三地的发展差异极大,灯火辉煌与"灯下黑"、富裕与贫穷、用水无忧与干旱少水、光鲜城市与广大农村、"首善之区"与环京津贫困带、年轻移民扎堆的城市社区与留守老人儿童集中居住的空心村、"一房难求"与众多空城、发展高地与发展洼地,同时存在。

"看珠三角城市群,除了广州、深圳,引领风骚的是如虎门、乐从这样的一个个传奇小镇;看长三角经济区,除了上海、苏州,根深叶茂的是如江阴、昆山这样的一个个百强县市。提及京津冀经济圈呢? 则很容易让人想到鲁迅先生散文《秋夜》的开篇:'在我的后园,可以看见墙外有两株树,一株是枣树,还有一株也是枣树。'这孤独的两株枣树,一株是北京,一株是天津"②。

京津冀三地发展失衡,很大程度上,源于京津冀三地行政层级的不同,其决定了资源配置能力的高低。作为中国的首都,北京对于各种资源的吸纳有着与众不同的超强能力,其吸纳范围不仅局限在京津冀地区,而是全国,各种资源,源源不断,前赴后继,在北京高度集聚。作为北方重要的工业港口城市和中央直辖市,天津对资源的吸纳能力和影响力不能同北京并驾齐驱,但在北方也保持了一席之地。与北京、天津相比,河北在经济地位、产业结构、文化教育、政治话语权等方面存在较大差距,如图4-3。改革开放以来,北京、天津(尤其是北京)对于河北的"虹吸效应"从来没有扭转过。为了保证这两座特大型城市(也是中央直辖市)的运转,河北成为北京、天津重要的农产品供应地、水资源涵养地、生态屏障护卫地。"为北京服

① 王海亮. 2013-10-05. 国庆长假后三天北京雾霾天气将逐渐加重. 北京晨报.
② 苏北. 2014. 草木葱茏是生态. 半月谈,(8).

务"一直是河北各项事业中的重中之重。

图 4-3　发展落差巨大的京津冀地区

不同行政层级带来"内外有别"、"远近有异"的利益藩篱,京津冀地区发展落差巨大,在全国范围内实属少见。一些地方关起门来,设置障碍和条条框框,阻隔了生产要素在京津冀地区的顺畅流动。这张以断头路为主题的杂志封面深刻反映了京津冀地区的区域壁垒

资料来源:《国家财经周刊》,2014 年第 10 期

　　从京津冀三地发展质量、发展阶段看,将京津冀地区概括为"发达地区＋落后地区"的组合,或者"两座特大城市＋环京津贫困带及周边城镇乡村"的组合,或许更为贴切。这样一种基于不同行政层级、不同资源吸纳能力、不同发展路径、不同地域差异基础上的发展惯性经过几十年的淬炼,逐渐形成较强的路径依赖和利益藩篱,对京津冀地区的资源环境带来相当的负面效应。

　　京津冀三地,坐拥地利(首都)、人和(人才密集、科教发达)的北京正向国际科教文化中心、国际交往中心、高端制造业中心等领域深耕细耘。处于重化工业发展阶段的天津,工业(包括高端制造业)是重要的推动力量。同这两座拥有较多优势的直辖市相比,受制于人才、资金、技术、教育资源等掣肘,河北的工业以高耗能、高污染的钢铁业、水泥业、陶瓷业为主。以钢铁产量为例,有"世界看中国,中国看河

北"一说。2013年,河北粗钢、钢材、生铁产量分别为1.9亿吨、2.3亿吨、1.7亿吨[①]。一个极度缺水的河北拥有如此惊人的钢铁产能,对煤炭、水的消耗可想而知。"煤炭消费排放出大量二氧化硫,对大气环境造成很大影响。统计称,2012年河北二氧化硫排放量占京津冀的80.8%"[②]。发展阶段更为绿色、发展质量更高的北京、天津,实际上处于一个热火朝天的大工厂群之中。

　　大量外来人口涌入北京、天津,导致京津两地的用水需求激增,加上工业和城市生活污水排放,北京、天津的水资源污染与水资源短缺并存,加剧了京津地区本来就已十分紧张的水资源供需矛盾。作为北京、天津的"近邻",河北向北京、天津供水,自身的水资源捉襟见肘。为了保证人们的生产生活用水,无论北京、天津,还是河北,均存在不同程度地抽取地下水行为。经过多年的地下水超采,华北平原形成了世界上最大的"漏斗区","其中最大的一个漏斗面积多达8800平方公里,而这个面积,大约是北京市市区面积的12倍"[③]。漏斗区改变的不仅是地貌,也改变了这一地区的生态环境。因为缺水,许多地区的植被生长不彰,形成大面积的裸露性地表,加剧了这一地区的扬尘污染。

　　资源在北京过度集中,为人们带来了丰富的工作机会、发展机会,也使得北京中心城区的房价"高不可攀"。这是一枚硬币的两个方面。大量外来移民从四面八方涌入,却难以在北京市中心安家落户,只得将家安在离城市中心较远的地方。大体说来,离北京中心越远,房价越便宜。为了规避高房价,许多人将家安在五环以外甚至是六环外。他们在居住地与工作地之间周而复始的迁徙形成庞大的交通流、人口流、能源消费流和随之而来的空气污染流,可谓生命不息,奔波不止。粗略统计,河北燕郊大约有30万外来移民在此"安营扎寨",他们在工作日横跨北京、河北两省市,以"每天上演春运"的壮观场面,舟车劳顿,也为沿途带来大量的污染排放。

　　因为强大的资源吸附效应,北京中心城区的人口总量、生活成本、置业成本高高在上。安居方能乐业。为了满足大量工薪阶层的住房需求,靠近北京中心城区的通州[④]、大兴、昌平以及河北燕郊、廊坊等地区相继兴建了大量住宅,房屋林立,水泥森林既削弱了这一地区的生态涵养能力,也容易造成大气污染。假如未来北京的人口总量稳步抬升,"大规模的人口迁移并聚集居住于城市,对包括住房、交通

---

① 此处数据源自河北省冶金行业协会统计数据.

② 温蕾.2014-04-12.京津冀空气超标天数占65.7%比珠三角多一倍.新京报.

③ 中国之声《新闻纵横》.[2014-05-07].华北地下水超采严重已形成世界上最大"漏斗区".http://news. xinhuanet. com/local/2014-05/07/c_1110567813. htm.

④ 曾经称为"通县"的通州一度是"北京偏远郊县"的代名词。1958年以前,通县归河北省管辖。2000年以后,通州兴建了大量商品住宅,地理景观、人口结构、交通样态为之一变。至今,八通线都是北京拥挤程度极高的一条地铁线。

运输、医疗卫生、下水设施、城市绿化等各种公共服务设施都提出了更高要求,相关设施及建筑的建设和运行、维护都需要比以前更多的能源消耗"[1]。京津冀地区的污染总量也将保持相对高的水平。

4.1.2　京津冀雾霾成因的地形分析

图 4-4 展示了全国雾霾的分布情况,从图上看京津冀地区和河南省的部分地区雾霾最严重,以此为中心向周围区域扩展,包括了山东、山西、湖北以及长江中下游的其他地区,东北中部地区受污染的情况也是相对比较严重的。从雾霾的分布情况看,严重的雾霾区域都集中在华北、华中和华东地区,这是我国经济最发达的地区,雾霾的严重程度与经济发展水平呈正相关,说明不合理的经济发展方式是造成雾霾的根本原因。图 4-4 中的①②③④分别代表大兴安岭、太行山、巫山、雪峰山,这种"东北—西南"走向的山脉对于西北气流吹向东南进而将雾霾在更大的空域内疏散,也产生了一定程度的阻碍作用。再加上区域天气状况等多方面的原因,

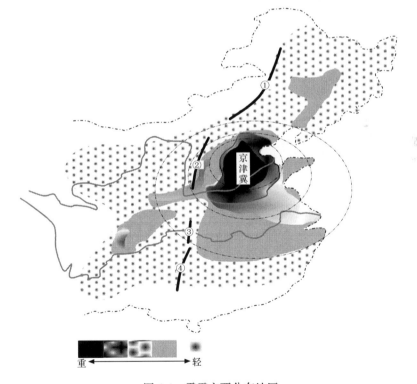

图 4-4　雾霾主要分布地区

---

① 中国科学院可持续发展战略研究组. 2009. 中国可持续发展战略报告——探索中国特色的低碳道路. 北京:科学出版社.

会导致雾霾长期聚集在某些区域而不能散开,对以京津冀豫为中心的地区造成严重的雾霾灾害。

　　人类社会在发展进程中要顺次经历"黄色文明→黑色文明→绿色文明"三个阶段,在科技水平不高的阶段,人们的生活条件虽然较差,但环境的破坏程度也相对较低。随着科技进步速度逐渐加快,人们有更多的能力驾驭自然,雾霾就是人类在谋求经济增长过程中的副产品。空气是一种公共产品,从经济学上"公地悲剧"理论出发,人们在消费公共产品的时候,由于能够多消费而不用付费,这就在更大程度上强化消费,但是无节制消费的最终结果是"资源耗竭"。雾霾就是"空气"这种公共产品的"公地悲剧"的结果。事实表明,消耗清洁空气也是需要付费的,这就需要在经济发展进程中有序利用资源,高污染、高排放企业一定要在环境能够承受的限度内行为自律,否则在为其他相关者造成负的外部经济效用的同时,自身也会受到负面影响。图4-4中展示的雾霾分布情况,虽然不一定所有雾霾都是产于本区域,但污染源头区域的雾霾严重程度应该是远远超过受影响区域的,从这个逻辑看,雾霾制造者不仅使自己饱受雾霾的危害,而且影响了周边地区。各个地区联手治理雾霾就成为治理雾霾的一个战略抉择。

　　各方面的数据表明,河北省的雾霾问题非常严重。中国环境监测总站的调查数据显示,河北省有4个城市被列入污染最严重的城市[①]。随后在一些其他官方数据显示,河北省的11个城市中有4个城市列入了全国10个具有重大污染的城市中,雾霾使得京津冀地区饱受困扰。京津冀是一体的,在区域上是可以进行行政区域划分的,但在空气以及水资源方面就很难进行行政区域划分,水和空气在某个区域受到污染后,会运动到与污染源所在区域毗邻的区域,从而相邻区域会承受污染源造成的负外部收益。区域经济可以"分头发展",雾霾却不能采取"分头治理"对策。雾霾是一个跨区污染问题,京津冀地区在雾霾问题上进行联防联治就显得非常必要。

　　在对京津冀地区进行雾霾治理的过程中,不仅要考虑$PM_{2.5}$一次源,而且要考虑SO_2和NO_x,同时要严格控制燃煤,能源结构中的煤依赖在很大程度上造成了$PM_{2.5}$污染。除了燃煤外,水泥、制砖、钢铁、交通等也是促成$PM_{2.5}$污染的主要原因。不同方式在促成$PM_{2.5}$的区域分布方面也是有差异的,燃煤、水泥、制砖、钢铁在河北省范围内的贡献远远高于京津地区,而北京交通对$PM_{2.5}$的贡献却要远远高于河北省。京津被河北省包围着,河北省产生的雾霾会笼罩在京津上空,京津地区产生的雾霾也需要通过河北省的上空进行疏散。所以京津冀任何一方在雾霾治

---

　　① 2013年1月13日,中国环境监测总站公布,全国污染最严重的前10个城市为:石家庄、邯郸、保定、北京、长春、唐山、沈阳、西安、成都、郑州。这10个城市中河北省有4个城市,保定和唐山是距离京津最近的城市。

理方面的贡献也都是对其他区域的贡献。由于京津冀三地产生雾霾的原因是有差异的,所以治理雾霾的措施也应该有针对性。对于北京,工业过程是一次源,能源和交通运输是二次源,这就需要在燃料结构、能源结构和产业结构等方面做文章,广泛采用除尘、脱硫脱硝等技术,并积极鼓励发展可再生能源。对于天津,水泥厂、发电厂以及钢铁厂等是 $PM_{2.5}$ 的主要来源,所以在关停一些企业的同时,要加强除尘和脱硫、脱硝,加强对污染物排放的治理。对于河北省,尽快关停钢铁厂、水泥厂以及焦化厂,强化高效除尘技术,在弱化工业过程这个一次源的同时,也要加强对居民和商业部门在能源消费方面的不合理行为。

　　图 4-5 展示了京津冀各个区域的产业状况,从图中可以看出,京津冀在雾霾联防联治过程中都应该承担责任,河北省虽然面积广大,并且将京津包围了起来。但处于主导风向(西北风)上游的张家口和承德,在产业构成中以非污染行业为主导。处于主导风向下游的区域和距离北京较远的河北省地区污染产业相对较多。图中的 $F_1 \sim F_7$ 分别表示石家庄、邯郸、衡水、邢台、沧州、天津、唐山可能对北京产生的影响。由于邢台和邯郸与北京距离较远,对北京影响不会很大。保定虽然距离北京较近,但保定的主导行业是汽车制造、新型能源、纺织和特色旅游,对北京的空气质量不会造成负面影响。“石家庄—衡水—沧州—天津—唐山”一线围绕北京形成弧状,构成“环北京污染弧”,“污染弧”涵盖的区域东南风和西北风交互作用,东南风将“污染弧”区域内的“问题空气”吹到北京,西北风则将北京区域内的“问题空气”吹向“污染弧”所在的区域。北京虽然已经关停了一批对雾霾具有影响的企业,但仍然有同类企业对空气质量产生负面作用。固定区域流动的雾霾是京津冀地区的现实状况,为了让京津冀地区有碧水晴天,从小范围内看,单纯从京津冀任何一个区域出发解决雾霾问题都不会从根本上解决问题,“联防联治”是解决问题的根本办法。

　　“联防联治”是将京津冀视为一个统一的系统,从区域统合发展角度认识问题的思维方式。由图 4-5 可以看出,北京周边对雾霾产生负面作用的城市并非均匀分布,北京南部和东南部高于西北部,在跨区划进行雾霾治理的过程中不能平均用力。区域性雾霾问题也对雾霾治理提出了一个新课题,在京津冀地区存在着“京消费、津冀埋单”或者“津冀消费、京埋单”的问题,如果在发展中“自己顾自己”,京津冀中的任何一个区域将会在“一个过程中得到的”,在“另外一个过程中失去”。京津冀三地之间这种博弈的最终结果是三地都是雾霾的受害者。既然在“污染弧”内(包括京津)都分布有污染企业,就需要三地携手在治理雾霾的过程中,不仅要从自己的“一亩三分地”着手,而且从行政区划外着手,让每个辖区飘出去的空气都是合格的,表面上看是对其他区域做贡献,实际上本辖区也是受益者。

　　由于地形和气象原因,因此直接影响北京的污染企业外迁至河北是不能解决雾霾和环境污染问题的。“雾霾”成为热词后,“北京咳”也成为热词,随后人们开始

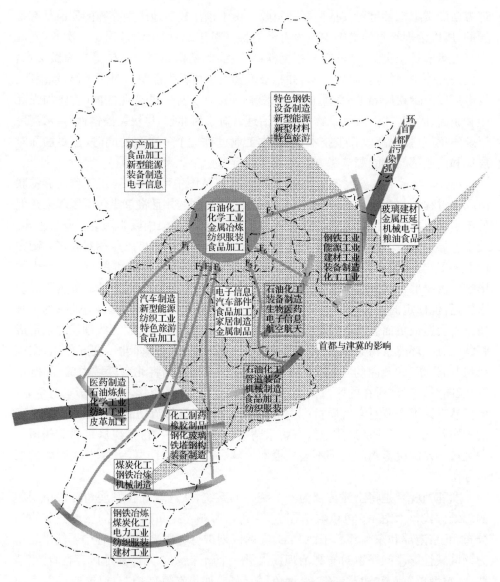

图 4-5　京津冀的主要产业分布状况

将注意力从地面转移到天空,人们虽然生活在地面上,但决定人们身体健康程度的
不仅取决于地面。"雾霾"是人们在索取资源的过程中对地面资源不合理开发而在
大气质量上得到的回应。雾霾不仅困扰着首都居民,也困扰着与首都毗邻的天津
和河北省。为了治理雾霾,人们首先想到的就是污染企业外迁。工艺过程的科技
含量较低以及关闭相应企业会为经济发展造成较大负面影响的情况下,外迁无疑
是最好的选择,但外迁就意味着将污染成本由其他区域承担。

　　为了改善北京的空气质量,有很多企业从北京迁到周边地区,这种用外迁企业的方法改善北京空气质量,是区域间的零和博弈,即"一个区域在环境治理中得到的又会在另外一个地方失去",环境质量不能得到总体改善。"污染企业外迁"实际上仍然没有改变"行政区划"的阈限,"地方保护"的思想不打消,区域携手综合治理雾霾就只能局限在理论层面。从世界大都市的发展历程看,在大都市发展到一定程度的时候,对腹地都要产生较大的辐射作用,这种辐射作用能够带动更大区域整体水平的提高。图 4-6 以上海为例,上海在得到充分发展的同时,其周边的城市都得到了充分发展,在上海周围出现了"群芳吐艳"的城市发展局面,在上海周边也没有出现"环沪贫困带"的问题。图 4-6 表示的一种以辐射为主的城市发展模式。大城市对周边地区的辐射力大于吸收力,促进了周边区域的发展,大城市与中小城市形成了很好的互动。在这种以辐射为主的城市发展模式中,不同城市之间虽然行政区划是清晰的,但不同行政区划之间已经在融合发展,不同行政区划之间在互利中实现双赢。在这种以辐射为主的城市发展模式下,大都市虽然会将更多职能外迁,但这是一种以互补发展为前提的外迁。京津冀一体化思路下治理雾霾不能有"甩包袱"的思想,"甩包袱"在环境治理中会出现"推诿"思想,不但不能从根本上解决问题,而且会让环境质量继续下降。在京津大都市建设过程中,都市职能向外围疏解势在必行,但在疏解职能的选择上必须将京津冀放在同一个平台上考虑问题,将职能疏解的目标定位在协作层面,将重心放在"解决问题"上而不是"转移问题"和"创造问题"上。

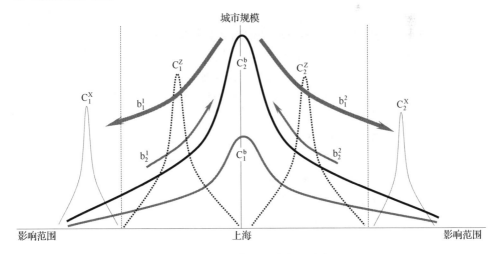

图 4-6   京津冀不对称发展示意

4.2　汽车尾气与雾霾治理

土地面积 21.6 万平方公里的京津冀地区,北京、天津两座特大城市作为两个狭小的点存在,河北,则是一个宽广的面。过去 10 多年间,北京、天津两个地狭人稠的点,汽车保有量激增,汽车①在局促的城市空间川流不息,所带来的尾气污染成为这两座城市大气污染的重要来源。

数据显示,2012 年,京津冀机动车氮氧化物排放量 68.2 万吨,占氮氧化物排放总量的 30%。其中,北京机动车氮氧化物排放量占本地区氮氧化物的比重达 45%,分别高于天津 28.8 个百分点,高于河北 13.9 个百分点。这表示,北京机动车尾气排放对大气影响最明显②。

4.2.1　汽车之城的崛起

从历史上看,北京迈入汽车社会用时之短,世界少有。北京机动车保有量从 2300 辆到 100 万辆用了整整 48 年。2003 年 8 月、2007 年 5 月,北京机动车保有量突破 200 万、300 万大关,分别用时 6 年半、3 年 9 个月。2010 年末,增加到 481 万余辆。2012 年 2 月,首次突破 500 万大关。2013 年末,北京机动车保有量为 543.7 万辆③,位居中国各大城市之首。

不同于高高直立的烟囱型煤烟排放,所有的机动车必须依靠车轮在道路行驶,尾气在 3 米之内的低空排放,这个空间与人类所呼吸的空间密切相关。在煤质欠佳、燃烧不充分的约束下,可以通过增加烟囱高度稀释煤烟污染。要降低汽车尾气污染,提升燃油品质、保证车速相对恒定,至为关键。提升燃油品质是技术问题。只要技术成熟,并非难事。保证车速相对恒定同城市规划、汽车总量等多种因素息息相关。车辆不多、道路通畅,大气的自净能力能化解汽车尾气污染。汽车运行可与城市环境形成良性循环。

北京、天津以"跑步化"的速度进入汽车社会。汽车数量在短时间内急剧增加,道路容量紧张、汽车高密度聚集、高强度使用,堵车俨然成为司空见惯的"家常便饭"。汽车本应具备的舒适、便捷等优势被过多的车辆和过低的车速所抵消。过犹不及,泛滥成灾,过多的汽车在京津地区演化为触目惊心的"汽车灾难"。

过去 10 多年间,一路"疯长"的汽车让北京跃升为世界知名的"首堵"——汽车

---

①　本文中的汽车等同于机动车. 作者注.
②　温蓓. 2014-04-12. 京津冀空气超标天数占 65.7%比珠三角多一倍. 新京报.
③　以上数据来自北京市交通委提供的公开资料及北京市统计局、国家统计局北京调查总队联合发布的《北京市 2013 年国民经济和社会发展统计公报》. 考虑到还有相当一部分汽车没有北京牌照,却在北京长时间行驶,北京实际的机动车保有量比官方公布的数字要高.

平均行驶速度逐年下降,道路交通的不确定性大幅提升,有时候就连抢救病人的急救车也无法及时赶到医院,尾气污染成为北京雾霾的重要来源。2014 年 4 月,北京环保局发布科研报告指出:北京市 $PM_{2.5}$ 来源中,区域污染占 28％至 36％。而在本地来源中,机动车的排放占到 $PM_{2.5}$ 来源的 33.1％[①]。

在历史上很长一段时间,北京的能源消费结构主要以煤炭为主,汽车尾气污染并不多见。1980 年 4 月末,胡耀邦同志同北京市负责同志就环保问题谈话,谈及北京的环境恶化情况:"北京市领导对首都污染,做了全面介绍:首先是空气污染,北京烧煤用量极大,一年要烧 2000 万吨标准煤,占燃料的 75％。因此产生的二氧化硫、二氧化碳,十分严重。首都的用煤大户,分别是首钢、电厂、炼焦、化工、民用。到了冬天,城里大小烟囱冒烟,空气污染程度超过国家标准 4～10 倍"[②]。

1980 年前后,北京"一年要烧 2000 万吨标准煤,占燃料的 75％。"当时,汽车在北京还是一种很昂贵、门槛很高的工业品。20 世纪 80 年代,北京堪称"自行车上的城市"。长安街上奔涌的自行车洪流,气势如虹。有一种玩笑的说法,长城、熊猫、自行车是中国的三大奇迹。长城代表中国的过去,熊猫的繁育水平反映中国的现在。蹬踏而行的自行车联系中国的现在和将来。骑自行车转动如飞,走街串巷,许多外国游客将其看作游览北京的最佳方式[③]。

2001 年之后,为了筹办奥运会,北京的能源消费结构迅速向"压煤用气用电"的方向转变,2009 年北京市消耗天然气 60 亿 m^3,占全国天然气总消耗量的 10％;北京市天然气消耗量占全部能源消耗量的 12％,远高于全国平均 4％的水平,清洁能源消耗量和使用比例均居全国第一[④]。

当北京的能源消费结构迅速"去煤化"[⑤],人们大规模用上天然气,因为庞大的汽车保有量及其所带来的汽车低速行驶,北京成为世界上因汽车尾气导致的空气污染最为严重的城市之一。迄今为止,尚未有一份精确的北京每天消耗多少燃油、产生多少尾气的研究报告。作为一座人流、物流、交通流惊人的特大型城市,北京的交通路况每时每刻都在变化,汽车尾气总量及污染状况因时因地而动。变中亦有不变。汽车尾气中含有上百种不同的化合物,其中的污染物有一氧化碳、二氧化碳、碳氢化合物、氮氧化合物、铅及硫氧化合物等。它们对人体产生不利影响。发生大面积、高频率、长时间的堵车,汽油不完全燃烧产生的尾气污染更是惊人,对人

---

① 邓琦. 2014-04-15. 北京 $PM_{2.5}$ 来源构成机动车尾气"贡献"达 3 成多. 新京报.

② 1980 年 4 月 26 日胡耀邦同志同北京市负责同志的讲话录音。胡德平. 2011. 中国为什么要改革——思忆父亲胡耀邦. 北京:人民出版社.

③ 樊良树. 2013. 霾城——北京 $PM_{2.5}$ 解析. 北京:中共中央党校出版社,77.

④ 殷丽娟. [2010-05-28]. 北京 10 个郊区县年底前将有 9 个接通管道天然气. http://news. xinhuanet. com/local/2010-05/28/c_12155013. htm.

⑤ 北京市计划,"十二五"期间,城六区(东城、西城、海淀、朝阳、丰台、石景山)要建成无煤区.

体健康的影响随之放大。

4.2.2　交通拥堵的迷思

为何北京在短时间内成为世界知名、触目惊心的"首堵"呢？除了飞速增长的汽车保有量这一因素外，还与北京的道路结构、城市形态、家庭规模有相当关联。

（1）环路出口"短板"迟滞环路系统交通效率。理论上，人们能将环路修得宽敞无比，将不断增长的车流引导到环路上，平衡北京整个路网的交通负荷。汽车上了环路，车速飞快，从而提高城市交通的运行效率，如表 4-3 所示。

表 4-3　北京的环路

环路	全长/km	全线通车时间	相关说明
二环路	32.7	1992 年	北京唯一的一条没有直接与高速公路连接的环路
三环路	48.3	1994 年	始建于 20 世纪 80 年代初期。1994 年全线按快速路标准建成通车
四环路	65.3	2001 年	在北京举行第十一届亚运会之前，四环路部分路段已建成。2001 年 6 月，整个四环路全部连成一体
五环路	99	2003 年	北京第一条环城高速公路
六环路	187.6	2009 年	北京市域连接新城和市区人口最多的高速公路

资料来源：作者根据北京市交通委提供的公开资料整理。

环路，顾名思义，永远围绕城市环绕运行。再宽广平坦的环路，汽车不可能永远在上面一路跑下去，必须要在一定的出口下来，进入相对逼仄的城市道路。目前，北京市中心区共有二环路出入口 116 个，三环路出入口 211 个，四环出入口 154 个，即在城市中心区域环路的出入口就达到 481 个之多[①]。以环路里程计算，可得出如下数据，如表 4-4 所示。

表 4-4　北京环路的出入口

环路	平均多少千米 1 个出入口/km
二环路	0.28
三环路	0.22
四环路	0.42

资料来源：作者整理。

环路的每一处出入口，成为连接相对逼仄的城市道路及宽敞环路的节点，好比一个硕大饱满的葫芦的口——口径不宽，一夫当关，万夫莫开，"千军万马过独木

---

① 杜志强. 2007.北京市环路现状及交通标志设置探讨. 交通工程,(1).

桥"。"葫芦的口"挤满了一定数量的进出车辆,后面的车流迟缓下来,进而影响整个环路交通系统的通勤效率。由于环路系统的相对封闭,只要一条环路同时有数处出入口成为堵车瓶颈,整个环路系统就可能彻底瘫痪。

(2)北京四围"睡城"蔓延,跋涉链条、拥堵效应层层传递。现代北京城市范围越来越广,不变的是,北京依然是座主次突出、中心鲜明的城市。二环内,集中了政府机关、企业总部、知名医院、重点学校等诸多机构。这些机构,位于寸土寸金的精华地段,如同一块强力磁石吸引人们前来工作、就医、上学。城市中心地段,房价一飞冲天,一般民众难以企及,因此他们退而求其次,在离城市中心较远的地方安家。大批民众聚居一处,将一些大型居住区变成有房无业的"睡城"。各种人口规模的"睡城"以"蔓延"的形式散落在老城周边,带来了严重的交通问题。早晨大量人流、车流向心交通,晚上大量人流、车流离心交通,周而复始的潮汐交通形成了循环不息的大面积"阻点"①,大量车辆以极低的速度蜗牛般爬行,再加上燃油品质不尽如人意,一再放大了北京的汽车尾气污染。

近年来,在回龙观、天通苑、霍营、望京之外,又涌现了一些新的"睡城"——北京房山、昌平县城、河北燕郊、香河、固安等地。尤其是河北燕郊、香河、固安等"睡城",购房者既不在这里工作,也不在这里缴税、消费,仅是早出晚归在此睡觉。他们的早出晚归构成了新的如同潮汐般往返的大交通群。前些年,回龙观、天通苑、霍营、望京等"睡城"为北京交通路网的外围堵点,现在,在这些外围堵点之外又增加了新的"睡城"、新的堵点。新旧堵点,遍地开花,"里应外合",让北京的拥堵效应顺着扩张后的城市半径一波一波向外延伸。早晚高峰,老"睡城"堵,新"睡城"也堵。当人们要走越来越远的路进城、出城,工作日每天必须实施两次身心俱疲的大迁移,这也意味未来相当一段时间,北京的交通状况不容乐观,汽车尾气仍将是PM$_{2.5}$的重要来源。

早晚高峰,北京路面拥堵,给特种车辆(如救护车、消防车、抢险救灾车)的运行带来了重重障碍。这张急于救火、寸步难行的消防车图片(图 4-7)反映了拥堵给城市运行带来相当的不确定性。

(3)家庭规模急剧缩小,为数众多的私家车并未满载。一部现代北京史,某种程度上,可以理解为家庭规模急剧缩小的历史。北京籍作家老舍先生的《四世同堂》以祁家四世同堂的生活为主线,描述了一户居住在胡同的北京大户人家的悲欢离合。20 世纪 80 年代以后,北京的家庭规模急剧缩小,大多为三口之家。孩子到了读书年龄,很多家庭买车,是为了孩子读书上学。父母望子成龙,望女成凤,心甘

---

①　北京的城市格局是一个中心,一张大饼,同心同轴向外扩展,北京的房价从中心到边缘呈现依次递减之势,大量的人群聚集在城市外围,形成了规模惊人的潮汐交通。有关此方面的论述,详见樊良树. 2013. 尾气围城——关于北京城市规划与空气污染的几点思考. 战略与管理,(5).

图 4-7　拥堵给城市运行带来更多的不确定性
资料来源：作者 2014 年 5 月 27 日下午 6 点半摄于北京西二旗

情愿为孩子当司机。每到上下学时间，学校周围往往是堵车的地方。其他时间，不少私家车的运行多以"一人一车"的形态出现。

　　家庭人口的小规模，决定了这个家庭的私家车日常所能装载的人员规模。这样一种情形，在今天的北京有日益固化的趋势。作者曾经撰写《北京治堵还有很大空间》一文提及这样一种现象："昨晚，一夜的秋雨，此时，旭日东升，能见度极佳。我看见，进城方向的小汽车，多为 1 人 1 车，1 辆、2 辆、3 辆……我一口气竟数到 12 辆。12 辆车只装载 12 人，也就是幼儿园一个小班的规模，可它占据的道路空间硕大无朋。相较之下，装载数十位乘客的公共汽车，所占据的道路空间，可说是微不足道。不过，公共汽车在交通高峰时段有一天然劣势，车大难掉头，只能等路况好转好才能艰难挪动。

　　"首堵"北京，早晚高峰，有多少 1 人 1 车，占据宝贵的道路空间，哪个部门做出过具体统计？汽车飞入寻常百姓家，为独来独往的个人化出行提供了便利。可是，任何一座城市的道路空间不可能无限扩张。如果一座城市不考虑道路空间的使用效率，一窝蜂的汽车全堵在路上，你堵，我堵，大家堵①。

　　大量并未满载的私家车行驶在道路上，消耗了不可再生的石油资源，占据了宝贵的道路空间，也削弱了公共汽车的竞争优势。"车大难掉头"，当发生大面积的堵

①　樊良树.2013.霾城——北京 PM$_{2.5}$解析.北京：中共中央党校出版社,157-158.

车,载客量大、体积大的公共汽车进退维谷。尽管公共汽车的票价相当低廉,享受
了政府的诸多补贴,但因为正点率、到达率、舒适度难以保障,还会促成更多的人积
极购车。

(4) 小区的居住形态使得人们出行有更多的独来独往色彩。1949 年后,北京
居民的居住空间迅速由胡同向单位大院转变。一个单位的人住在一起,形成了相
对独立、独具特色的单位大院文化。许多单位大院,粮油店、水果店、食堂、幼儿园、
门诊、体育活动场地应有尽有,便利了人们的生活,压缩了人们的外出频率。进入
21 世纪,随着住房商品化、小区化进程的加快,一个单位的人很少住在一个大院,
而是分散在北京不同行政区域的不同小区。楼上楼下的居民有可能"鸡犬之声相
闻,老死不相往来"。

小区是个很有意思的公共空间。这里,你可能用微信、QQ 等社交媒体同远在
武汉、远在苏州、远在哈尔滨的人们交流,但可能同楼上楼下的邻居一年到头不说
一句话。人们居住独门独户,其出行带有更多的独来独往色彩。这样一种个体性、
独立性,增加了小汽车的出行频率和汽车尾气污染。有的人兴致所至,打瓶酱油、
买包食盐都要开车。

汽车需要燃料推动,在运行过程中排放一定的汽车尾气。在可以预见的将来,
对环境更为友好、能源消费更为绿色的电动汽车还难以撼动常规化石燃料汽车的
主流地位。北京近些年来汽车保有量的大幅增长,汽车成为北京增长最快的化石
燃料消费者和推升 $PM_{2.5}$ 的重要来源。汽车燃油品质优良、发动机技术过硬、行驶
通畅的情况下,车多未必一定带来严重的尾气污染。纵观世界各大城市,北京的汽
车保有量并非世界之最,人均汽车保有量也非世界最多。问题的症结是,北京城市
单中心①的结构将北京的交通锁定在潮汐交通的轨道上。如果汽车在潮汐交通时
段长时间低速行驶、怠速行驶,汽油不完全燃烧产生强致癌物质。这些颗粒物在空
气和其他污染物发生化学反应,生成二次颗粒物,会对人体健康、地区环境造成巨
大伤害。

在北京城市结构大体定型的情况下,北京能否摆脱潮汐交通的锁定呢? 工作
日早高峰,大批住在"睡城"的人们要在单位时间内进城,进城方向一路拥堵,出城
方向顺风顺水,造成道路交通资源的巨大浪费和紧张。人们修再多的路,建再多的
立交桥,投放再多的交警,也难以缓解潮汐交通带来的巨大冲击。

要改变"尾气围城"的局面,治本之策当是逐步改变目前北京城市单中心的空
间格局,加强北京市中心之外的外围新城建设,构筑分工明确、相得益彰、人们通勤

---

① 清华大学教授曾昭奋指出,北京的城市建设,是在 1980 年代的基础上摊大饼,"面多了加水、水多了
加面",由二环到三环、四环、五环、六环。一个中心,一张大饼,使得人们进城、出城付出了高昂的时间成本、
经济成本、精力成本.

半径适宜的多层次、融合式空间结构。对于北京而言,下决心做"减法",把与首都功能不符的非核心功能适时适度剥离,向外围转移,从而减少京津冀地区巨大的发展落差。北京可以与周边区域共同发力,形成全球性的创新高地。北京重点做好总部研发功能,把创新成果的中试环节、产业化基地放在周边区域,共同打造创新链条和创新集群①。对于北京市中心之外的外围地区,发挥各自的比较优势、差异特色,宜工则宜工,宜商则宜商,宜农则宜农,建设有业、有住、有教育、有医疗、有生态的复合型新区,最大限度压缩人们的进城频次,降低京津冀地区的环境负荷。

但是,这一过程,不会一蹴而就。对于不少北京居民,一份北京户籍负载了太多的社会福利、心理愿景。从北京到河北,空间距离极其接近,心理距离却异常遥远。许多北京居民有"宁要北京一张床,不要河北一间房"的想法。唯有打破制约京津冀地区协同发展的政策屏障、政策壁垒,让各种生产要素在京津冀地区自由流动,多层次、融合式的空间结构才会最终形成。

4.3　燃煤与京津冀雾霾治理

长期以来,中国为亚洲首屈一指的煤炭资源大国、煤炭生产大国、煤炭消费大国。人们挖煤、用煤的历史源远流长。一座城市能否就近、方便获取煤炭,是这座城市能否快速发展的重要条件之一。孙中山先生在其《建国方略》中曾经专门指出:南方俗语有云:"无煤不立城"。盖谓预计城被围时,能于地中取炭,不事薪采,此可见其随在有煤产出也②。

孙中山先生的《建国方略》,高瞻远瞩,惠人深远,被誉为描绘中国现代化的第一份蓝图。孙先生撰写《建国方略》时,中国还顶着一顶"贫油国"的帽子,只有很少一部分人使用从外国进口的石油。1949 年后,随着大庆油田、玉门油田、江汉油田、华北油田、中原油田等油田的开采,我国的能源消费结构,煤炭、石油、其他类型能源的占比基本上稳定在 7∶2∶1。从 1949 年到 20 世纪 90 年代初,北京的能源消费结构也以煤炭为主。

20 世纪 90 年代以来,获益于中国经济的高速发展以及中国在世界范围内布局能源市场,北京的能源消费结构迅速向天然气转变。1987 年,华北油田天然气进京。北京中关园地区的 1000 多户居民用上了天然气。1997 年,陕甘宁天然气长途进京。有了充足的陕甘宁天然气源,北京天然气用户节节攀升,天然气管网建设节节推进。"陕气进京"也为北京的天然气汽车提供了有力的气源保障。1999 年,"神州第一街"——长安街,已有数百辆天然气公交车行驶。进入 21 世纪,为了

---

① 余荣华,靳博,杨柳.2014-05-28.京津冀一体化迎来新起点.人民日报.
② 孙中山.2011.建国方略.武汉:武汉出版社,191-192.

维护能源安全,国家确立能源进口来源地、能源运输通道多元化的战略,北京的天然气供应半径,更为开阔、漫长——天然气供应半径从国内延伸到遥远的中亚。2014 年 5 月 21 日,中国、俄罗斯签署高达 4000 多亿美元的天然气大单。从 2018 年起,俄罗斯向中方供应天然气。作为俄罗斯天然气南下的重要一站,北京也将用上俄罗斯西伯利亚地区的天然气。

大规模用气弃煤,能源消费结构日趋绿色、洁净,北京一马当先,成为京津冀地区煤炭总量消费绝对削减的佼佼者。中国能源研究会 2011 年底发布的《中国 2011 能源发展报告》显示,2005 年至 2009 年,中国煤炭消费总量急剧增长;北京是唯一累计增幅为负数的地区,煤炭消费量从 2005 年的 3069 万吨,降至 2009 年的 2665 万吨,累计增幅为 -13%;而河北累计增幅为 29%。2011 年,京津冀地区煤炭消费量达到 38420 万吨。其中,河北煤炭消费就超过 3 亿吨,占到京津冀地区煤炭总消费量的 80%,超过欧洲第一大经济体德国。

表 4-5　北京的多气源保障体系

气源地	地理位置	相关说明
华北油田	主要集中在冀中、冀南、内蒙古中部、山西沁水盆地等地	20 世纪 80 年代,华北油田向北京供应天然气,系向北京最早供应天然气的气田。如今,华北油田供气量减少,仍是北京天然气源地之一
长庆油田	位于陕甘宁盆地,地跨陕、甘、宁、蒙、晋五省区	我国第一条长途运输天然气管道即为陕京管道,把长庆油田天然气送到北京。目前,长庆油田正在建设"西部大庆"
塔里木油田	位于新疆塔克拉玛干大沙漠中,系中国陆上第二大油田	2005 年 7 月 28 日,塔里木油田天然气经过西气东输管道与长庆油田天然气混合输送,于 8 月 3 日进京。根据用气负荷,塔里木油田天然气可在天然气管网中调配混输,北京天然气供应由此多了一道保障
中亚阿姆河右岸气田	位于土库曼斯坦境内。土库曼斯坦石油天然气资源丰富,已探明天然气储备位列世界第五	根据中国与土库曼斯坦签订的协议,土方每年向中国供应 300 亿立方米天然气,为期 30 年
科维克金气田、恰扬金气田	位于俄罗斯东部,系俄罗斯在西伯利亚和远东形成大规模天然气工业的资源基础	根据中国与俄罗斯签订的《中俄东线供气购销合同》,自 2018 年起,俄罗斯向中国供应天然气。俄罗斯天然气经我国东北地区南下,标志我国天然气进口东北、西北、西南及海上四大通道的布局最终确立

资料来源:作者根据公开资料整理。

　　2011 年末,河北常住人口为 7240.51 万人①,煤炭消费总量在全国范围内超过令人瞩目的 3 亿吨。河北的能源消费结构如此偏重煤炭,很大程度上跟河北高耗能的钢铁、水泥、陶瓷、玻璃等产业密切相关。

　　长期以来,河北为我国第一钢铁大省,钢铁产量连续多年位居全国第一。距离北京不到 200 公里的唐山是一座因煤而建、以钢而兴的城市。早在 1878 年,在中国近代工业史上书写辉煌一页的开平矿务局即在唐山创办。开平矿务局创办之后,唐山的人口结构、市政建设、城市精神发生了巨大变化。当中国北方的大多数地方不知电为何物时,1906 年,唐山率先用上了电。从唐山运出的煤炭成为许多地方的工业粮食,从唐山运出的水泥成为中国沿海许多城市市政建设的原料。进入 21 世纪,多种因素的交相作用使得唐山的产业结构呈现鲜明的"一钢独大"色彩。唐山丰富的煤炭、铁矿石资源②、众多技术成熟的冶炼工人为唐山钢铁业一路添砖加瓦,钢铁产能在短短时间内迅速推高到亿吨规模。

　　主道上,红、蓝色的重卡"隆隆"驶过,扬起厚厚尘土。中午时分,工友们成群结队走出工厂,叫上一碗铺着辣子的牛肉板面,一阵大风扬尘袭来,买"酱香饼"的人背过身,卖饼人停了停,继续切饼。"早就习惯了。"一旁,生意正好的"板面"老板咧嘴一笑,对《第一财经日报》记者说。

　　这一排卖各种吃食活动板房的对面和两侧,数十家中等规模的钢铁企业比邻而居,高炉吐着白烟,货运卡车进进出出,不时有巨大撞击声从厂区传出。

　　这里是河北省唐山市丰润区东马工业区。几百米开外,是一个有 7000 人的村子——东马庄。被誉为"丰润母亲河"的还乡河在村东头流过,眼下这条河因污染严重,很难与母亲河的形象联系起来。

　　东马工业区只是河北唐山的一个缩影。唐山因铁而生,因钢而兴。当地流传着一句话:全国钢铁一半看河北,河北钢铁一半看唐山③。

　　"成也钢铁,败也钢铁",唐山的钢铁厂如此密集,钢铁产量如此巨大,以煤烟型污染为特征的大气污染十分严重,成为京津冀地区大气污染的重要来源。唐山居民有"唐山污染中国第一,丰润污染唐山第一"④的说法,这并非空穴来风。根据河北省的统计数据,2012 年,唐山能源消费量达到 9794 万吨标准煤,占到河北省的 32.5%;唐山大气主要污染物二氧化硫和氮氧化物的排放量分别达到 31.8 万吨、39.2 万吨,均居河北首位。

　　燃煤污染给京津冀地区空气质量带来诸多影响,尤其在燃煤量大的冬季,工业

---

①　此处数据来自河北省统计局提供的公开资料.

②　唐山矿产资源丰富,已探明的铁矿资源达 62 亿吨,仅次于辽宁鞍山,为中国三大铁矿集中区之一.

③　秦夕雅. 2013-12-24. 唐山削产能样本:"钢铁巨人"的艰难转身. 第一财经日报.

④　丰润为钢铁厂集中的唐山钢铁重镇.

图 4-8　搏

资料来源:《搏》,张大鹏绘制

燃煤污染、采暖燃煤污染的叠加,使得京津冀地区的煤烟型污染居高不下。煤烟型污染物主要有烟尘、二氧化硫、氮氧化物、一氧化碳等。这些污染物可以通过呼吸道进入人体。

早在 2004 年,为唐山带来污染的钢铁业就受到国家环保总局的通报批评,"暗查对象均无环保审批手续;几乎没有污染治理设施;生产工艺多为国家已明令禁止的淘汰落后工艺,有的企业还在新建落后的生产设施;多数企业气体浓度超标,污染严重,资源浪费"[1]。但由于钢铁价格在此后一段时期处于相对平稳的上升空间,产销两旺的唐山钢铁业一直没有走出"屡整治、屡建设、屡污染"的怪圈。唐山的钢铁产能扩张不仅为地方带来实实在在的就业机会、财税来源,也为银行、电力、供水、煤炭、运输、餐饮等相关行业带来丰厚的发展机会。

利弊相生。2004 年以后,唐山的钢铁产能高歌猛进,在给唐山带来巨额经济收益、众多就业岗位的同时,也催生了严重的大气污染。根据国家环保部逐月发布的全国 74 个重点城市空气质量报告,2013 年 3 月、6 月、7 月,唐山的空气质量均为全国倒数第一。

"事实上,京津冀地区的钢铁行业大气污染排放问题,一直是环保部大气污染监管盯得最紧、但也是最头疼的难题。据记者了解,环保部各级官员去年(2012年)以来在不同场合纷纷表达对以京津冀为代表的华北地区钢铁业污染的严厉批评。最近一次表态是在 10 月 23 日,环保部科技标准司司长熊跃辉直称,环保部今

① 秦杰,邹声文. [2014-08-23]. 唐山钢铁行业污染严重近日受到环保总局通报. http://news. xinhua-net. com/st/2004-08/24/content_1871084. htm.

年初针对华北近 300 家钢铁企业进行排查后发现,其中 7 成以上企业都存在超标排放问题。而颇为无奈的是,目前整个华北地区的钢铁企业均为未通过环评的"黑户",对其监管一直处于空白状态"①。

唐山以钢铁业而兴盛,以钢铁业而污染,又因为压缩钢铁产能而荆棘丛生。这样的发展困境,在河北并非孤例。平心而论,造成这种困境的原因是多方面的。为了迎接奥运会,以首钢搬迁为契机,北京向河北外迁了大量的工业企业。工业企业向河北大范围转移,为北京解压降负,释放了大量的发展空间。但在实际生产过程中,诸如首钢、北京化工厂之类的重工业很难不给河北带来一定的污染。工业生产大省——河北承载了如此巨大的工业生产能力以及随之而来的工业污染,河北的环境容量一再遭到挤占、挤压。与之相对,随着大量北京工业企业外迁河北,北京本地的工业污染大幅下降,经济结构迅速向第三产业深耕细耘。

当北京的经济结构迅速去重工业化,这并不意味北京不需要高耗能的重工业产品。为了满足北京旺盛的重工业品需求——以房地产为例,就需要钢筋、水泥、陶瓷、建材等多种工业品。北京外围的河北,激发了旺盛的生产能力,其经济结构向高耗能、高污染的重工业转化的趋势明显。毕竟,常住人口超过两千万、消费力量惊人的北京,对河北而言,是一个近在咫尺、无法忽视、寸土必争的巨大市场。如今,国际国内双重因素的叠加使得河北的钢铁、水泥等行业的产能严重过剩,在京津冀地区雾霾治理一体化的大背景下,河北的很多企业处于停产、压缩产能的阵痛。经济结构较为单一的唐山,压缩钢铁产能的困境,扑面而来,值得人们高度关注——统计数据显示,目前唐山钢铁工业规模增加值仍居全市首位,是第二名装备制造业的 2.4 倍。初步测算,完成 4000 万吨削减产能任务后,40 多万就业人员需要安置,几年内影响直接和间接税收 370 亿元。

在唐山南城的小集工业区,坐落着数家年产能在 200 万吨以上的中型民营钢厂,在外界看来,它们很可能成为这轮削减产能重点"开刀"对象。

"钢厂现在很迷茫,一方面不能停产,一方面还要想尽一切办法降低成本维持生产。"瑞丰钢厂的一位销售处负责人坦言,如果未来市场持续低迷,又有硬性的削减产能政策出台,民营钢厂势必会减产,减产就意味着减员。

该负责人说,一个产能 300 万吨的钢厂,可以吸纳的工人就在五六千人,加上家属就是几万人,一年纳税接近亿元,是各级区县的就业和纳税大户。以此类推,削减 4000 万吨产能,很可能会有一半的企业倒掉,将影响几十万工人的饭碗。

前述丰润区民营钢厂负责人说,"在唐山几乎每家每户都与钢铁有关,这里的孩子上大学大都是学的机械制造、自动化等与钢铁产业相关的专业,如果没有配套的就业转移政策,一旦出现大规模的削减产能,产业工人就业安置、家庭生活等将

---

① 郭力方. 2013-11-06. 京津冀治霾恐成持久战:利益纠葛深,资金缺口大. 中国证券报.

成为严重的社会问题"[1]。

　　唐山一地的环境容量不可能容纳如此巨大的钢铁产能和污染总量,淘汰过剩产能、恢复环境空间、降低污染总量,是京津冀地区雾霾治理一体化的必由之路。这一过程,绝非坦途。"在唐山几乎每家每户都与钢铁有关",换言之,唐山的许多居民同钢铁业的兴衰荣枯有着千丝万缕的关联。如果单位时间内以行政命令强行压缩钢铁产能,包括在岗职工、退休职工及其家属的安置会带来一定的社会问题。对于唐山这样一座特色鲜明的"钢铁城市",压缩钢铁产能还面临"钢铁财政"大幅下滑的窘境。企业职工安置需要花钱,环境治理需要花钱,培育新生经济增长点需要花钱,如此巨大的资金投入,如此艰难的转型,是否该由唐山一地全部承受呢?

　　京津冀地区雾霾治理一体化,追到根本,要改变目前高耗能、高污染的生产生活方式。假如未来北京、河北两地的经济发展不能相容互补,河北转变经济增长方式、调整能源消费结构没有多大改观,北京、天津的空气质量难以长治久安。北京、河北、天津三地山水相连,唇齿相依,只有三地的空气质量同时好转、齐头并进,这一地区的空气质量才会"固若金汤"。

　　通过本章的分析,可以得出结论,京津冀地区的雾霾总体原因是经济快速发展过程中的环境污染加速和治理能力滞后造成的,然而各地经济发展的不平衡,污染源的比重各有侧重,治理方式也有所不同,各地面对污染采取分而治之的办法,并不能从根本上解决雾霾和大气污染问题。若要从本质上解决问题,还要回到经济发展的一体化上去找办法。

---

① 刘溪若. 2013-11-28. 钢城唐山减产治污之困. 新京报.

第 5 章　煤的清洁化利用与京津冀雾霾治理一体化

┌─────────────┐
│ 阅读提要 │
└─────────────┘

　　PM$_{2.5}$ 等污染物的排放与近年来煤炭消耗量激增有直接关系。由于替代能源有限,降低煤炭在我国一次能源消费中的比例相比发达国家艰难得多,历程也将长得多。随着我国经济的快速发展,我国煤炭的需求量还将持续增长,面临巨大的能源供应压力。以本国能源资源为基础,在经济能力许可、能源供应可以保障的前提下,通过煤炭的清洁化利用技术,尽可能提高能源效率,减少能源消费量,是现阶段我国解决能源安全问题、应对雾霾挑战的重要发展方向。因此,我国通过煤炭清洁化利用,提高煤炭的利用效率,节约能源,显得更加迫切,解决煤炭清洁化利用问题,是当前治理雾霾的直接抓手。

　　从国外应对雾霾和治理大气污染的经验来看,雾霾的主要成分以传统化石燃料消耗所产生的污染物排放和工业污染为主,因此其治理过程首先是限制化石燃料排放,然后是控制工业污染,最后制定全面的空气质量标准。其中各国依据资源禀赋不同采取了不同的办法,例如,法国大力发展核电,英国大幅度减少煤炭消费,美国采取石油和汽车尾气的清洁化、引入清洁能源等,日本则采取大量倡导节约、采用核电等清洁能源等办法。因资源禀赋不同采取不同的应对办法也是唯一的途径。中国的资源禀赋是多煤、贫油、少气,且资源分布不均衡,因此我国形成了以煤为主的能源结构,我国能源资源结构决定了能源的发展呈现多元重叠趋势,在较长时期内,煤炭等化石能源的清洁利用至关重要。而从现实看,通过不断超越的技术,化石能源在污染物及温室气体排放方面也可以降到甚至比可再生能源还低,洁净煤即其中之一,而这也是燃煤电厂在技术革新方面孜孜以求的动力所在。

　　2012 年全球一次能源消耗约为 178.2 亿吨标准煤,其中化石能源占 87%,煤炭占比 29.9%,为 1970 年以来的最高水平。而且全球煤炭消费净增长全部来自中国,我国煤炭消费量首次超过全球的 50%,日本和印度的用煤量同比增幅较大,因此洁净煤的发展不仅是中国需求,也是世界需求。

5.1　煤的清洁化利用的必要性

　　随着雾霾问题的日益加剧,一时间被称为黑金的煤炭似乎和污染画上了等号。

煤炭是否就是人们想象中的高污染呢,其清洁利用的技术又如何,其必要性和可行性如何呢? 在煤炭行业内,早已使用煤炭清洁化利用技术,只是在普通人的意识里,煤炭的这种转换也很难让其和"清洁"二字画上等号。2014 年 8 月 15 日,青岛特利尔股份公司董事长李瑞国在出席"煤炭清洁化利用与洁净煤技术发展论坛"时感慨道:"大家一提起煤就觉得有污染,其实煤炭完全可以变成清洁能源。大家对于清洁能源太局限了,媒体应该多为煤炭清洁利用正名,其实所有低排放的清洁利用的技术体系都可以成为清洁能源。"

5.1.1　环境资源会枯竭

中国工程院院士、动力机械工程专家倪维斗认为,未来几十年能源问题的核心是煤的清洁高效利用。他分析说,能源问题和环境问题是人类可持续发展的永恒课题。人口不断增多,国家 GDP 的增长对人均能源的需求也越来越大。这两个因素导致能源总量的需求不断上升。而地球能源供给很难承担和满足人类不断增多的能源需求。所以,人类需要靠自己的智慧和对大自然的认识来处理不断发展的能源问题。能源资源的有限性提出这样一个问题:"能源资源被完全开采之后怎么办?"倪院士的观点是:能源资源还是有的,并且处于不断被发现的过程中,如北冰洋和海上还有很多未开采的资源。真正濒临枯竭的是环境资源,人类在消耗光煤、石油、天然气等能源资源之前首先会消耗掉地球的环境资源。气候变化、全球变暖会引起很多全球突发性事件。全球气候系统是包括大气环流、海洋环流等在内的大系统,其平衡性很脆弱,人类活动的干预将对环境产生不可逆的影响。$PM_{2.5}$ 也是近年来国际社会广泛关注的环境问题,其问题产生的来源非常广泛,主要来源于燃煤和汽车燃油的燃烧。我国的能源结构中 70% 以上依靠煤,煤在燃烧过程中产生很多污染物,对大气的污染非常严重,提高燃油品质也无法一蹴而就。在能源结构短期内无法大规模调整的现实状况下,如何加大煤的利用效率就成为一个重要的问题。

从全世界的角度来看,煤、石油和天然气到 2030 年还是最主要的能源来源,占全世界能源来源的 75%～78%,核能、水电和可再生能源占能源来源的 20% 左右,在可预计的未来,用新型能源完全代替传统能源实属不易。中国未来的能源格局是:到 2050 年,可再生能源、核电和天然气大规模开发,煤占能源总量的 40% 左右,人均消耗能源每年 4 吨标准煤,与现在人均能源消耗每年 2.7 吨标准煤相比,增幅不大。

经过全球科学家的预测,到 2050 年,地球的平稳运行要求二氧化碳的排放量为 1990 年的一半,即 104 亿吨。按照人口比例计算,中国须将二氧化碳的排放量减小到 25 亿吨,这是很艰巨的挑战。

二氧化碳的减排主要从煤的燃烧和使用上下工夫。目前比较好的方法之一是煤不直接燃烧,先将煤气化,合成气的成分主要是一氧化碳、氢气和一部分二氧化碳,在气化过程中净化了硫、氮和汞。合成气可用于发电、做燃料、生产化工产品,也可以将这些过程结合起来,提高利用效率。未来煤使用的途径主要是气化、净化、多联产,产生电、化工产品和液体燃料等,这种处理方式产生的污染物比较清洁,效率比直接燃烧和单独生产提高 10%左右。总而言之,煤的清洁高效利用是解决我国能源问题的核心①。

5.1.2　中国的资源禀赋需要煤的清洁化利用

煤炭是世界上最丰富的化石燃料。煤炭资源具有地理分布广泛、储量丰富、价格低廉且稳定等特点,在世界能源格局中担负着重要的角色。近 20 多年来,受世界经济增长、人口增长及世界人均能源消费量增加等因素的影响,世界一次能源消费总量持续增长。石油仍然是主导性燃料(占全球总消费量的 33.1%),但其所占份额连续 12 年下降。煤炭在总能源消费中占比继续上升。我国能源资源禀赋以煤为主,在我国能源结构中的地位更加重要。煤炭在我国能源生产结构中的比重在 75%左右,而国际上才占 30%左右。由于替代能源非常有限,降低煤炭在我国一次能源消费中的比例相对于发达国家艰难得多,历程也将长得多。随着我国经济的快速发展,我国煤炭的需求量还将持续增长,面临巨大的能源供应压力。以本国能源资源为基础,在经济能力许可、能源供应可以保障的前提下,通过煤炭的清洁化利用技术,尽可能提高能源效率,减少能源消费量,是现阶段我国解决能源安全问题的重要发展方向。虽然我国煤炭资源总量丰富,但与世界主要产煤国家相比,我国煤炭资源并不丰富。人均煤炭资源占有量仅为美国、俄罗斯等国的 1/6~1/3,储采比低于世界平均值,因此我国更需要加强煤炭资源的清洁化高效合理利用,减少能源浪费②。

因此,我国通过煤炭清洁化利用,提高煤炭的利用效率,节约能源,显得更加迫切。解决煤炭清洁化利用的问题,是当前我国能源发展的重要任务。2014 年 8 月,国家能源局牵头编制的《清洁煤炭发展利用行动计划》编制工作已经完成,并已报送国务院,其中对煤电项目中"粉尘、硫化物、氮氧化物"的标准规定了必须达到或接近现有天然气发电水平。

5.1.3　煤的清洁化利用是治理大气污染的最直接手段

传统煤炭利用方式能源效率低,造成煤炭资源浪费,制约煤炭能源的可持续发展。廉价且丰富的煤炭与清洁化开发利用技术相结合,通过煤炭的清洁化利用技

---

① 倪维斗. 2014-06-05(3). 能源问题的核心:煤的清洁高效利用,中国气象报.
② 蔡念庚. 2013. 煤炭清洁化利用是解决能源环境问题的重要方向. 煤炭经济研究,(7).

术,尽可能提高能源效率,减少能源消费量和环境污染,在保障能源安全、促进经济发展和能源脱贫方面将起到重要作用,是解决大气污染问题的最为直接和快捷的途径。

近年来,我国华北和中东部地区大范围持续出现严重雾霾,对人民身体健康产生极大危害,$PM_{2.5}$ 受到社会各界极大关注。2012 年全国两会将 $PM_{2.5}$ 列入政府工作报告,并写进了《环境空气质量标准》。$PM_{2.5}$ 等污染物的排放与近年来煤炭消耗量激增有直接关系。我国煤炭消费总量的 80% 以上用于煤炭燃烧,煤炭利用的低效、资源浪费、污染物排放严重等问题,制约煤炭能源的可持续发展,节能减排压力巨大。近年来,我国煤炭开发利用污染防治工作稳步推进,成效明显,但污染物排放总量仍较大。我国 CO_2 排放量 60 亿吨以上,约占世界排放总量的 20%,其中煤炭利用占 82%。煤炭利用过程造成的严重空气污染对全面建设小康社会构成挑战。全国 2/3 的城市不能达到环境空气质量标准;如果考虑 $PM_{2.5}$,不达标城市的比例进一步升高;煤炭使用过程排放的污染物是 $PM_{2.5}$ 形成的重要来源。

在全球推行节能减排、低碳排放的大背景下,高耗能、高排放、高污染企业的节能减排工作一直是大众关注的焦点。我国在哥本哈根国际气候会议首次提出具体的温室气体减排目标:到 2020 年单位国内生产总值 CO_2 排放比 2005 年下降 40%~45%,并作为约束性指标纳入国民经济和社会发展中长期规划。目前,煤炭利用排放的 CO_2 约占我国 CO_2 排放总量的 82%,预测到 2020 年和 2030 年,燃煤排放的 CO_2 仍将占 CO_2 排放总量的 60% 以上,分别达 74.88 亿吨、75.03 亿吨。我国 CO_2 排放量的快速增长,尤其是人均排放量的增长,对我国以煤为主的能源消费结构、粗放型的经济增长方式提出了严峻挑战,煤炭使用面临巨大的国际碳减排压力。面对气候变化等国际压力,我国实现煤炭清洁化利用显得更加迫切。

清洁高效利用煤炭一直是我国坚持的重要能源战略政策。在实际应用领域,很多节能政策都适用于煤炭的清洁高效利用,在煤炭开采、电力、金属冶炼、化工等领域也有很多与煤炭利用密切相关的节能政策。在新兴能源产业规划中,煤炭的清洁高效利用被提到了重要的地位。传统能源改造升级和清洁新能源的开发利用是能源战略不可偏废的两个方面,并且在新能源占比很小的情况下,前者更是起到了不可替代的作用。

清洁高效利用煤炭具有很高的经济价值。我国目前的煤炭利用率与发达国家相比较低,还有很多低成本的清洁高效用煤技术可以采用。如煤炭气化技术,将煤转变为煤气,能提高煤炭的利用效率。即使成本较高的清洁高效用煤技术,与其他一些可再生能源技术相比,也有很高的成本优势。如果投资 1000 亿用于光伏,以目前的成本可以建设约 200 万千瓦的装机容量,按照现在国内的平均煤电耗煤量,每年可减少用煤 178 万吨;而如果 1000 亿投资超临界发电设备,可建设约 2000 万千瓦的装机容量,按照每千瓦时节约煤 57 克计算,每年可节约用煤 570 万吨[①]。

清洁高效利用煤炭在技术上具有很大的提升空间。我国目前煤炭利用效率较低,提升空间很大。煤矸石的利用率只有 44.3%,造成大量煤矸石堆放,占据土地、污染环境。在煤电领域,日本、德国等发达国家的煤耗水平约为 300 克/度,而中国多煤、贫油、少气的资源结构,以及可再生能源短期内占比很小的现实决定了未来很长一段时间内煤炭仍将是我国的主体能源。煤炭的清洁高效利用成为我国能源发展的战略选择,也是当前应对雾霾、治理大气污染、实现节能减排最重要和最现实的手段。

5.2　煤的清洁化利用技术的发展

我国煤炭资源总量 5.9 万亿吨,占一次能源资源总量的 94%,而石油、天然气资源仅占 6%,且增产难度大,对外依存度约为 58% 和 30%。根据中国煤炭工业协会研究预测,到 2020 年全国煤炭消费量将达 48 亿吨左右[②]。在未来较长时期内,煤炭仍将是我国的主体能源。为更好地推进我国煤炭资源清洁高效利用,本节细致地梳理煤炭清洁化高效利用技术,以便对其利用必要性建立更为深入的认识。

面对煤炭利用带来的污染问题,从技术层面看,有分析人士指出,煤炭污染是技术现实问题,并非是煤炭自身不可克服的问题。原因在于开采、加工和利用过程中的粗放方式引起的现有污染问题。从技术实践看,煤炭在开采、转化、发电与终端消费等过程中,存在着巨大的清洁化空间,其利用效率之高、污染物排放之少,甚至不亚于使用天然气。如在中小型电厂、工业锅炉方面,有水煤浆技术、煤粉燃烧技术等,有的燃烧效率达到 99% 以上,排放出的灰渣是白色石灰粉,可以直接他用;燃煤电厂技术改造后,烟尘、二氧化硫、氮氧化物、汞的排放可以达到燃气电厂的排放标准。因此,与当前各地为确保实现环保目标而纷纷上马"煤改气"项目相比,加快推进煤炭清洁化利用技术的推广,更具现实性和紧迫性。

5.2.1　中国煤炭清洁利用技术发展简况

煤炭清洁利用技术就是指以煤炭洗选为源头、以煤炭高效洁净燃烧为先导、以煤炭气化为核心、以煤炭转化和污染控制为重要内容的技术体系,主要包括煤炭加工、煤炭高效洁净燃烧、煤炭转化等技术手段。近年来,随着我国经济的快速发展,煤炭的生产量和消费量节节攀升,我国已经成为全球最大的煤炭生产国和煤炭消费国。因此,发展煤炭清洁利用技术,对发挥我国煤炭资源优势、提高能源效率、加

① 汤斐. 2011. 浅析我国煤炭清洁高效利用的必要性和可行性. 现代商业, (12).
② 于孟林. 2014-06-23(11). 煤炭清洁利用应加快推进. 中国能源报.

强环境保护、实现可持续发展具有重要意义。按照煤炭开发利用的流程来看,其清洁化技术主要有如下几类[①]。

1. 煤炭加工技术

煤炭加工技术主要包括选煤技术、型煤技术和水煤浆技术等。

(1) 选煤技术。物理选煤和物理化学选煤技术是实际选煤生产中常用的技术,一般可有效脱除煤中矿物质和无机硫(黄铁矿硫),化学选煤和微生物还可脱除煤中有机硫。我国主要选煤方法以跳汰、重介质和浮选 3 种工艺为主,其中重介质洗选生产工艺占的比重最大。目前,由我国自行研制开发的洗选设备已满足 4Mt/a(百万吨/年)选煤厂的建设需要,跳汰机、重介质分选机、无压入料重介质旋流器、浮选机等许多设备已形成系列,接近或达到国际先进水平。

(2) 型煤技术。型煤技术即用机械方法将粉煤和低品质煤制成具有一定粒度和形状的煤制品,以减少烟尘的排放量,高硫煤成型时可以加入适量的固硫剂或催化剂,以减少二氧化硫的排放。我国型煤技术的发展比较缓慢,起步也比较晚。20世纪 50 年代后期,我国开始研究民用型煤,直到 20 世纪 60～70 年代,国内才开展了大规模的民用型煤研究。目前,我国的民用型煤技术已达到国际先进水平,拥有机械化加工生产线。造气型煤也一直受到相关部门的高度重视。

(3) 水煤浆技术。水煤浆是一种新型煤基流体代油燃料,可在工业锅炉、电站锅炉和工业窑炉中燃烧,也可作为气化原料生产合成煤气。近年来,我国水煤浆技术迅速发展,水煤浆制浆用原煤范围进一步扩宽,从长烟煤、褐煤到贫煤和无烟煤,特别是低阶煤制高浓度水煤浆获得较大成功。目前,我国自行研制的水煤浆燃烧技术已经在国际上处于领先地位,并达到产业化推广应用阶段。

2. 煤炭洁净燃烧技术

煤炭洁净燃烧技术主要包括整体煤气化联合循环发电、循环流化床燃烧锅炉、改进燃烧和直接燃煤热机等。

(1) 整体煤气化联合循环发电技术。通过将煤气化生成燃料气,驱动燃气轮机发电,其尾气通过余热锅炉生产蒸汽驱动汽轮机发电,使燃气发电与蒸汽发电联合起来,发电效率达 45%。我国对整体煤气化联合循环的关键技术研究起步较晚,在"九五"期间才启动有关整体煤气化联合循环工艺、煤气化、煤气净化、燃气轮机和余热系统等方面的关键技术研究。目前,国内在整体煤气化联合循环系统研究和一些关键技术开发方面已得到一批中间成果,形成了较好的技术基础。

(2) 循环流化床燃烧锅炉技术。该技术煤种适应性广,燃烧效率高,脱硫率可

---

① 本部分主要参考了李艳红. 2010. 中国煤炭清洁利用技术发展概况科技创新与生产力,(9).

达 98%,NO_x 和 CO 低排放是重要的节能和洁净燃烧技术。目前,我国循环流化床燃烧技术的研究开发基础较强,采用自有技术开发,已具备设计制造 410 吨/时以下等级循环流化床锅炉的能力,占据国内大部分 75 吨/时等级以下的循环流化床锅炉市场。

3. 煤炭气化技术

(1)煤炭气化。煤炭气化是指煤在特定的设备内,在一定温度及压力下使煤中有机质与气化剂(如蒸汽/空气或氧气等)发生一系列化学反应,将固体煤转化为含有 CO,H_2,CH_4 等可燃气体的过程。近几十年来,我国在研究与开发、消化引进技术方面做了大量工作,先后从国外引进的煤气化技术多种多样,应用于中国市场的主要有粉煤流化床气化工艺、气流床气化工艺和固定床加压气化技术,通过对煤气化引进技术的消化吸收,尤其是通过国家重点科技攻关,对引进装置进行技术改造并使之国产化,使我国煤气化技术的研究取得了重要进展。目前,我国近 80%中小型化肥厂的造气工艺仍然采用固定层常压间歇气化炉。随着煤气化技术大型化发展,流化床技术将是新的煤气化技术的发展方向,对煤的块度和煤种的要求进一步扩展。近年来,我国在煤炭气化方面进步也较大,通过引进和自主开发,目前已经掌握了多喷嘴水煤浆新型气化炉、加压粉煤流化床气化炉、灰熔聚常压流化床气化炉等新型煤炭气化技术,使得我国工业生产方面单位能耗大幅度降低。

(2)煤制天然气技术。煤制合成天然气就是煤经过气化产生合成气,再经过净化处理,最后甲烷化合成热值大于 $33.49MJ/m^3$ 的代用天然气。目前,国内在煤制天然气项目中,除了甲烷化装置中的个别设备需要引进外,其他技术装备均为国产化,可以保证项目技术先进、成熟可靠。

(3)煤炭地下气化技术。煤炭地下气化是通过直接对地下蕴藏的煤炭进行可控制性的燃烧,从而产生煤气后输出地面的一种能源采集方式。我国是世界上煤炭地下气化技术开发研究较早的国家,长通道、大断面、二阶段气化技术的创新特色,不断显示出成效。2009 年底,内蒙古新奥煤炭地下气化项目成功实现了煤炭地下气化燃烧发电,首次在我国建立了一套日生产煤气 15 万 m^3 的无井式煤炭地下气化试验系统和生产系统,为我国开展无井式煤炭地下气化技术研究提供了平台。

4. 煤炭液化技术

煤炭液化是把固体煤炭通过化学加工过程,使其转化成为液体燃料、化工原料和产品的先进洁净煤技术。根据不同的加工路线,煤炭液化可分为直接液化和间接液化两大类。

(1)煤炭间接液化制油技术。煤炭间接液化制油工艺主要有 Sasol 工艺、

SMDS 工艺、Syntroleum 技术、Exxon 的 AGG-21 技术、Rentech 技术等。目前,国际上南非 Sasol 技术和 Shell 马来西亚合成油工厂已有长期运行经验。中国科学院山西煤炭化学研究所从 20 世纪 80 年代开始进行铁基、钴基两大类催化剂费-托合成油煤炭间接液化技术研究及工程开发,并已完成了 2000 吨/年规模的煤基合成油工业实验。随后又在浆态床上进行开发取得重大突破,先后在山西潞安、内蒙古伊泰分别建设 16 万 t/a 间接液化煤制油项目,为神华集团有限公司建设 18 万 t/a 间接煤制油项目,为兖矿建设 100 万 t/a 间接煤制油项目。2001 年,中国科学院山西煤炭化学研究所已取得了一系列重要进展,产出了与柴油判若两物的源自煤炭的高品质柴油。

（2）煤炭直接液化制油技术。煤炭直接液化典型的工艺过程主要包括煤的破碎与干燥、煤浆制备、加氢液化、固液分离、气体净化、液体产品分馏和精制,以及液化残渣气化制取氢气等。煤炭科学研究总院北京煤炭化学研究所自 1980 年重新开展煤直接液化技术研究以来,现已建成煤直接液化、油品改质加工实验室。通过对我国上百个煤种进行的煤直接液化试验,筛选出 15 种适合液化的煤,液化油收率 50％,并对 4 个煤种进行了煤直接液化的工艺条件研究,开发了煤直接液化催化剂。神华集团有限公司煤直接液化百万吨级示范工程于 2008 年 12 月 30 日点火试车,运行了 303 小时,耗煤 3.6 万吨,生产各种油品 2.66 万吨,煤转化率 90.94％,实际吸收率 30.14％。第二次投煤运转在 2009 年 8 月 31 日,连续处理煤浆 352 小时,油收率超过 52％,最高负荷达 85％。这是世界上第一套在运行的百万吨级装置,表明我国已掌握核心技术。

（3）煤制甲醇和二甲醚技术。煤制大型甲醇的典型流程由煤经煤气化制取合成气,再由合成气在铜基催化剂条件下合成甲醇,其中煤气化工艺是煤制甲醇的一个重要环节。随着煤气化技术、甲醇合成技术和设备、机械加工技术的进步,甲醇的装置规模均在 2000～3000 吨/天,最大已达 7000 吨/天。目前,我国煤制甲醇的技术已经成熟,先后开发出各种拥有自主知识产权的系列化技术,可适应无烟煤、烟煤、硫煤、炉气等不同原料和中小化肥厂联产、单产和煤矿坑口大型化的不同规模。

煤制二甲醚工艺为煤在高温高压下,通过纯氧部分氧化反应生成主要成分为 CO 和 H_2 的粗合成气,粗合成气经过部分耐硫变换及净化合成甲醇,最后甲醇转化为烯烃。近年来,随着二甲醚建设热潮的兴起,我国二甲醚的生产工艺技术已达到国际先进水平。

5.2.2　中国煤炭清洁化利用技术的最新进展

伴随经济的高速增长,我国煤炭生产与消费更呈现快速扩张态势,从 2000 ～ 2011 年,年均增长分别为 8.8％ 和 9.0％,已占世界煤炭总生产与消费的一半。

煤炭的大量开采利用引发了一系列安全与环境问题,例如,煤矿安全事件频发、污染物与温室气体排放急剧增加,以及煤炭资源储采比的快速下降等。如何有效开发利用煤炭资源已成为我国科技攻关中亟待解决的问题。

2006年,《国家中长期科学和技术发展规划纲要(2006—2020)》(以下简称《纲要》)提出"促进煤炭的清洁高效利用,降低环境污染。大力发展煤炭清洁、高效、安全开发和利用技术,并力争达到国际先进水平"。为此,《纲要》设立"煤的清洁高效开发利用、液化及多联产"优先主题,提出重点研究开发煤炭高效开采技术及配套装备、重型燃气轮机、整体煤气化联合循环(IGCC)、高参数超超临界机组、超临界大型循环流化床等高效发电技术与装备,大力开发煤液化以及煤气化、煤化工等转化技术、以煤气化为基础的多联产系统技术、燃煤污染物综合控制和利用技术与装备等。"十一五"以来,各级政府部门积极响应,围绕《纲要》采取了系列针对性政策,从制度保障与资源支持方面为煤炭优先主题的任务落实打下了坚实基础。在煤炭高效开采、发电与转化、清洁利用等环节的技术及装备设备方面都取得了显著进展[①]。

1. 加强了洁净煤技术的专项研发和技术示范

"十一五"期间,国家973计划部署了"大规模高效气流床煤气化技术的基础研究"。863计划先进能源技术领域部署了项目和专题两个层次的项目和课题,在专题层面,将"洁净煤技术"列为4个专题之一;在项目层面,部署了"以煤气化为基础的多联产示范工程"重大项目、"煤气化甲烷化关键技术开发与煤制天然气示范工程"、"高灰熔点煤加压气化技术开发与工业示范"等重点项目。在"洁净煤技术"专题中,部署了一批前沿开发课题,加大技术基础方面的研究;在支撑计划中部署了"大型煤基甲醇生产装备流化床甲醇制丙烯(FMTP)工业技术开发"、"高温高压完全甲烷化催化剂研制"等课题。"十二五"期间,国家863计划能源领域设置了4个重点专项和6个优先主题,洁净煤专项作为4个重点专项之一,洁净煤技术作为6个优先主题之一,重点支持煤制气、煤制油、煤制化工品等清洁转化技术,旨在攻克煤转化领域的前沿技术和核心技术,加强系统技术集成和重大装备示范。

随着技术研发的进步,技术转化出现较高成效。目前已建成煤基多联产和IGCC工业示范工程,形成了成套的系统技术,为发展新型煤基能源转化系统奠定了基础;在高效、洁净发电,燃煤烟气净化方面,形成了一批可工业应用的新技术、新工艺和新装备。初步形成了燃机自主制造和研发平台;完成煤基多联产系统集

---

① 本部分主要参考了刘明磊、张志华.2014.我国煤炭高效开发和清洁利用技术取得积极进展.科技促进发展,(2).

成研究和工业示范;完成 250MW 级 IGCC 工业示范工程和工业性试验。在煤洁净发电技术方面,研制了自主知识产权的 1000MW(兆瓦)超超临界发电机组和 600MW 超临界大型循环流化床锅炉;实现了大型发电机组空冷技术关键设备的国产化;推动了动力煤优质化技术和工业清洁燃煤锅炉技术发展及示范。

2. 煤发电污染控制技术取得了重要突破

(1) 加大了污染物及温室气体减排技术的研发,目前我国已经完成了适合我国资源特点的脱硝催化剂的工业技术示范;完成硫资源化、节约用水的烟气脱硫技术及其工业示范。

(2) 加强了污染物和温室气体减排技术的国产化,实现了大型脱硫脱硝技术和超细粉尘和有害重金属控制技术的国产化,高效率的燃煤污染物一体化处理技术和 CO_2 减排技术,SO_2、NO_x、$PM_{2.5}$ 等污染物控制技术也得到了快速推广与应用。

(3) 加强了先进煤气化技术研发及工业应用。成功开发大型气流床水煤浆和干煤粉煤气化技术及工业装备,实现了关键材质和设备的国产化。成功实现两段式干煤粉分级气化工艺,在提高煤种适应性和气化效率的同时,有效地控制了气化炉温度,大幅度简化了煤气冷却系统,设备造价显著降低,通过了试验和工业验证,冷煤气效率大于 83%,比氧耗小于 320Nm³/1000Nm³($CO+H_2$),碳转化率大于 99%,煤气中无焦油等有机物,灰渣含碳量小于 0.1%。2000 吨/天两段式干煤粉加压气化技术于 2011 年投入示范运转。自主研发的煤气化技术实现了工业应用,并成功向国外实施了技术许可,实现了我国大型煤化工成套技术首次向发达国家出口。

(4) 煤制油技术取得重要进步,并开始大规模工业示范。成功开发出新型高温浆态床煤制油关键技术,应用该成果系统地进行了我国自主浆态床煤炭间接液化合成油技术的工业化技术实践,在国际上首次提出高温浆态床合成(260～290℃)工艺概念,建成并成功投产了两个 16 万吨/年间接液化合成油示范厂。"十二五"期间,国内大型企业集团采用开发成功的合成油技术,建设 400 万吨/年煤制油项目。目前正在进行多个百万吨级的合成油厂的基础设计工作。在 6 吨/天煤直接液化工艺开发装置(PDU)实验运行的基础上,形成百万吨级工业示范工程设计技术和工程建设管理规范,建成了全球首座百万吨级工业示范工厂。中国科学院大连化学物理研究所开发成功以煤制甲醇为原料,经催化转化制取基本化工原料乙烯、丙烯等低碳烯烃的技术 (DMTO),于"十一五"期间完成每天吨级装置开发和试验。2010 年 8 月,采用该技术的世界首套 180 万吨甲醇制 60 万吨烯烃工业装置在包头投料试车一次成功,甲醇转化率达到 99.97%,烯烃选择性达到 85.68%,生产出合格的聚烯烃产品。

(5) 煤制乙二醇和天然气的工业技术进一步提升,对我国的能源和化工产业产生积极影响。成功开发了煤制乙二醇用系列催化剂的规模化制备技术,形成了300 吨/年催化剂工业试验技术,实现了关键工艺技术放大与技术集成,形成了 20 万吨/年煤制乙二醇工业示范的成套工艺技术,并建成了世界上第一套 20 万吨煤制乙二醇工业示范装置,实现了投产运行,乙二醇产品达到国标(GB 4649—2008)优级品标准。成功研发出高温高压完全甲烷化催化剂,建成了万吨级工业试验装置,通过连续运行、工艺参数优化、催化剂寿命及工艺设备的可靠性考核,该工业试验装置技术和环境保护等各项指标达到了国际先进水平,为百万吨级工业化装置建设提供了技术依据。

3. 煤炭清洁利用存在的问题

资深专家归纳认为,我国煤化工产业发展面临五大方面的问题:一是认识不一致。对是否应支持煤化工发展存在争议;二是规划不到位。由于存在争议,煤化工规划至今没有出台,重点煤化工项目没有放行,许多未经规划、环保要求不合格的项目则没经审批就开工建设,有些产品已成盲目发展之势。目前不是规划引导项目,而是项目倒逼规划、规划追认项目;三是机制不完善。煤化工是技术与资金密集型产业,需要消耗一定量水资源,产生大量 CO_2 和其他污染物。这些社会负效应没有在项目成本里得到体现,政府也没有这方面的规范要求。在碳排放成本方面,国家的预期政策不明朗,相关工作不到位,使得企业决策存在风险;四是市场主体不成熟。部分地方和企业只讲发展不讲科学,讲形式不讲实质,讲当前不讲长远,讲单干不讲合作;五是温室气体减排不落实。减排技术也没有大突破,对减排工作缺少规范性要求和政策支持[1]。

(1) 核心技术问题。经过多年积累,我国煤炭清洁利用技术取得了长足进步,但仍然存在许多问题。我国煤炭清洁利用技术发展较晚,许多技术都是近年来迅速发展起来的,部分煤炭清洁利用技术已经与发达国家并列甚至有超前趋势,但整体而言,还有许多核心技术仍然落后于国外。技术落后使得规模有限的企业从风险意识考虑,不敢尝试新技术,阻碍了煤炭清洁化利用技术的推广应用。我国在燃气轮机、IGCC 技术、超超临界发电技术等领域研发起步较晚、投入不足,与发达国家仍有较大差距,应对国际竞争的技术能力有待进一步提高。如在燃气轮机方向,英美德日等国家通过在该领域长期的研发投入和技术积累,掌握着燃气轮机研发制造的核心技术。我国燃气轮机产业和技术与国际先进水平差距较大,我国还需尽早掌握燃气轮机设计、热端部件制造等核心技术,提高整机国产化率,突破产业

① 北京国际能源专家俱乐部. 中国煤炭的清洁高效转化之路. http://www.china5e.com/energy/news-855733-1.html.

发展受到的制约[①]。

　　煤化工技术仍处于起步阶段,环境影响待评估。发展煤转化技术有市场需求,有业界关注和实施产业化的积极性,有不断进步和成熟的技术,对生态和环境的影响降到最低,所以受到全社会的关注引起了极大的开发热情。在降低消耗、提高能效、装备与工艺相匹配等方面需深入研究。

　　(2)资金和成本问题。我国煤炭消费仍以原煤为主,全国原煤入选比例约50%,大量原煤直接燃烧形成了以煤烟型为主的大气污染。全国矿井年总排水量在45亿立方米左右,净化利用率较低,大部分矿区缺水或严重缺水;全国煤矸石地面堆积约45亿吨,占用土地2万多公顷,年新增煤矸石3亿吨,造成大型矿区、煤炭资源城市严重的环境污染和生态破坏,面临清洁生产技术水平低、环境负面影响加剧的挑战。世界选煤大会中国委员、中国煤炭工业协会洁净煤与综合利用部主任、选煤分会会长、中国煤炭加工利用协会副理事长张绍强介绍,2010年我国原煤入洗率为50.9%,2011年为53%,2012年为56.2%。按照国家统计局发布的公报,2012年我国煤炭消费总量为36.2亿吨,亦即当年我国洗选的煤炭总量为20.3亿吨,减少了商品煤灰分近4亿吨。据预计,我国在2017年煤炭消费量在43亿吨左右,按计划最低标准值70%计算,洗选的煤炭总量为30.1亿吨,如表5-1为我国煤炭综合加工利用指标完成情况对比。

表 5-1　我国煤炭综合加工利用指标完成情况对比

序号	指标名称	2010 年	"十一五"规划指标	2015 年目标值	2020 年目标值
1	矿井水利用率	59%	70%	75%	80%
2	自燃矸石灭火率	90%	95%	95%	95%
3	煤矸石综合利用率	60.8%	70%	75%	80%
4	煤层气利用率	38.5%	煤层气抽放利用率超过80%	60%	80%
5	原煤入洗率	50.9%	50%	65%	75%
6	粉煤灰综合利用率	70%	70%	85%	85%
7	土地复垦率	36%	40%	60%	60%

数据来源:中国煤炭加工利用协会。

　　2012年6月19日,中国煤炭加工利用协会副会长张绍强在2012中国选煤发展论坛上表示,"世界主要产煤国家,在20世纪的原煤入选率都达到了70%以上,发达国家入选率达到85%～90%,而我国长期得不到应有的发展""2011年全国原煤入选率为53%"。张绍强告诉《中国能源报》记者:"截至2010年底,全国共有各

①　李中元.2014.低碳经济视角下煤炭清洁高效利用研究.山西煤炭管理干部学院学报,(1).

类煤矿1.4万余处,而选煤厂不到2000处"①。张绍强认为,国家没有强制的动力煤入选标准,是原煤入选率一直偏低的重要原因。现有动力煤用煤标准已经落后于经济发展的需要。有关部门虽已制定多个用煤标准,但受制于用户排放负担较轻的影响,对煤的含硫量要求比较宽松,且这些标准大多只是指导性的,不具备强制执行力。要在5年内将原煤入洗率至少提高13.8%,最主要的难度在于燃煤用户对洗后优质动力煤的需求并不强烈,其核心是燃煤排污的环境成本和监管力度问题。张绍强认为,综合计算燃料运输、储存、磨煤、脱硫、除灰以及锅炉磨碎的成本,使用优质动力煤具有相对优势,特别是对于大型超临界、超超临界机组来说更是如此。另外,原有的常规火电厂在选择煤粉锅炉时,入炉煤热值通常按5000大卡设计,并且会考虑到煤种的复杂性而留有一定的冗余度,火电厂通过采购低质煤掺烧来降低燃料成本,通过脱硫除尘等技术也可以实现环保方面的要求,入炉煤热值过高需要对锅炉系统进行一定的调整和改造。而用户需求是与市场密切相关的,不管是煤炭用户还是煤炭企业,都需要考虑成本,如果他认为有利可图,入洗率就会提高。

同时如何妥善处理入洗后的废弃物也十分关键。原煤洗选可以实现煤炭的清洁利用,节省运力,但对洗选之后的废弃物,如煤矸石、煤泥、污水,也需要进行妥善处理,否则其产生的污染也是巨大的。原煤洗选是完全可以的,但关键在于洗选标准如何定。例如,洗煤后的废水怎么处理?是否真正实现了循环利用、零排放?添加剂使用了多少?哪些添加剂可以使用,哪些不能?对违规行为如何处罚?这些都应该有明确规定。但在国家现行的标准中,如《GB 50359—2005煤炭洗选工程设计规范》,其中只有"选煤厂必须实现洗水闭路循环"这么笼统的一句话,显然力度不够。一些地方的洗煤废水违规排放对环境的破坏已经到了非常严重的地步,而国外的洗煤厂通常都配备了相应的水处理厂,污水处理后全部循环利用②。

(3)思想认识问题。大气污染的成因是多样化的,这在全社会基本达成了共识,但对于污染问题的解决,仍然存在不同的说法。改变能源结构,用清洁能源替代煤炭、石油等传统能源是最为普遍的看法,然而相关专家认为,一味推行"去煤化"并不现实,而且并非是最有效手段。中国煤炭加工利用协会理事长吕英介绍,就煤炭燃烧而言,原煤洗选后使用,可以从源头上减少污染物排放,这才是符合现实、经济且有效的环保方式。说其现实,是因为煤炭是我国储量最丰富的能源,天然气替代煤炭发电虽然可行,但不符合资源禀赋条件。近年来,我国天然气供应一直处于紧张状态,部分城市在需求旺季常遭遇"气荒"。2012年,在国产天然气数量稳定增长的情况下,进口天然气规模仍达到了428亿 m^3,同比增长36.3%,对

---

① 2012-06-27.我国原煤入选比重偏低,中国能源报.
② 李世祥、张菲菲、王来峰.2011.促进煤炭清洁化技术的政策研究.中国矿业,(11).

外依存度升至 29%。同年,国内火电发电量 39108 亿 kW·h,占全国发电量的 78.6%。如此大的发电量,现有天然气供应能力根本无法承担,而且大规模进口天然气会导致国际气价快速上涨,还会引发对能源安全的担忧。吕英认为,提高燃煤使用标准,才是最现实的环保选择。多年的从业经历让她感到,节能环保理念已逐渐深入人心,但全社会对于使用清洁煤炭的重视程度仍然不够①。

5.3　雾霾下的煤炭清洁化利用发展政策途径

现代技术发展及其实践证明,随着现代科学技术的发展,煤炭完全可以通过清洁利用的方式实现环境友好型发展。煤炭清洁化和高效利用是治理我国灰霾天气的重要手段之一,是解决我国能源增长需求与大气环境污染矛盾的必经之路。加快推广应用先进的煤炭清洁高效利用技术和工艺,提高煤炭资源的综合利用水平势在必行。缺乏对洁净煤技术发展总体布局的政策和延续规划、相关核心技术仍受制于发达国家、发展洁净煤技术产业的激励机制尚未形成、洁净煤技术投融资体系尚不健全等因素严重限制了洁净煤技术的推广应用。进一步完善科学的政策环境,构建新型煤炭工业体系,促进煤炭工业节约发展、清洁发展、安全发展是我国能源长期安全稳定供应和可持续发展的战略选择。

5.3.1　加强规划引导,促进产业快速发展

煤炭清洁利用产业涉及多个领域且价值链各节点行业众多,投资大周期长,是一项庞大的系统工程,需要有统一的宏观规划和组织协调。借鉴国外经验,有必要成立专门的煤炭清洁利用中心,协调组织国内外相关专家开展规划、计划、政策研究和信息交流工作,对重点项目进行组织、论证和技术监督,协调各部门、各行业间洁净煤利用工作②。尽快制定并出台洁净煤专项产业政策和规划,增强指导性和可操作性。在规划中要明确有关机构负责,明确各级地方政府、企业和社会的责任领域,以便建立科学合理的市场机制。要实现煤炭资源的高效清洁利用需要建立国家级的煤炭清洁生产和高效利用协调机制,有效地进行全行业链的清洁管理,国家层面要建立相关的政府部门、行业管理部门和科研单位共同参与的协调机制,组织开展相关重大的研究和煤制标准,支持政策的制定,编制煤炭清洁利用发展和管理规则,协调规划实施过程中的重大问题,做到统筹协同分行业实施整体推进。切

---

① 高蕾、周阳. 2010-03-01(7). 雾霾笼罩下的煤炭清洁利用. 中国煤炭报.
② 张立. 2014-03-11. 煤炭高效清洁利用是必由之路. 中国矿业报.

实做到从煤炭生产开发到煤炭终端消费的全过程的管控①。

加强规划可以避免现有的技术和规模原地踏步或者停止发展。比如加强煤制油、煤制气项目的规划,在我国"富煤、贫油、少气"资源禀赋下,是保障油气供应安全和推动能源结构调整的迫切需要和现实选择。加强规划可以避免煤的清洁化项目遍地开花或者过热发展。我国大部分富煤地区水资源缺乏、生态环境脆弱,煤制油、煤制气对资源环境条件要求高,通过规划可以为洁净煤项目做出科学的定位,使其成为国家油气供应的重要补充,从而有利于该领域市场主体和政策主体把握发展节奏,合理控制产业规模。加强规划可以避免洁净煤项目违背规律盲目发展。通过规划有利于避免产业盲目发展和无序建设、有利于规范清洁高效转化技术准入指标、有利于组织实施好示范项目、有利于在煤炭资源丰富、综合配套条件好的地区优先发展并合理布局、有利于以实际可用水量确定产业规模、有利于推广应用具有自主知识产权的技术装备、有利于推动多种替代路线示范。

规划要确立煤洁净转化的技术路线和时间节点,明确以煤转化为核心的新型煤基能源基地建设的方位和规模,定位好煤基近零排放的能源技术体系发展标准、规划好煤洁净转化的单项产品战略目标、明确煤化工产业升级的战略方向、确立优先发展的多种工艺的工业示范项目范围、形成全开放式的产、学、研、用协同发展模式等。据悉,2014年8月初,国家能源局会同国家发改委编制的清洁煤炭发展利用行动计划编制工作已经完成,并已报送国务院。

5.3.2 加强政策激励,促进产业核心竞争力提升

(1)通过政策引导,促进煤炭由主要作为燃料向燃料、原料并重转变。加强对煤制天然气等项目的政策支持,制定相关技术开发和应用的税收优惠政策,加大财政补贴力度,促进市场主体充分利用煤炭碳、氢等元素发热和化工合成原料的功能,满足电、热需求的同时,生产天然气、超低污染物含量的液体燃料油、航空及军用特种燃料、化工品等多种清洁能源和工业原料。其中,优先支持煤基清洁能源替代石油项目,促进焦炭、煤制化肥等传统煤化工向石油替代方向的现代煤化工转变。

(2)通过政策引导,促进煤为能源主体向煤与新能源协同发展转变。我国拥有全球规模最大的煤电装机容量,同时拥有全球规模最大的水电、风电和在建核电。应加强政策协调,使各类能源放在一个发展体系中综合考量,实现能源供应多元化革命,促进新能源、可再生能源的大规模应用与煤电、煤化工多联产技术相结合。

---

① 宋亚芬.[2012-08-22].煤炭清洁利用二十年效果有限 谁挡了煤炭的"绿化"之路,http://energy.chinanews.com/2012-08-22.

（3）通过政策引导，促进煤炭由高碳粗放型开发利用向近零排放目标的清洁高效利用转变。无论是经过液化还是气化，煤炭转化的终极目标是生产包括电力、燃料和化工产品在内的终端产品，在生产过程中要把污染物和温室气体的排放降至最低，做到近零排放。一方面在转化过程中去除所有的污染物，并实现伴生资源（铝、镓、锗、铀、硫等）、废弃物或污染物进行的资源化高效综合利用和清洁化；另一方面加强对碳捕获、利用和封存（CCUS）技术发展的政策支持和示范推动，从而降低温室气体排放。

（4）通过政策引导，促进煤基能源生产消费向智能化方向发展转变。通过政策引导，在一次能源（化石能源、可再生能源、核能）、二次能源（电力、清洁燃料、液体燃料）、智能电网、储能与燃料电池技术和终端用户之间建立基于物联网的智能能源系统，促进能源系统的最优化选择，提高整个能源体系效率和清洁化。通过清洁低碳能源与智能能源系统的结合实现能源产业的清洁化和效率化革命。最终通过依靠科技创新和工程示范，利用耦合优化技术和物联网技术，加大技术集成应用，形成促进煤炭与多类能源融合及共伴生资源价值最大化，并实现污染物"近零排放"的智能能源系统。

（5）通过政策引导，实现核心技术的突破发展。在煤炭资源勘查、安全高效绿色开发、煤炭提质、先进煤炭燃烧和气化、煤炭清洁高效转化、先进输电、煤炭污染控制、煤炭节能等一批核心技术和关键技术方面加强支持和项目示范，着力突破一批重大成套装备，建立煤炭清洁高效可持续发展支撑体系，达到对世界煤炭清洁高效可持续开发利用技术发展的引领。

5.3.3　加强立法，促进产业规范发展和技术推广应用

加快出台相关法律法规，规范煤炭清洁利用产业的所有环节。当前，我国并没有专门针对煤炭清洁利用的法律法规，尽管有《煤炭法》《节能法》《煤炭产业政策》《中国洁净煤技术"九五"计划和 2010 年发展纲要》《煤炭工业发展"十二五"规划》等政策法规，但是这些法规体系涉及面广却不精，大多法规政策内容比较笼统，可操作性较差。

目前中国洁净煤发展立法方面还存在一些问题，如还没有专门的洁净煤技术制度规划、缺乏可操作性的实施规定、激励与约束机制不完善、管理体制不科学以及配套制度建设不健全等问题。当前法律制度对洁净煤技术研发、推广以及洁净煤技术市场发展还缺乏法律性指引和保障。如持续的财政性研发投入、知识产权保障、融资政策支持、技术成果转化政策、技术市场建设等方面都缺乏系统合理的制度设计[①]。

---

① 黄雄. 2012. 中国洁净煤技术法律问题研究. 南京：南京工业大学.

　　煤的清洁化发展,不只是单纯的鼓励性的国家政策,在当前严重的雾霾环境下,它必须成为强制性约束目标,保护环境和节约资源是每个公民的义务,因此从法律意义上鼓励发展煤的清洁化发展具有必要性。因大部分煤的清洁化利用技术具有技术和资金密集型特征,具有高风险和低回报性,因此需要国家的政策性投入,而仅仅依靠国家财政投入是不够的,需要建立长效的激励机制,引导民间资本进入技术研发和推广领域,减轻财政负担,也能进一步增强市场的驱动力。因此从立法层面确定国家对煤的清洁化利用技术的投入和市场机制的设计,对煤的清洁高效利用技术发展和项目推广具有重要的作用。应尽快制定煤炭清洁利用技术发展的激励机制和约束法律机制、制定洁净煤技术开发的研发投入和知识产权保护机制等洁净煤技术开发法律制、制定科技成果转化和融资渠道等洁净煤技术推广法律制度、制定洁净煤技术市场整合与开放和技术服务市场在内的洁净煤技术市场法律制度等。从立法上明确煤炭清洁化发展的政策主导和规划部门、管理体制设计、技术标准体系和国际合作机制等。同时关键要建立市场导向的技术应用体系,新技术归根结底只有得到应用才会产生效益,应加强政府对新技术的环保性和清洁性监管,真正保证国家的资金投入到对煤的清洁化发展中去,同时也能够确保市场投资能够真正得到回报。通过修订完善环境保护法、大气污染防治法等法律,制定更严格的耗煤产业大气污染物排放标准和清洁转化标准并加强监管。特别是要加强对造成重大污染的企业及相关责任人的处罚力度,从根本上解决违法成本低、守法成本高的问题,营造公平的法制环境,让排污企业不敢以身试法,才能真正达到清洁化发展的目标。

第6章 区域经济一体化与京津冀雾霾治理一体化

┌─────────────┐
│ 阅 读 提 要 │
└─────────────┘

　　区域经济一体化是为了通过区域分工和区域协作实现不同区域资源的优化配置,在区域间通过资源共享和高效互动,实现高效的资源聚合和整合效应,达到区域间的和谐发展。京津冀区域一体化提出较早,但效果不彰,不合理的资源分配体制导致对雾霾治理的责任和投入能力不一。雾霾治理必须尊重历史,才能在发展中解决发展中的问题,以区域经济发展的一体化形成雾霾治理的一体化。

　　"一体化"在日常生活中很常见,人们在处理问题的时候进行全盘考虑,实际上就是在用"一体化"的思路思考问题。社会经济是一个复杂系统,任何一个方面谋求发展都是通过与其他方面建立平衡的基础得以实现的。"自组织理论"对这个过程进行了很好的阐释。既然任何一个要素都是在与其他要素建立关系的过程中确定自己的"生态位"的,在一个行为发展的时候就要尽量全面考虑该行为造成的反馈效应,用一体化的思路思考问题。区域经济发展中的各种要素是相互联系的,一个要素的变化会带来其他多个要素的变化。所以在考虑要素变化的时候要从要素之间的相互关系角度、从动态角度考虑问题,这样才会得出合理结论,也才能找到解决问题的根本办法。

　　区域有大小之分,只有将相关要素放在合适的区域中考虑,才能够处理好区域之间的关系,谋求区域间的均衡发展。地缘上存在联系的区域间既有竞争又有合作,只有将竞争建立在合作基础上,才能够谋求区域经济可持续发展。京津冀就是谋求区域经济一体化发展的典型区域,三地间有利益分歧也有共同的利益追求。在区域经济发展方面要谋求合作,在解决区域发展产生的问题方面也要谋求合作。长期以来三地在发展进程中各自为战,河北省为大都市的发展做出了更多的贡献。治理雾霾是三地在区域合作基础上进行的一场持久战,三地只有在该问题上都积极参与,才能达到理想结果。

6.1　区域经济一体化的优势

　　"经济一体化"实践是建立在国际分工理论基础上的。早期的国际分工理论主要有亚当·斯密的绝对收益理论和李嘉图的相对收益理论,后期有"赫克歇尔—俄林"模型和里昂惕夫理论,现代理论中主要有新要素学说、产品生命周期理论等。"经济一体化"概念是荷兰经济学家、第一届诺贝尔奖得主丁伯根(Jan Tinbergen)于 1954 年提出的。"经济一体化"概念提出后,很多学者开始从区域经济学角度认识经济发展问题。"欧盟"就是区域经济一体化的典型,继欧盟之后在全世界范围内开始出现了区域经济一体化的热潮,在全世界范围内出现了一体化的经济组织,对区域经济一体化起支撑作用的理论包括关税同盟理论[①]、次优理论[②]和大市场理论[③]等。区域经济一体化理论对我国也产生了重要影响,从 20 世纪 80 年代我国就开始兴起了城市群研究的热潮,认为区域经济是以城市为核心的,城市在区域经济发展中所起作用的大小取决于城市的首位度,在首位城市的影响下,腹地内形成了大中小等不同规模的城市,每个城市都按照自己的影响力形成了自己的腹地。在这方面克里斯塔勒(克氏)的中心地理论具有非常重要的影响,克氏是在对德国南部的城市空间分布问题进行研究后提出的。该理论的重要启示在于区域经济发展中的中心地布局要遵循区域经济发展规律,在强调自然发展过程的同时,也要重视规划的重要作用。

6.1.1　区域经济合作与聚集节约

图 6-1 表示了区域经济合作情况下造成的聚集节约,图中左半部分表示了聚集节约的量。

假设存在甲、乙两个区域同时生产 M 产品,甲区域生产产品 $M_1^{甲}$ 的量,乙区域生产 $M_2^{乙}$ 的量,在甲乙两个区域单独生产 M 的情况下,$M_1^{甲}$ 的成本为 $C_1^{甲}$,$M_2^{乙}$ 的成本为 $C_2^{乙}$,但是乙生产 M 的效率不如甲,现在将乙生产的 $M_2^{乙}$ 量转移给甲,则甲生产 M 的数量由原来的 $M_1^{甲}$ 上升为 $M_1^{甲}+M_2^{乙}$,成本也由原来的 $C_1^{甲}$ 下降为 $C_3^{甲}$,由图 6-1 可知,$C_3^{甲}<C_2^{乙}<C_1^{甲}$,并且 $C_3^{甲}<C_2^{乙}+C_1^{甲}$,在不存在正的外部经济效应的情况下,乙地生产 $M_2^{乙}$,甲地的生产成本线为 $C_1^{甲}$,存在正外部经济效应的情况下,$C_1^{甲}$ 线降低为 $C_2^{甲}$ 线,在甲地能够获得更高水平的聚集经济节约,在数量上等于 $C_1^{甲}-C_2^{甲}$,如图中 $E_4^{甲}$ 就是一个特例,在 $M_1^{甲}+M_2^{乙}$ 对应的成本为 $C_4^{甲}(<C_3^{甲})$。在不同

---

①　关税同盟理论由范纳(Jacok Viner)和李普西(K·G·Lipsey)提出,该理论认为,关税同盟有三个重要特征:成员国间的关税完全取消;对成员国以外的国家实行统一的关税;成员国之间在关税收入分配问题上协商决定.

②　次优理论是李普西(R. G. Lipsey)和兰卡斯特(K. Lancaster)创立的,该理论的主要内容可以简单表述为:帕累托是经济运行的一种最佳状态,但是这种状态只有满足了一系列条件后才能够达到,达到这种状态的严格条件往往并不能全部具备,只有改变这些不具备的条件后,经济运行才能够达到帕累托状态.

③　大市场理论的主要代表人物是西托夫斯基(T. Scitovsky)和德纽(J. F. Deniau)。该理论认为,各个国家最先是从本国利益出发为经济发展创造狭隘的缺乏弹性的市场,各个分散的市场间的耦合程度低,不能取得范围经济和规模经济效应,所以必须打破狭隘的小市场观念,创立大市场,通过建立大市场,创造激烈的竞争环境.

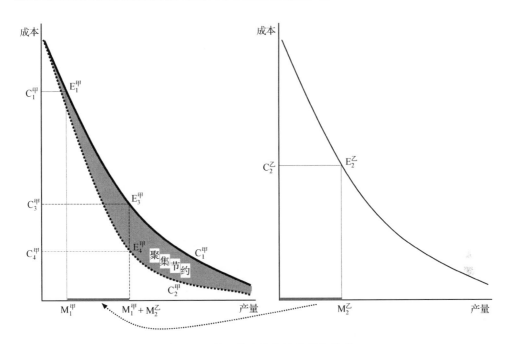

图 6-1　区域经济合作与聚焦节约示意

区域生产多个产品的时候,不同区域间通过资源整合,可以在最大程度上实现聚集成本节约。不同的区域生产不同的产品,每个区域都是站在自身优势的基础上谋求经济发展,区域经济发展整体实力就会得到提高。

　　区域经济一体化就是在寻找区域资源在谋求整合基础上的最大收益点。如图 6-2 所示,图中 P_1P_1 和 P_2P_2 两条曲线为两种不同水平的生产可能性曲线,P_2P_2 高于 P_1P_1,A_1B_1 和 A_2B_2 为家庭预算线,分别与 I_1、I_2 相对应。A_1B_1、I_1、P_1P_1 三线相切,这表明,消费者达到的效用最大,生产效率也达到最优,资源也得到了充分利用,所以 E_1 点是 A_1B_1、I_1、P_1P_1 平台上实现的最优状态。E_2 点是 A_2B_2、I_2、P_2P_2 平台上实现的最优状态,$E_2 > E_1$。在 E_1 点的时候,A_1B_1 与 P_2P_2 相交,图中的阴影区域是 A_1B_1 相对于 P_2P_2 资源没有得到充分利用的区域,这时只有通过区域经济合作,才能使得区域经济要素进行充分整合,将区域经济发展的均衡点从 E_1 向右上方移动到 E_2,这是通过区域经济合作实现的一次帕累托改进。通过帕累托改进,区域生产水平得到提升,资源得到充分利用,图中的阴影面积逐渐缩小。在 E_2 点,P_2P_2、A_2B_2、I_2 等相切于一点,在这一点上阴影部分的面积缩减到零,资源利用效率在生产可能性曲线上实现了均衡,资源得到了充分利用。

　　图 6-3 表示了 C_a、C_b 和 C_c 三个不同规模的城市($C_a < C_b < C_c$)扩展过程中城市规模与聚集效应之间的关系。三个城市在规模扩展过程中都遵循倒 U 型线规则,城市的聚集效应是与自身的容纳能力呈正相关关系的。三个城市达到最佳聚集效

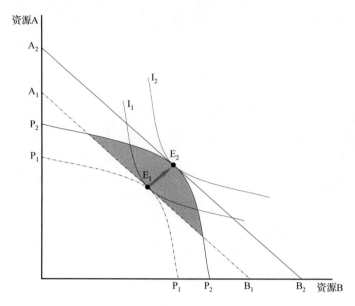

图 6-2　区域经济一体化进程中的帕累

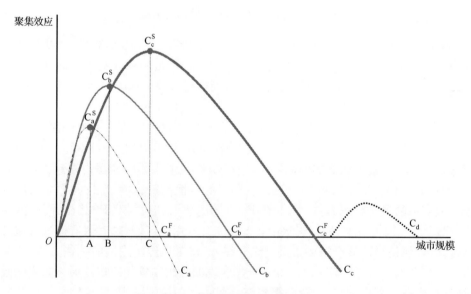

图 6-3　城市规模与聚焦效应

应的点 C_a^S、C_b^S 和 C_c^S 分别在 A、B、C(A<B<C)。从图中可以看出,三个城市在越过 C_a^S、C_b^S 和 C_c^S 后,聚集效应开始降低,但是 C_a 线的 C_a^F 以左、C_b 线的 C_b^F 以左、C_c 线的 C_c^F 以左,虽然城市的聚集效应在降低,但城市的规模还是在继续扩大,在该区域内各个规模的城市的聚集效应仍然是正值。C_a 线的 C_a^F 以右、C_b 线的 C_b^F 以

右、C_c 线的 C_c^F 以右,三个城市都出现了聚集不经济问题,在该区域内如果城市规模继续扩张,就会存在严重的聚集不经济问题,这时城市就不应该继续以摊大饼方式向外扩展,而是在主城市以外的一定空间范围内布局卫星城(如图 6-3 中的 C_d),通过在大城市外围建设卫星城,解决大城市发展过程中存在的聚集不经济问题。图 6-3 说明了,不同规模的城市都有自己的最佳规模。如图 6-3 所示,城市 C_a 和 C_b 的最佳点 C_a^S 和 C_b^S 位于 C_c^S 上升段即聚集效应的上升段。中小城市通过调节城市内部结构,在城市规模扩展过程中,在聚集经济效应方面还有一定的空间,但是对于大都市,由于公共资源紧张等问题,会出现城市过渡发展问题,调节城市内部结构的空间已经很有限,只能通过在大都市外围更加广泛的空间内寻求城市合理发展的出路。C_c 的情况类似于京津大都市,在京津冀区域内,京津两个大都市已经处于 C_c^F 的右端,聚集不经济问题已经在京津大都市不同程度地存在。在大都市周围的河北省区域内,选择合适的中等城市作为向外疏解职能的卫星城市,是强化京津冀区域经济竞争力的重要抉择。

6.1.2　区域经济一体化的实践

区域经济一体化的基本含义是指通过区域分工和区域协作实现不同区域资源的优化配置,在区域间通过资源共享和高效互动,实现高效的资源聚合和整合效应,在区域间而不是单纯在区域内实现循环。所以"区域经济一体化"是在更大范围内进行资源整合的过程。

专家认为,大城市群是推动区域经济一体化发展的根本模式。在世界范围内已经形成了包括纽约城市群、北美城市群(以五大湖区为核心)、巴黎城市群、伦敦城市群和东京城市群等在内的五大城市群。我国学者在研究进程中,按照区域内城市之间的联系将城市群分为东北城市群、京津唐城市群(环渤海城市群)、中原城市群、长三角城市群、西南城市群、西北城市群、珠三角城市群等多个城市群,这些城市群虽然规模大小不等,但在区域经济发展进程中都发挥着重要作用。在诸多城市群中,长三角城市群、珠三角城市群和京津唐城市群成为人们关注的热点问题。人们从区域经济学角度审视这些城市群,目标在于以城市群为核心拉动腹地经济发展,从区域经济合作的角度强化中心地之间的联系,扩大不同中心地影响域内的资源整合力度。城市群的规模和城市体系内城市间联系的通达程度,对区域经济发展具有重要影响。

人们讨论区域经济一体化问题都是站在城市群的基础上认识问题的。由以上分析可以看出,区域经济一体化的前提是:区域间存在共同利益;资源配置应该达到最优;行政力量在一体化进程中具有重要作用。区域经济一体化至少要在如下几个方面进行充分整合:经济要素、产业结构、基础设施、城市体系、环境保护、管理政策。区域经济一体化是在不同行政区划间实施的,各个区域在经济发展思路上是存在差异的,彼此之间不能有效磨合,就会在一定程度上出现经济发展不协调的矛盾。所以区域经济一体化不仅是经济发展政策方面的耦合,也是经济发展理念方面的耦合,"一体化发展"需要各个区域以积极的态度接纳其他区域,国内或者国际范围内的经济一体化遵循的道理是一致的。在国际经济一体化发展中,除了欧盟外,还有北美自由贸易区、亚太经合组织、南锥体、①东盟"10＋3"②。这些成功的国际经济协作组织为进一步开展深入的经济一体化实践奠定了基础。

图 6-4 展示了大都市向外扩展的四种类型。类型Ⅰ展示了大都市向外围空间均匀扩展的情形,以大都市为核心,在大都市的四个方向上均匀扩展,大都市向外围空间的辐射力是相同的。这是城市早期的发展情形,城市就像"摊大饼"一样向外围空间扩展,中间厚边缘薄。类型Ⅱ展示了大都市在腹地内一定空间以外建立用于分担主城市职能的副中心的发展情形,"副中心"对主城市起到很好的烘托作用,在功能上与主城市相得益彰,主城市将一些非核心职能分解到"副中心",主城市与"副中心"城市在空间上形成"核＋子"的结构。"核"城市的发展空间更加宽松,"子"城市也得到了拉动。这种发展模式与类型Ⅰ的差别在于,类型Ⅰ的"核"在腹地的"大饼"范围内不会出现农村景观,"大饼"范围内都是建成区。而在类型Ⅱ

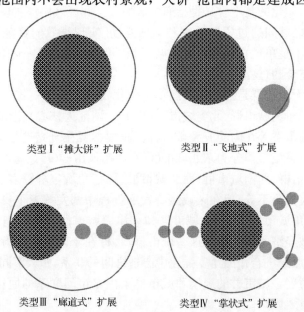

类型Ⅰ "摊大饼" 扩展　　　　　类型Ⅱ "飞地式" 扩展

类型Ⅲ "廊道式" 扩展　　　　　类型Ⅳ "掌状式" 扩展

图 6-4　大都市扩展的四种类型

---

① 南锥体由四个国家组成,包括阿根廷、乌拉圭、巴西和巴拉圭.
② 东盟"10＋3"中的"10"指文莱、印尼、马来西亚、菲律宾、新加坡、泰国、越南、老挝、缅甸、柬埔寨;"3"指中国、日本和韩国.

中,"核"城市与"子"城市之间有大面积的农村,只有"子"城市的影响力逐渐增强,并且能够与"核"城市共同对农村区域产生较大的影响时,"核"与"子"之间的农村区域才能得以城市化。类型Ⅲ展示了大都市沿着某个方向逐渐发展其很多小城市的情形,小城市分布在大都市以及其他城市之间,形成"城市廊道",城市的这种发展类型,一般与从城市向外延伸的主要交通干线有关。重要交通干线是城市向外发展的增长极,也是城市之间建立联系的重要通道(图 6-4 的类型Ⅲ中只展示了一个廊道)。

类型Ⅳ展示了大都市向外围空间多向扩展的情形,类型Ⅲ是类型Ⅳ的一个特例,从空间上看,向外延伸的多个"廊道"形成手指形状,大都市则相当于手掌,大都市发展的中后期,一般都会成为区域性的交通中心,所以会有多条主干道向腹地延伸,"掌状式"扩展会成为大都市向外围空间扩展的主要模式。四种模式的都市发展过程,在不同区域有不同表现特征。地理区位、交通条件等各种因素对城市的发展状态都会有重要影响。近现代以来,行政力量在城市发展中扮演着越来越重要的角色。行政区划的范围、行政等级的变更、行政力量的方向等对大都市的发展都产生着重要影响。城市的发展速度、发展方向除了受自然力的影响外,人为主观因素的影响也不可忽视。人们在布局城市和完善城市结构的过程中开始有意识地按照克氏中心地理论进行。

6.2　京津冀区域经济一体化的探索历程

京津冀三地在历史上是不可分割的整体,三地的行政归属也在反复变化,随着社会经济发展,三地从一个整体逐渐分化为三个部分。

6.2.1　京津冀行政区划的历史变迁

京津冀地区明代为京师(北直隶),到清代称为直隶,民国时期该区域始称为河北省,新中国成立后该区域沿用河北省这个称谓。河北省这个名称虽然没有变化,但其辖区却在发生变化,该区域由合到分的发展历程看,河北省的区划面积经历了从大到小的发展过程。从历史地图上看,明代的京师与清代的直隶所辖区域比现在的"京+津+冀"的面积大得多(如图 6-5 所示),京师与直隶在辖区上的区别在于,口北三厅①以及承德这两个在明代京师中不为京师管辖的区域,在清代已经为直隶所辖。所以从这个意义上看,直隶辖区比京师辖区要大得多。从现在的地图情况看,河北省的辖区面积比清代的直隶要小得多,除了京津两个直辖市从直隶辖区中独立出来外,直隶的南端部分区域、西北部部分区域以及东北部部分区域都从

---

① 口北三厅指张家口厅(今河北张家口市)、独石口厅(今河北沽源南)、多伦诺尔厅(今内蒙古多伦).

直隶的辖区中分别列为河南省、内蒙古和辽宁省管辖。目前的北京市和天津市分别是直隶辖区中顺天府和应天府所辖区域。在直隶的时候,顺天府和天津府就是两个经济较为发达的区域,这两个发达区域从原直隶辖区中独立出来后,河北省就失去了经济发展的两个"核"。从河北省辖区的发展历史角度看,河北省现在管辖的大部分区域为京师(北直隶)所辖,辖区内的宣府镇、延庆州、美峪所与清朝的宣

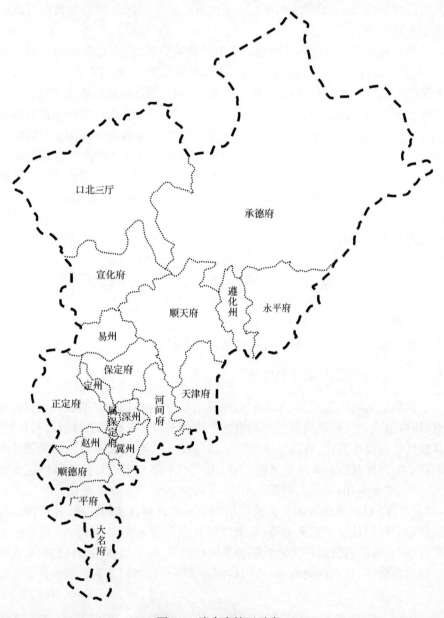

图 6-5　清直隶辖区示意

化府基本相当,明京师的管辖范围不包括清直隶管辖的口北三厅以及承德府(如图 6-5 所示)。

除此以外,河北省目前很多行政区域与当时的行政区域也在一定程度上发生了变化。清直隶所辖的顺天府、永平府以及最南端的广平府、大名府与清朝的广平府、大名府、顺德府管辖地域基本相当外,真定府比清朝的正定府管辖面积要大许多,保定府和河间府的管辖面积也比清朝的保定府和河间府要大很多。由图 6-5 可以看出,直隶管辖的面积包括了如下区域:口北三厅、承德府、宣化府、顺天府、遵化州、永平府、易州、保定府、正定府、定州府、深州、河间府、天津府、广平府、大名府、威县府等,大多数区域与现在的称呼基本一致,在管辖面积上,相当于现在的河北省的大部分以及天津全部、北京全部、河南部分区域、内蒙古南部与东南部以及辽宁西部。由此看来,直隶的面积比现在河北省的面积要大得多。现在的北京为直隶的顺天府,现在的天津为直隶的天津府。从地图面积初步估算,直隶的面积相当于现在河北省面积的 2 倍。河北省行政区划管辖范围的变化,最为明显的就是京津两个直辖市。根据史料,清乾隆时期,顺天府隶属直隶,共辖大兴、宛平、良乡、固安、永清、东安、香河、通州、三河、武清、宝坻、宁河、昌平州、顺义、怀柔、密云、霸州、文安、大城、保定、涿州、房山、蓟州、平谷等总计 24 个州县。

解放战争时期在平津战役结束后,人民解放军进驻北平郊区后,划定东至通州,西至门头沟,南至黄村,西南至长辛店,北至沙河为军事管制区。该区域就是北京市的最初范围。1949 年 1 月北平市人民政府成立,为了发展北京经济需要,在北平军事管理区的基础上,将更多的河北省区域经过四次划定在北京行政区划范围内:第一次是 1956 年 2 月将河北省昌平县划归北京市;第二次是 1957 年 9 月将河北省大兴县新建乡划归北京市;第三次是 1958 年 3 月将河北省的通县、顺义、良乡、房山五个县和通州市划归北京市管辖;第四次是 1958 年 10 月将河北省所属怀柔、密云、平谷、延庆四县划归北京市管辖。至此在北京主城区的外围形成了“十星抱月”的城市发展格局。北京不仅从原河北省辖区中独立了出来,还将河北省范围内的 10 个县划归为北京市。

随后在 1967 年 1 月,天津市也由河北省省辖市转为直辖市。天津的行政区划变迁也有一个过程。早在 1945 年 8 月,中共冀中区就成立了“天津工作委员会”,对天津行使管辖权,1948 年 2 月中共天津市委成立,第二年的 11 月份天津成为直辖市。但是 1958 年,天津又由直辖市转为了省辖市,隶属河北省。1966 年,河北省省会由天津迁往保定,天津随即降格为县级市。1967 年天津又转为直辖市,直到现在天津的直辖市地位未变。通过分析河北省的行政区划变迁史,可以进一步证明京津冀之间在历史上就是不可分割的整体,三地的经济一直是紧密联系在一起的。在三地的关系中,保定和天津都曾经做过河北省的省会城市,保定做省会城市的时间更长。三地存在密切的地缘政治关系,独特的历史变迁过程使得该区域出现了"省中有省"的局面。京津的发展离不开河北省,河北省的发展也不能离开京津,京津冀三地只有共生互动,才能够在更大程度上提升区域经济发展竞争力。

6.2.2　京津冀区域经济一体化的探索

　　京津冀在地缘上邻近,在文化上相通,三地在历史上同属一个行政区划。新中国成立后,北京和天津先后独立出来成为直辖市,区域经济影响力很快超过河北省。河北省与京津的发展差距逐渐拉开。京津冀同属一个行政区划的时候,三地在区域经济要素的空间布局方面很容易进行合理布局。京津两个大城市对腹地发挥区域经济中心的作用。京津冀整个区域表现为一个"攥紧的拳头",大城市对区域经济发展起着重要的聚合整合作用。在京津独立为直辖市后,河北省行政区划就变成了一个"空心的拳头"。京津两个直辖市被周边的河北省包围着,但由于行政区划原因,京津与河北省之间在区域经济发展的整合力度就被削弱。虽然在行政区划外形上看,河北省仍然是"北大南小",但在冀北地区实际上并没有形成区域经济中心。保定位于河北省的中心位置,原来是河北省的省会所在地,但省会迁移到石家庄后,保定的区域经济中心角色被削弱。保定虽然比石家庄有近邻京津的区位优势,但由于行政级别降低,保定的这种优势并没有发挥出来。随着京津大都市不断膨胀,大城市过度发展问题日显突出,将大都市的非核心职能向外疏解就进入议事日程。大都市职能向外疏解,就意味着在京津之外的河北省行政区划内发展与北京呼应的卫星城,这样就完全打破了行政区划的约束,在不同行政区划间构建城市体系。京津冀之间不对称发展问题多年来已经受到学界关注,专家学者提出"环京津贫困带"、"灯下黑"和"大树底下不长草"等很多提法。大都市对河北省的资源袭夺和长时间内吸收效应大于辐射效应问题,促使人们关注京津冀一体化问题。

　　在京津冀一体化方面,专家学者已经提出了很多观点,提出了有关京津与近京津的河北省之间的多种设想,曾经构想了"首都经济圈"的多种方案,但很多方案都停留在理论层面,京津冀一体化从未进入实质性操作流程。京津冀一体化不单纯是一个学术问题,只有行政层面进行对话,通过一体化的行政措施将京津冀整合在一起,京津冀一体化才能够从理论走向实践。近京津的河北省区域主要涉及保定、张家口、承德、唐山、廊坊、沧州等,在这些市级行政单元中,保定、张家口和承德的24个县列入国家贫困县①。这些市级行政单元都从自身条件出发,提出了对接京津的发展思路。保定作为京南第一个中等城市,与京津构成鼎足发展格局,很长时间以来就提出了"一城三星、城市向北、工业西进、对接京津"的发展思路。在产业

---

① 孟祥林.2013."环首都贫困带"与"环首都城市带":三 Q+三 C"模式的区域发展对策分析.区域经济评论,(4):6-67.

布局和基地建设等很多方面都提前做好了准备。

进入 2014 年以来,国家层面开始考虑京津冀一体化问题,这不仅是拉动河北省经济发展的需要,也是京津大都市合理发展的需要。纵观世界大都市的发展进程,都经历了从"吸收"到"分散"的发展历程,在吸收发展阶段,大城市以"摊大饼"方式向外扩展,但是该发展阶段中会出现很多城市病,最大的问题就在于在大都市与大都市周边会出现较大的"壕沟"。在"分散"阶段,大都市的职能会逐渐向外围空间疏解,在大都市的外围会出现分解大都市职能的卫星城,卫星城与大都市在区域内分层发展,为构建完善的城镇体系奠定了基础。京津冀没有在行政层面进入一体化进程之前,部分区域已经与京津进入了实质性的一体化发展进程。以廊坊为例,该城市位于京津中间,成为京津这个"双核城市团"中的重要节点[①],方便的交通已经将廊坊融入了京津,北京目前已经将部分教育职能向廊坊疏解。在京津冀一体化进程中,由北京、天津、唐山和保定构成的"京—津—唐—保""双核+双子"模式的城市体系正在形成[②],在这个城市发展格局中构成了"京津保"三角形和"京津唐"三角形,以京津两个大都市为核心逐步形成跨区划的城市体系。

在京津冀一体化的探索历程中,京津冀城市圈的范围也在不断扩大,从最初的 100 公里城市圈到 200 公里城市圈再到 300 公里城市圈(如图 6-6 所示),中间经历了多次变化。目的在于以京津两个大都市为核心,将更多河北省地区纳入一体化进程当中。此间人们更多讨论的是以京津为核心构建"空间三角形"问题。京津冀地区几个主要的三角形地带:京张承三角形、京津保三角形、京津石三角形、京津唐三角形,这些三角形以京津为核心,将京津周边的保定、唐山、石家庄、张家口、承德等重要城市包括了进来。在首都城市圈概念逐渐扩展的情况下,衡水、沧州和秦皇岛等也都逐渐走入京津冀一体化进程当中。

吴良镛认为[③],京津冀一体化势在必行,在国际经济发展进程中,京津冀地区面临着诸多挑战,这主要来自东北亚的城市竞争,区域内部中心城市与腹地之间的发展差距,资源环境"瓶颈"日益突出。诸多因素促成京津冀地区必须走一体化的道路。京津冀地区面积广大,京津两个大都市是该区域的核心,必须在发展大城市的同时充分发展小城市,广大腹地与中心城市之间形成良性互动。在京津冀一体化进程中需要有"大北京"、"大天津"的发展思路,此间京津周边的近京津地区也要有"大保定"、"大唐山"、"大张家口"、"大承德"的思路,做好承接京津职能的准备。京津周边地区要围绕京津大都市做文章,通过产业耦合融合到京津大都市当中去。

---

① 孟祥林. 2011"双核+双子"理念下京津冀区域经济整合中的唐山发展对策研究. 城市,(4): 15-21.

② 孟祥林. 2011. 大北京视域下的保定发展思路分析. 中国城市化,(3):40-46.

③ 祝尔娟. 2008. 京津冀都市圈发展新论(2007). 北京:中国经济出版社,4-6.

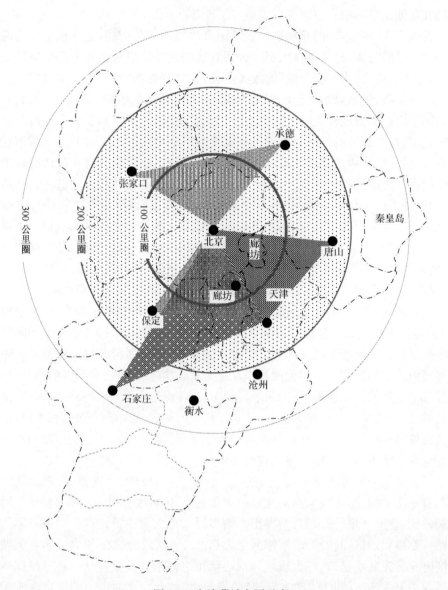

图 6-6　京津冀城市圈示意

　　在"京津冀一体化"思路出现之前,1983 年的《北京市总体规划》中第一次使用"首都圈"这个概念①,随后在吴良镛编制的《京津冀北(大北京)城乡空间发展规划研究》中将"首都圈"称为"大北京",在相关文献中提出了京津职能向外围疏解的初步设想。在"大北京"概念提出后,学术界开始针对该问题展开广泛讨论,京津冀地

　　① 祝尔娟. 2008.京津冀都市圈发展新论(2007).北京:中国经济出版社,18-19.

区开始成为人们关注的焦点,专家学者开始关注京津影响下的河北省发展问题,对京津以及"环北京"地区的发展问题展开深入讨论。以该主题为内容的学术研讨会开始增加,最早的一次研讨会是京津冀的上百位专家进行的"首都及周边地区生产力合理布局研究"和"京津冀地区经济发展研究"。京津冀分散发展劣势以及整合发展的优势都逐渐清晰起来。京津冀原本属于同一个行政区划,人们开始探索京津冀一体化发展的实施对策。2006 年曹妃甸列入国家"十一五"发展规划,这是首都职能向河北省疏解的重要举措。

6.3　京津冀区域关系与存在问题分析

京津冀与环渤海地区,连接了北、南、西三个方向,在东北城市群、西北城市群和长三角城市群中居于核心位置。

6.3.1　京津冀区域关系与区域影响力

由图 6-7 可以看出,河北省北宽南窄,区域重心在北部,在京津两个大都市成为独立的行政单元后,河北省北部实际上已经没有了区域中心,河北省环绕在京津外围,保定北部的河北省与京津在区域关系上形成了"大环套小环"的区域关系,京津与其他区域建立联系都要经过河北省。京津在河北省的发展中实际上发挥着核心作用。图 6-7 将京津冀内部及京津冀与其他区域之间的关系划分为 5 层。第①层即核心层,该层仅仅限于北京行政区划内部,区域经济发展过程中只要做好行政区划内部文章即可。第②层涉及京津之间的合作,两个大都市相互作用过程中,资源得到高效整合,在京津冀区域发展中扮演着"双核"角色,"双核"对京津冀的发展发挥着重要作用。第③层是由京津与近京津的河北省区域构成的,近京津的河北省区域主要包括保定以北的河北省,京津冀一体化的初期应该主要将一体化的范围定位在第③层,该层涉及的区域包括保定、张家口、承德、唐山、衡水、沧州和廊坊等。第④层涉及的区域除了京津冀外,还包括晋东、蒙南、辽南以及鲁北和鲁西等区域,该层实际上与环渤海的范围相当,这是京津冀的衍生域。

自 20 世纪 80 年代"环渤海经济带"概念提出,专家学者针对"环渤海经济带"问题提出了很多建议,所有这些建议包括两层内容:其一是要以环渤海的港口资源为依托,其二是要依托京津两个大都市,两层内容综合在一起实际上就是以京津两个大都市为依托,构建环渤海腹地与其他区域之间的联系,强化环渤海地区在东北亚区域经济发展中的地位。所以该层也是在环渤海大背景下,强化京津冀在华北地区的经济影响力的突破口。第⑤层是将东北城市群、长三角城市群和部分西北城市群整合在一起,进行高效互动的区域经济发展扩展层,该区域除了涉及长三角、东北地区外,将中原城市群也整合在了一起。

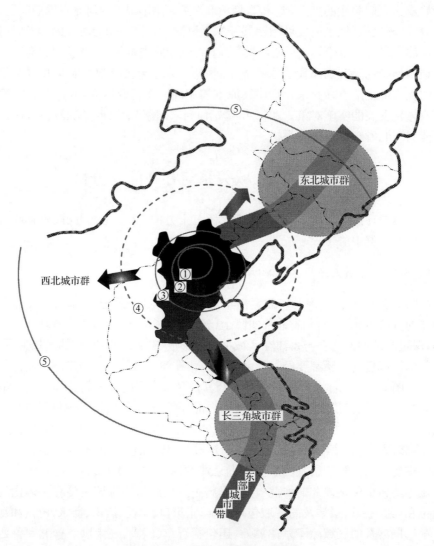

图 6-7　京津冀的位置与区域影响力

6.3.2　京津冀一体化圈层划分

京津冀地区可以按照相互之间的关系区分为区域$_1$、区域$_2$和区域$_3$。如图 6-8 所示,区域$_1$是北京行政区划范围内的区域构成,区域$_2$是由河北省保定北部的近津京区域构成,区域$_3$由河北省保定北部的远京津区域构成。区域$_3$的全部与区域$_2$中的涞水、易县、涞源、涿鹿、怀来、赤城、丰宁、滦平、兴隆等区域为“环首都贫困带”。由图 6-8 可以看出,区域$_2$存在“北厚南薄”的问题,越是相对厚的区域与首都间的发展差距越大,越是薄的区域与首都间的发展差距相对较小。区域$_2$中的

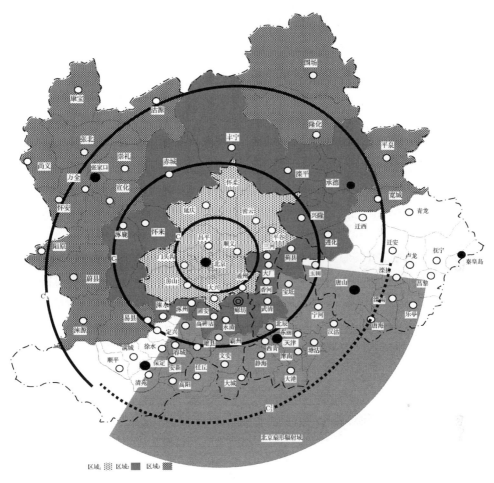

图 6-8　京津冀一体化三个圈层的划分

涿州、固安、永清、武清、香河、大厂、三河、蓟县、遵化等虽然县级行政单元的面积较小,但区域发展状态要远远高于"环首都贫困带"地区。在区域₁内,以北京为核心,大都市的影响力向门头沟、昌平、顺义、通州、大兴、房山等区域扩展,形成了以北京为核心的小城市环,依托首都优势,这些县级行政单元与首都之间都建立起了发达的交通网络,能够在较高水平上实现资源整合。小城市在北京行政区划内已经形成了"遍地开花"的局面。依托这个小城市环,北京的大都市辐射力逐渐向外围扩展,但从总体上看,北京东侧的辐射力高于南侧,在区域₁的影响下,京津之间的廊坊和天津以西的廊坊区域都已经融入"首都经济圈",环北京 13 个县级行政单元的固定电话区号已经改为010[①],这些县级行政单元都位于图 6-8 中的区域$_2$。这说明在京津冀一体化进程中,以北京为核心开始在软区划方面着手进行制度设计,但这种制度的共享区域还相对较小。

进行深度的一体化,需要将大都市的影响力继续向外扩展到区域$_2$。图中依托单个区域,将首都的影响范围,从内向外区分为了 C_1、C_2、C_3 三个层次,其中 C_1 层次与区域$_1$ 是一致的,C_2 层次与区域$_2$ 是一致的,C_3 层次是由 C_3^1 和 C_3^2 两个层面构成的,C_3^1 与前面谈到的区域$_3$ 涉及的"环首都贫困带"是一致的,C_3^2 如图 6-8 中的虚线弧所示,C_3^2 包括保定、廊坊、天津、沧州、唐山等部分区域,与 C_3^1 形成环首都的第三个影响圈层。C_3^1 和 C_3^2 虽然同处环首都的第三个圈层,但与首都形成的互动关系是有差别的,C_3^2 是北京对外施加辐射影响的主要区域(如图 6-8 中所示的"北京扇形辐射域"),这个扇形域的西侧边线是"北京—保定",东侧边线是"北京—唐山",天津市和河北省的廊坊等都位于这个扇形域内,这是京津冀一体化发展基础较好的区域,在区位上也具有得天独厚的优势。在北京、唐山、保定之间构成了"京—保—唐"三角形,在该"三角形"内,包括了"京—津—保"三角形和"京—津—唐"三角形,以京津"双核"为依托,正在形成"多核"的发展格局,这也是京津冀一体化发展的方向,在京津冀一体化思路下,保定、唐山等逐渐发展成为京津周边的次级经济核,成为由北京、天津、石家庄组成的"京—津—石"三角形中的重要组成部分。

6.3.3　京津冀一体化进程中存在问题分析

(1)区域内部发展状况不均。京津冀三地经济发展状况不对等,京津两个大都市虽然处于河北省的包围中,但与河北省的发展状况存在较大差距,在环京津的近河北省地区存在一个"贫困带"。京津在各自的行政区划内都已经形成了以大都市为核心的由众多小城市构成的城镇体系。近京津的河北省地区并没有充分发挥与京津的地缘优势,在长期的发展中京津与近京津的河北省之间存在着不对称发展局面。如图 6-9 所示,京津冀之间的不对称发展是由京津与河北省之间的资源不对称流动造成的。根据区域经济发展的极化理论,资源在聚集经济效应下会更加倾向于向大都市移动。图中 C_1^1 和 C_2^1 表示京津的城市发展状况,曲线在纵轴上的截距越高,表明城市的发展规模越大,京津大都市从 C_1^1 向 C_2^1 发展的过程中,对周边资源主要产生的是吸收作用。在京津大都市迅速发展的同时,行政区划内的小城市 C_1^1 和 C_2^1 等都得到了同用程度的发展,大都市对腹地的辐射作用也只限于

---

① 这 13 个县级行政单元是:保定辖区内的涿州、涞水;张家口辖区内的涿鹿、怀来、赤城;承德辖区内的丰宁、滦平;廊坊辖区内的三河、大厂、香河、广阳、安次、固安.

行政区划内的小城市,所以京津吸收作用的影响范围(图中的箭头 a_1^1 和 a_1^2)与辐射作用的影响范围(图中的箭头 a_2^1 和 a_2^2)是不对称的。图中为了说明问题,将近京津的河北省行政区划内的小城市用 C_1^h 和 C_2^h 表示,与 C_1^j 和 C_2^j 相比,C_1^h 和 C_2^h 受到来自京津的辐射影响较小,河北省的城镇化状态与京津存在着较大反差。

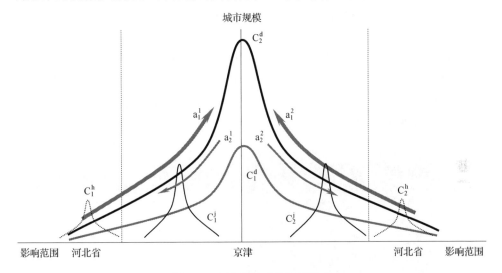

图 6-9　京津冀不对称发展示意

（2）区域优势没有得到有效整合。京津冀一体化从目前状况看就是大都市与发展相对滞后地区间的一体化。京津冀三地在历史上就同属一个行政区划,三地在区域经济发展上是不可分割的。京津作为大都市,具有人才优势、技术优势、信息优势、教育优势,对全国发挥着经济核心的作用,在资源聚合整合方面具有强大的优势。但是在区域经济发展不对称的情况下,大都市对周边区域在很大程度上发挥的只是资源吸收作用,这从周边城市在发展进程中提出的"对接京津、服务京津"的思路上就能够体会出来。京津大都市对周边地区产生吸收作用的范围远远大于产生辐射作用的范围。相对于京津两个大都市,河北省具有广大腹地,能够承接京津由于过度发展而向外疏解的部分职能。但是京津在城市化进程中,城市职能向外疏解的范围仅局限于行政自身区划范围内,于是在行政区划两侧的区域经济发展状态出现了较大差别。学界将这种差别称为"壕沟"。"壕沟"的存在说明,行政区划两侧乃至更大范围内的资源没有得到有效整合。根据区域经济发展原理,城市的"中心性强度"在腹地内是逐渐递减的,但是在京津冀之间这种递减规则以行政区划为界出现了断裂。

如图 6-10 所示,以 L_0 为分界线,左侧为区划A,右侧为区划B。在一般情况下,如果不存在由于行政区划造成的资源聚集障碍,则 L_1 是城市由核心区域向外围空间扩展过程中地租的变化过程,但是存在行政区划阻隔的情况下,地租的变化状态就有所不同。图中 $L_2^1 \to L_2^2 \to L_2^3 \to L_2^4$ 和 $L_3^1 \to L_3^2 \to L_3^3 \to L_3^4$ 分别表示了城市发展的低、高两种状态,在每种状态下,地租曲线在区域内与区域间的状态有所差异,以 $L_2^1 \to L_2^2 \to L_2^3 \to L_2^4$ 为例,在 L_2^1 过渡到 L_2^2 的情况下,L_2^1 与 L_2^2 间的落差较小,而 L_2^2 过渡到 L_2^3 时,L_2^2 与 L_2^3 间的落差变得较大。同样在 $L_3^1 \to L_3^2 \to L_3^3 \to L_3^4$ 也表现出同样的变化特点,只是在相同点上的地租线的落差变得更大。从图中可以看出,L_3^1 与 L_2^1 间的距离大于 L_2^1 与 L_2^2 间的距离,L_3^2 与 L_3^3 之间的落差大于 L_2^2 与 L_2^3 间的落差。L_2^2 与 L_2^3 间、L_3^2 与 L_3^3 间地租落差较大的原因在于 L_0,L_0 是区域^{A}与区域^{B}的分界线,在行政力量的作用下,L_0 附近的资源富集程度是有差异的,从而出现了不同水平的资源聚集效应。

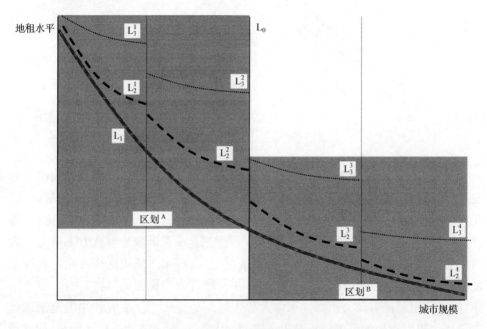

图 6-10 行政区域对地租曲线的影响

(3)京津冀区域经济发展存在极化问题。区域经济发展中的极化问题,即不同区域在经济发展进程中出现了严重不对称。京津冀虽然存在地缘关系,但由于区域发展状态存在较大差异,所以在资源的聚合和整合力方面也苦乐不均,京津两个直辖市在融合发展进程中,在京津冀区域内形成了"独霸天下"的发展局面,京津冀区域经济发展进程中存在着较大的极化问题。在京津冀三地内,高级中心地与腹地小城市之间的关系是有差别的。京津两个直辖市是大都市对腹地小城市通过"市辖县"直接产生影响,河北省则是通过"省辖市"而后再通过"市辖县"方式在大城市与小城市之间建立联系。不仅如此,相对于京津,河北省地域面积广大,省会城市石家庄与腹地内的其他 10 个中等城市建立联系的过程中,由于这些中等城市分布在河北省省域的各个地方,所以不同区域间建立联系的成本较高。京津两个直辖市面积较小,小城市密度大,区域经济发展过程中的聚集效应强。小城市依托大都市能够在较小的区域内形成"大核效应"。京津两个直辖市由河北省包围,表面上是京津冀三地的核心,而实质上是本行政区划的核心。随着京津间高效便捷的交通通道形成,在华北地区逐渐形成了"双核"发展格局,在三地间没有突破"硬区划"的前提下,京津的发展速度远远超过河北省,过度不对称发展使得京津冀区域内出现了"极化问题"。

(4) 行政关系与市场关系不对称。区域经济发展是在行政和市场这两个力量作用下发展着的,这两种力量发挥作用的程度是有差别的,行政力量高于市场力量是多年来存在的问题。在区域经济发展进程中,京津两个大都市表现出来的状况是有差别的,两个大都市的共有特点是,二者都是大都市,在区域经济发展进程中扮演着核心角色。两个都市的区别在于,北京除了大都市优势外,还具有首都优势。首都优势使得京津冀三地之间不仅互动水平较低,而且即使有互动也是不对称的互动。在区域经济发展进程中,京津与河北省是不能截然分开的。但是资源的流向往往是按照行政力量进行的,市场力量在三地之间一体化进程中发挥的作用远远弱于行政力量。张家口和承德在与京津的关系中扮演的是"生态屏障"的角色,在远离京津的其他区域能够有所发展的污染企业在张承地区不能发展,张承地区为京津的生态环境做出了较大的贡献,但京津大都市的城市影响力并没有按照市场原则向张承地区辐射,于是在河北省与京津之间就出现了"贡献"与"受益"不对称的问题。按照"贡献与受益"的对等原则,在张承地区为京津的发展做出贡献的情况下,张承应该从京津的发展中获得更多的收益,在张承与京津之间能够建立基于市场原则的互动关系。然而由于行政力量高于市场力量,京津对周边区域的吸收作用大于辐射作用,京津与河北省之间不能实现平等对话。弱化行政力量,强化市场力量,在硬区划的基础上构建软区划,在三地之间构建对话的平台,才能够将京津冀一体化从理论走向实践。

6.4　京津冀一体化治理模式基本框架

京津冀一体化需要在三个层面实现对接:高层对接、部门对接和区域对接,如图 6-11 所示。第一个层面的对接——高层对接。高层对接即高层对话,对话的内容在于转变观念,这需要京津冀三地通过联席会议进行磨合。京津冀一体化长期以来只停留在学术层面,各种民间团体也在通过各个层面进行讨论,一些经济实体也在不同层次上实现了合作。但是在京津冀区域经济协同发展上,由于行政区划造成的壁垒问题实际上始终存在。区域经济合作应该是自上而下的合作,只有首先进行高层对话,在理顺区域关系的基础上实现资源合理分流,才能彻底消除行政壁垒,在更广泛的空间内实现生产力均匀布局。高层对话是区域间进行合作的基础,从"京津冀一体化"的发展历程角度看,从"首都经济圈"提出,到"首都经济圈"的区域界定,一直停留在理论层面。京津冀之间的联系主要停留在民间层面。京津冀三地各自的优势没有在较高水平上实现整合。京津处于过度发展状态,河北省也缺乏发展动因。优势的地缘经济关系没有充分发挥出来。从区域经济发展趋势判断,京津冀三地都有一体化发展的愿望,但在合作机制上需要进行制度创新,只有高层思路转变,并且京津大都市以平常心态与河北省积极对话,才能够使京津冀一体化进入实质性的操作阶段。

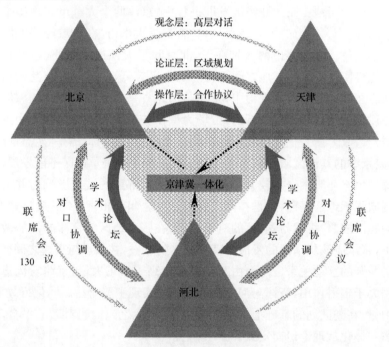

图 6-11　京津冀一体化示意

　　第二个层面的对接——中层对接。中层对接即区域规划,该层面的责任在于通过区域规划对一体化问题进行充分论证,这需要建立在对口协调的基础上。在京津冀一体化的区域界定上也是不断变化的。最先提出了"1+3+6",而后又修改为"1+3+9",两种界定方式的不同点在于"6"和"9"上,"1"指北京,"3"指天津的武清、蓟县和宝坻三个区县,"6"指隶属河北省的保定、廊坊、张家口、承德、唐山和秦皇岛,"9"是在原先"6"的基础上加上了衡水、石家庄和沧州。根据区域经济发展理论,区域经济一体化进程需要分层发展,河北省在区域结构上呈现北宽南窄特征,保定以北的河北省地区以接近正圆的区域形状包围着京津。京津冀虽然具有地缘关系,但由于分属不同的行政区划,所以在区域合作过程中需要对口协调,协调过程就是均衡利益的过程,区域经济一体化要使合作各方彼此之间创造正的外部经济收益,在资源高效配置的基础上实现生产可能线向外扩展,合作各方都要从一体化实践中获益。

第三个层面的对接——底层对接。底层对接即让"一体化"的理念变成实践,通过具体的行为方式使三地之间在经济、文化等方面进行耦合。三地通过签订合作协议等方式使一体化进入操作化阶段。该层面是京津冀一体化从理论走向实践的阶段。只有第一层面和第二层面的准备工作做充分,第三层面才能够具有操作平台。在该阶段中,京津冀的经济实体在一体化平台上实现互动,资源从京津大都市疏解到近京津的河北省范围内,在河北省范围内逐渐发展出更多的核心产业和经济增长点,并在此基础上继续向外扩展到更大区域。目前在第三层上只是在学术论坛方面具有较大进展,基于第一层和第二层的操作平台还没有完善,这也是京津冀一体化进展迟缓的关键点。

6.4.1　完善区域协调发展机制

京津冀一体化从理论走向实践,不仅需要有恰当的政策,而且需要有恰当的机制,在京津冀三地之间构建一体化发展的机制,不仅是必要的也是可能的。虽然在京津周边存在"环京津贫困带",但"环京津贫困带"的资源非常丰富,在与京津谋求融合发展方面可以建立起很多通道。

(1) 教育一体化。京津具有丰富的高水平教育资源,将这些优质教育资源向周边辐射,不仅可以解决京津的资源拥挤问题,也可以拉动周边地区的发展。廊坊作为京津两个大都市之间的一个重要节点,已经疏解了首都的很多教育职能。在首都规模继续向外扩张的情况下,京津可以将向外疏解的主要区域定位在前面谈到的"北京扇形辐射域"范围内。在这个"扇形域"内,保定会成为京津冀一体化进程中京津职能的首选疏解地。在相同行政级别的城市中,保定的高校密度是最高的。作为全国历史文化名城之一,保定具有深厚的文化底蕴。在承接京津疏解的教育职能方面具有足够的空间。京津冀教育一体化,就能够在很大程度上促进京津冀联动发展。

(2) 金融一体化。京津冀实现异地同城办理金融业务,就能够在三地间创造金融服务的便利条件。在京津冀一体化进程中,需要将京津的金融服务主体更多地向周边地区辐射,形成"北京扇形辐射域"的金融网络,以此为核心逐渐向周边区域扩展。京津冀金融服务一体化，在一定程度上就能够推动投资行为一体化，进而在较大区域内均匀布局投资主体，金融资源在三地实现要素价格均等化。根据经济学规律，生产要素通过寻租行为总是要倾向于布局在边际收益最高的区位上。在自然状况下，大都市在资源聚集过程中能够产生较大的聚集节约效应。

（3）优惠政策一体化。京津大都市在聚集资源方面具有得天独厚的优势，资源在京津能够得到较高的聚集经济边际效益。京津冀一体化需要在更大范围内，在三地逐步建立一体化的政策，通过行政导向将资源合理分流到京津周边区域，在京津周边逐渐培育起经济增长点。在一体化的政策指导下，资源无论在京津布局还是在京津周边的河北省布局，都能够享受到均一的政策服务。资源在京津周边布局就能够得到更大的边际收益，政策一体化就意味着京津大都市对周边地区产生较大的辐射作用，大都市由过渡发展变为合理发展，在京津周边地区逐渐产生更多次级经济中心，与京津大都市呼应，通过"群芳吐艳"的城市发展格局改变目前"一枝独秀"的发展状态。

（4）交通发展一体化。京津唐城市群、长三角城市群、珠三角城市群是对全国具有重要影响力的三个城市群。在区域经济发展中，京津冀城市群在联系东北、西北、华中和华东的过程中扮演着重要角色。京津冀地区以京津为核心，已经形成了发达的交通网络。但是从京津冀一体化角度看，以京津为核心的交通网络需要进一步细化，在主干交通网络体系下，逐步构建起京津保（北京—天津—保定）、京津石（北京—天津—石家庄）、京津张（北京—天津—张家口）、京津承（北京—天津—承德）、京津唐（北京—天津—唐山）等便捷高效的交通网络，要从中等城市深入到县级行政单元，构建覆盖县级中心地的交通体系，在京津冀地区构建起以京津为核心的，覆盖保定、石家庄、张家口、承德、唐山、沧州等河北省属地的中等城市的环状交通网络。图6-12展示了京津与保定、唐山构成的"双核＋双子"的城市发展结构，以及"京津保"三角形和"津保石"三角形。由于北京目前的发展方向是向东和向北，向南的扩展实力较弱。以京津为核心形成的"京津唐"、"京津保"、"京津石"三个三角形中，目前"京津唐"已经形成了相对较为完善的交通网络，但是"京津保"三角形的"津保边"还未构建高速城际铁路，如图6-12所示，"津保边"上的铁路只要将霸州到保定段修通，就能够形成三角形的"京津保"城际交通网络，"保定—霸州"成为了"京津保"三角形的短板。同样在"京津石"三角形中，"天津—石家庄"之间还未形成高效便捷的城际铁路，由于城市间的时间距离较长，所以城市间的耦合程度较低。虽然在相关规划中，将石家庄列为"首都圈"，但在实践上还不能实现一体化。世界大都市的发展历程表明，密集高效的交通网络系统，是将大都市与卫星城融合发展的基础，交通网络一体化能

够使资源在大都市与卫星城之间实现均匀布局,在主城市影响下促进更大腹地
实现同步发展。

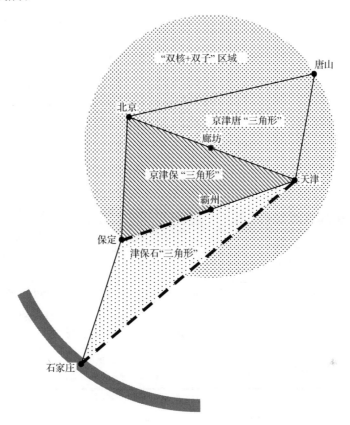

图 6-12　"京津保"与"京津石"交通网络一体化示意图

6.4.2　明确"首都圈"各行政单元的功能定位

京津冀三地只有各自明确功能定位(如表 6-1 所示),才能够在发展中相互协
作。京津两个直辖市是京津冀的核心,在区域经济发展中扮演着核心城市的角色。
河北省的绝大部分面积包围在京津周围,这是京津职能向外疏解时必然要选择的
区域。但是京津职能在向外围疏解的过程中,一定要持有主动合作的心态,才能够
谋求京津冀均衡发展。京津冀之间应该是竞争基础上的合作关系,京津的职能
疏解不能成为"甩包袱"的过程。京津尤其北京是教育中心、政治中心、科技中
心、人才中心,近京津的河北省地区在京津周围的不同方向上,应该有不同的发
展选择。

表 6-1　京津冀"首都圈"城市功能定位

城市	功能定位	发展方向
北京	"双核"城市群核心	京津冀的核心,文化中心、信息中心、管理中心、技术中心
天津	"双核"城市群核心	面向东北亚,发展成为辐射环渤海经济区的大型港口,北方国际物流中心和航运中心,成为世界一流大港
保定	"双核"南侧疏解地	特色农业、特色旅游,承接京津职能,发展成为集教育、旅游、休闲以及汽车、电力和高新技术于一体的京津周边卫星城
石家庄	城市群南缘次级中心	物流中心、文化中心,京津冀一体化发展的核心城市,覆盖河北省,协同京津发展,成为京津周边的增长极
唐山	"双核"东侧疏解地	重点发展重化工、能源、机械制造、建材、钢铁等产业,发展成为京津周边的经济增长核
张家口	京津大都市"后花园"	发展煤炭、机械、建材、旅游和农产品深加工,发展观光型和休闲型旅游产业,打造成为京津的后花园
承德	京津大都市"后花园"	首都生态屏障,水资源保护,大力发展生态工程,包括生态农业、生态旅游等
秦皇岛	旅游休闲中心	经济中心、商贸中心、文化中心、旅游中心,交通中心、港口物流中心
沧州	区域经济"隆起带"	重点发展八大产业化工、物流、电力能源、机械制造、旅游、特色农业、建材、钢铁。形成京津冀区域经济"隆起带"
衡水	滨湖旅游度假区	发展特色加工业,打造农副产品供应基地,逐步形成北方滨湖旅游度假城

6.4.3　构建一体化的基础设施

　　构建一体化的基础设施,关键是要构建一体化的交通网络设施。要逐步完善京津石和京津保的"三角形"高效便捷的交通网络。只有交通问题解决了,才能够真正实现"异地同城化"。以日本为例,在城市发展进程中首先采取了"交通先行"的发展策略,早在 1884 年日本开始对城市发展进行了前瞻性规划,日本最初的地铁也是于 1927 年建成的,1964 年贯通东京到大阪的时速达 100 公里的新干线通车,现代化的铁路设施将相邻的城市紧密联系在了一起[①]。在欧美的逆城市化阶段,也首先是由于高效便捷的交通通向了城市郊区。虽然私家车在此期间扮演着重要角色,但公共交通工具在此期间扮演着更加重要的角色。在郊区或者卫星城,人们可以拥有更加宽松的生存空间。富人开始向城市郊区聚集,在大城市外围出现了专业化程度较高的卫星城。城市职能向外围空间迁移,不仅在更大腹地内发

---

① 杜建人.1996.日本城市研究.上海:上海交通大学出版社.

挥了大都市的辐射力,而且带动了乡村的发展。"大都市圈"的形成仰赖一体化的基础设施,进而对都市腹地造成了较大影响:其一是城市与城市之间的地带得以深度开发,拉动了农村城镇化进程,模糊了城乡间以及不同等级的城市间的差距;其二是将临近的工业地带链接在一起,在城市间形成了绵延的工业带。都市的充分发展带来了正面影响的同时,也带来了较大的负面影响,城市交通拥堵就是最重要的问题。很多城市居民虽然在远离城市中心的地方居住,但还是要到市中心上班,于是花费在交通上的时间就很长。为了让城市更加人性化,企业、政府也要考虑将城市职能向外疏解,只有城市职能在更大腹地内实现均匀化布局,才能够彻底解决城市居民的通勤成本问题。所以只有基础设施一体化发展,才能够让大城市与小城市通过职能一体化实现对接。

第7章　绿色发展与京津冀雾霾治理一体化

　　绿色发展拒绝以"经济人"为主体思路的黑色发展所走的高污染、高消耗、高排放的道路,倡导构建一条低污染、低排放、低消耗并强调通过人与人、人与自然的和谐共处以实现人类存在意义和价值的道路。绿色发展指标体系有助于人们把握国家或区域的发展方向,调整各方面的政策以引导国家或区域向绿色发展的目标迈进,从而改善人们的生活环境。为雾霾治理提出了具体的政策方向。

　　2013年年初,京津冀等地遭遇到最严重的雾霾天气。进入十月份之后,大范围的雾霾污染又蔓延至哈尔滨、沈阳、上海甚至三亚等地,从东北三省到华南地区无一幸免,涉及25个省份、100多个城市。据统计,在2013年,中国平均雾霾天数为52年来的最多,创下历史纪录。"雾霾锁国"、"雾霾袭城",严峻的雾霾天气正在侵蚀着中国人最基本的生存权、健康权,也影响了中国的国际形象,迫使全体国人反思过去几十年经济快速发展和人类生活无限扩张对生态环境带来的伤害,并开始思考中国未来的发展将何去何从?

　　实际上,在2012年年底召开的中国共产党第十八次全国代表大会上,代表最广大人民群众根本利益的中国共产党已经做出了回答:将生态文明建设放在更加突出的位置,把生态文明建设与经济建设、政治建设、文化建设、社会建设并列写入了执政党的报告中,提出"我们一定要更加自觉地珍爱自然,更加积极地保护生态,努力走向社会主义生态文明新时代。"这是党的重要报告中首次单篇论述生态文明,并首次把"美丽中国"作为未来生态文明建设的宏伟目标,既体现出中国共产党对中国特色社会主义总体布局认识的深化,也彰显出中华民族对子孙、对世界负责的精神。一言以蔽之,建设美丽中国是全体国人共同的目标,而走绿色发展的道路是实现美丽中国目标的根本途径,也是全体国人对中国未来发展何去何从做出的唯一答案。

　　那么,什么是绿色发展呢? 它和过去的发展途径又有何区别? 与过去衡量经济发展的国民经济核算体系中的核心指标(GDP)不同,衡量绿色发展的指标又包括哪些内容呢? 目前,国内外的理论和实践关于绿色发展的内涵还没有达成共识,对于绿色发展指标的内容更是众说纷纭。因此,面对严峻的环境形势,研究绿色发展的内涵和绿色发展指标体系的内容具有一定的重要性和紧迫性,对于实现京津冀地区雾霾的协同治理以及建设天蓝山青水绿的"美丽中国"有着重要的意义。

7.1　绿色发展的内涵

　　天空是什么颜色的？如果在过去,我们会毫不犹豫地回答是蓝色的;大山是什么颜色的？如果在过去,我们也会不假思索地回答是青色的;河流是什么颜色的？如果在过去,我们也会异口同声地回答是绿色的……然而,在今天,当再问起这些简单的不能再简单的常识问题时,我们可能会有所犹豫,不知道如何作答,因为天空已不再那么湛蓝、大山已不再那么青葱、河流也不再那么秀美。为了使天蓝山青水绿的美丽中国在未来不仅仅只停留在我们这一代记忆中,更为了使我们的下一代不仅仅只是在画面中去欣赏美丽的中国,走绿色发展的道路势在必行。那么,这又是一条什么样的道路呢？它是历史上早已存在的还是人类社会发展到一定阶段产生的新的道路呢？在这里,我们将从三个角度出发,全面、系统地介绍这条绿色发展的道路,尽可能详细地描绘出我们将在这条道路上看到的美丽"风景"。

7.1.1　历史视角下的绿色发展

　　在过去的历史长河中,人类经历了从公元前两百万年到公元前一万年的原始文明、从公元前一万年到公元 18 世纪的农业文明以及从公元 18 世纪到 20 世纪的工业文明;迈入 21 世纪,人类正在由工业文明向生态文明即绿色文明转变。工业文明在两个世纪、不到三百年的时间里创造了"比过去一切世代创造的全部生产力还要多"①的辉煌成就,而这种辉煌成就是在人类积极主动适应自然、改造自然甚至企图征服自然的过程中创造的,因此,人类在工业文明时期对自然带来的破坏也比过去一切世代的破坏还要多。恩格斯曾经警告过人类:"我们不要过分陶醉于我们对自然界的胜利。对于每一次这样的胜利,自然就都报复了我们。"恩格斯的话不幸言中,面对人类贪婪的欲望和对自然疯狂的索取和破坏,与人类生息与共的自然也绝不会束手就擒,也开始向人类展开了更加猛烈的报复。从卡特里娜飓风、印尼海啸再到汶川大地震,从全球变暖、沙尘暴再到雾霾,人类在这些灾难面前显得是那么的渺小,甚至毫无招架之力。"生存还是毁灭"这个值得思考的问题并不仅仅存在莎士比亚优美的文字中,也是当前摆在人类面前的最紧迫的问题。人类发展的历史走到了一个新的十字路口,世界向何处去？中国向何处去？唯一的答案就是要走一条不同于过去任何时期尤其是工业文明时期的道路,那就是坚定不移地走绿色发展的道路。

　　人类发展的历史从来不是单调乏味,而是丰富多彩的。如果用色彩形象地诠释人类社会从原始文明、农业文明、工业文明再到生态文明的演进历史,那就是原

---

　　① 　马克思,恩格斯. 1995. 共产党宣言. 马克思恩格斯选集. 二版第一卷. 北京:人民出版社,277.

色发展、黄色发展、黑色发展再到绿色发展的色彩图谱。

1. 原始文明与原色发展

原始文明存在于从人类诞生到农业文明之前的百万年时间里,这段时期又称为石器时代。在原始文明时期,人类处于大自然的整体环境中,敬畏自然、顺从自然,心甘情愿地匍匐于自然的脚下,人与自然之间的关系是简单朴素的和谐关系。为了在这种自然状态中生存下去,人与人之间是一种平等、自由和互助的关系,"凡是共同制作和使用的东西,都是共同财产:如房屋、园圃、小船"①。这也是中国儒家学说创始人孔子推崇的"天下为公"的"大同社会",也是法国近代政治思想家卢梭推崇的由平等、自由的"野蛮人"组成的"自然状态"。

在这一时期,人类文明还处于蒙昧状态,平等、自由的"野蛮人"过着一种群居的生活,他们联合起来共同劳作的目标只有一个——那就是满足基本的生存需求,不被自然淘汰!其他政治、经济、文化上的发展尚无处在萌芽状态。按照生物学的定义,原色是指不能透过其他颜色的混合调配而得出的"基本色"。原始文明状态下的发展脉络就是不能通过政治、经济、文化等内容阐释和描绘出来的"基本色",是人类社会最纯粹的状态。因此,我们将原始文明状态下的发展方式称为"原色"发展,在这一时期,大自然就像一块原色的"调色板",等待着更有智慧的后人画出更多、更美丽的色彩。

2. 农业文明与黄色发展

大体历时一万年的农业文明是人类文明史的第二个阶段。在这一阶段,人类从原始的渔猎、采集生活过渡到了以农耕畜牧为主的农业社会。由于铁器等生产工具的出现实质性地提高了人类改变自然的能力,人与自然的关系开始由原始社会被动地依赖自然逐渐地转变为积极、主动地改造自然。随着农业经济的发展,人口逐渐增加,人类对自然的改造和控制能力逐渐提高,人类已不再局限于在那些天然条件优越的地方耕种和放牧,人类开始砍伐森林、焚烧草原,以获得更多地土地进行农业生产,以养活地球上日益增多的人口。与原始文明时期人与人之间平等的关系不同,随着私有制的出现,农业文明时期人与人之间的关系出现了不平等,体现在经济方面就是产生了私有制度,体现在政治方面就是出现了身份的等级制。

伴随着人类对自然界的改造,农业经济的发展产生了盛极一时的农业文明。在农业文明中,人类是以黄色土地作为生产和改造的主要对象的,政治、经济、文化的发展都是围绕着土地的生产、开发、占有和争夺进行的,由于当时改造自然的现

---

① 马克思,恩格斯. 1995. 马克思恩格斯选集. 二版第四卷. 北京:人民出版社,159.

代科技缺乏,人类只能依靠黄土地来产出所有的生活必需品。因此,农业文明时期的发展状态用色彩来形容,可以称作是"黄色发展"。此时,人类主要通过利用自然中的资源从事农业生产,对生态环境影响较小,再加上资源的自然再生和环境的自净能力较强,整体上来看,资源环境对经济发展够不上"约束"①。由于这一时期自然环境对人类活动的约束是微乎其微,人类在各种贪婪欲望的驱使下,开始盲目扩张其活动领域,逐渐入侵甚至破坏"纯粹"的自然。因此,到了农业文明的后期,自然开始对人类进行报复,人与自然的关系也开始出现矛盾与冲突的现象。

3. 工业文明与黑色发展

以 18 世纪英国发起的科技革命为标志,人类社会进入了第三个阶段——工业文明。在这一时期,人类改造自然的能力比农业文明时期有了飞跃式提高。日新月异的近代自然科学和生机勃勃的技术革命,不断为人类铸造出改造自然、征服自然的"武器",使工业文明时期的生产力呈几何级数式增长,创造了人类历史上物质财富最辉煌的时代。随着工业化和现代化的高歌猛进,人类已经能够从太空、海洋、地壳深处更深更广地开发自然、改造自然和征服自然。物质财富的疯狂积累进一步释放了人类的欲望,在"人类中心主义"的驱使下,人类失去了理智和节制,妄图成为自然的"主宰",在自然面前变得越来越狂妄自大、忘乎所以,忽视了人与自然之间相互依存、生息与共的本质关系,开始向自然无休止地"索取"。

工业文明中人对自然的贪婪欲望,成为推动人类社会物质进步的巨大动力,在创造人类奇迹的同时,又把人类推向灾难和毁灭的边缘。"自然界中,人类无论怎样推进自己的文明,都无法摆脱文明对自然的依赖和自然对文明的约束。自然环境的衰落,也必将是人类文明的衰落"②。进入 20 世纪后半阶段,环境污染、生态失衡、资源枯竭、能源危机与 SARS、禽流感、疯牛病等疫情的大规模爆发,这些全球性问题的日益增多,正是自然对人类无休止地"索取"、无节制地浪费、无忌惮地污染等一系列非理性行为所发出的警告。

因为这一时期生产力的飞跃发展和物质财富的疯狂积累是以人类社会三次工业革命为驱动力的发展,而这三次工业革命又是以煤炭、石油和天然气等化石能源的开发和利用为主要内容的,所以,工业文明时期的发展状态用色彩来形容,可以称作"黑色发展"。正如胡鞍钢所言,"工业文明即黑色文明,就是因为基于黑色化石能源,积累性排放温室气体,当它发展到历史的巅峰时,也就形成了前所未有的'黑色危机'"③。

---

① 许广月. 2014. 从黑色发展到绿色发展的范式转型. 西部论坛,(1):55.

② 曲格平. 1997. 我们需要一场变革. 长春. 吉林出版社.

③ 胡鞍钢. 2012. 中国:创新绿色发展. 北京:中国人民大学出版社,19.

4. 生态文明与绿色发展

面对"黑色危机",人类如果不想在自己的贪婪中毁灭自己,必须积极地采取行动。为此,人类只有对工业文明下的黑色发展道路进行反思,重新认识人与自然的关系,构建新型的人与自然关系,走不同于过去任何文明时期的新型发展道路。进入 21 世纪,基于绿色能源并与碳排放逐渐脱钩的生态文明迅速兴起。在生态文明形态下,人类开始对过度的非理性短视行为进行系统思考,探索建立经济发展与资源环境的和谐关系,开始走人与自然和谐共处的绿色发展道路。

在大自然的色谱中,绿色代表着希望,象征着活力,预示着生命与和谐。顾名思义,生态文明时期的绿色发展道路将是一条充满希望和活力,以实现人与自然的永续发展、和谐发展为目标的道路。所以,与原始文明时期的原色发展不同,生态文明时期的绿色发展不是由蒙昧的野蛮人组成的人类社会消极、被动地适应和服从自然的过程,而是由具有理性和感性思维的现代人组成的人类社会积极、主动地改造自然的过程,他们不甘于只做自然的附属品,不满足人类社会单调乏味的原色发展道路,期望在人类历史上留下一抹亮丽的色彩;与农业文明时期的黄色发展不同,生态文明时期的绿色发展不满足于通过自给自足的农业生产获得的物质财富,更反对农业文明时期围绕土地建立起来的一系列不平等的制度,因此,生态文明时期的绿色发展将通过促进第一、第二和第三产业的共同发展获得更多的物质财富,并在这个过程中强调人与人之间的平等关系。

当前关于生态文明时期的绿色发展内涵的研究,主要是通过与工业文明时期的黑色发展对比分析得来的,因为黑色发展是导致当前人类所面临危机的主要原因,所以生态文明时期的绿色发展是与黑色发展存在根本区别的发展道路,主要体现在发展主体的转变上:黑色发展的主体是以利益最大化为导向、无视生态利益的"经济人",它是黑色发展的实践主体。追求利益最大化是经济人的本质目标,这就使得经济人把资源当做实现最大利润的成本,视其为取之不竭用之不尽的工具。在这种以经济人为主体的黑色发展中,只关注经济利益,无视以资源环境为主要内容的生态利益,在外部负效应日益累积的情况下,导致了人类社会空前的"黑色危机"。为此,生态文明时期绿色发展的主体就需要从"经济人"向"生态人"转变。所谓"生态人",是指善于处理与自然、他人和自身关系,保持良好生命存在状态的人[①]。值得强调的是,"生态人"并不意味着对经济利益的否定,而是将生态利益放到与经济利益同等重要的地位上,并倾向于从生态利益出发来思考人类除物质追求之外的更高的追求,即对人类存在的意义和价值问题的思考。正如德国著名生态哲学家萨克塞所言:"如果我们对生态问题从根本上加以考虑,那么它不仅关系

---

① 顾智明.2004."生态人"之维——对人类新文明的一种解读.社会科学,(1):83.

到与技术和经济打交道的问题，而且动摇了鼓舞和推动现代社会发展的人生意义"①。因此，以"生态人"为主体的绿色发展拒绝以"经济人"为主体的黑色发展所走的高污染、高消耗、高排放的道路，倡导构建一条低污染、低排放、低消耗并强调通过人与人、人与自然的和谐共处以实现人类存在意义和价值的道路。

7.1.2　西方语境中的绿色发展

从农业社会向工业社会转变的人类现代化过程，是以西方国家为主导的，特别是自工业革命的 200 多年以来，西方国家完全占有了现代化的话语权。从创造的物质财富来讲，西方的现代化取得了前所未有的成就，并成为发展中国家争相追求和模仿的目标，但是西方现代化也付出了巨大的代价，其消耗了比其人口比例高得多的世界的能源和资源，排放了比其人口比例高得多的二氧化碳。总之，西方国家既是人类巨大物质财富的创造者，也是人类所面临的最大的生存危机的肇始者。

1962 年，美国生物学家蕾切尔·卡森的《寂静的春天》在美国出版，这是一本标志着人类首次关注环境问题的著作，也是西方国家开始反思过去现代化发展模式的标志。"春天的鸟儿到哪里去了？为什么留下一片寂静？"②蕾切尔在书中提出问题和关于农药危害人类环境的预言，强烈震撼了社会公众的心灵，为人类环境意识的启蒙点燃了一盏明灯。1972 年 6 月 5 日至 16 日，联合国人类环境会议为了保护和改善环境，在瑞典首都斯德哥尔摩召开了由各国政府代表团及政府首脑、联合国机构和国际组织代表参加的、讨论当代环境问题的第一次会议，通过了《联合国人类环境会议》宣言（简称《人类环境宣言》），并首次提出了可持续发展的概念③。环境问题自此开始列入国际议事日程，人类开始注意到到环境与发展之间的联系，呼吁世界各国就环境问题开展合作。这是人类在全球范围内意识到环境问题并就此展开合作的开端。但是，关于可持续发展的概念并未达成共识。因此，环境会议后，各国开始了各自对可持续发展定义的阐述和界定，理论概念的混乱导致实践中可持续发展的各自为政、一盘散沙。直到 1987 年，世界环境与发展委员会在题为《我们共同的未来》中对这一概念进行了明确地界定——可持续发展是指"既能满足当代人的需要，又不对后代人满足其需要的能力构成危害的发展。"这个概念获得了广泛的认同。1992 年 6 月，联合国在里约热内卢召开了环境与发展大会，通过了以可持续发展为核心的《里约环境与发展宣言》《二十一世纪议程》《关于森林问题的原则声明》三个文件和《气候变化框架公约》《生物多样性公约》两个公

---

① ［德］汉斯·萨克塞.1991.生态哲学.北京:东方出版社,3.

② 蕾切尔卡森.2007.寂静的春天.上海:译文出版社,11.

③ 在这里,我们将可持续发展等同于绿色发展.实际上,可持续发展和后来的绿色发展是一个概念的两种名称,绿色发展是可持续发展在新世纪、新背景下内容的进一步丰富和含义的进一步深化.

约,紧接着,根据《二十一世纪议程》的决定,联合国成立了可持续发展委员会。至此,围绕可持续发展的概念建立起来了一套比较完善的、关于可持续发展的制度体系,为世界各国反思过去的发展方式和实现可持续发展提供了参考和依据。

尽管 1992 年的环境与发展会议为接下来解决全球性的环境和发展问题带来了希望,但是直至进入 21 世纪以后,诸多环境问题仍然没有得到根本上的解决,不可持续发展、黑色发展的趋势并没有扭转,不仅是发展中国家,连同发达国家一起,全球都面临着环境和自然压力增大的问题。这是因为可持续发展的概念和制度框架而建立是以西方国家为主导,是西方语境中的绿色发展。可持续发展的提出是人类对于现代工业社会所面临的生态环境挑战的一种滞后性、延迟性的响应,很快成为西方世界乃至整个国际社会的政治共识,尽管开启了全球视野下对于资本主义生产方式的反思,并提出了对于工业文明时期黑色发展道路的修正,但是这种西方语境中的绿色发展、可持续发展存在以下两个问题。

首先,西方语境中的绿色发展对于工业文明时期黑色发展的修正是有限的。正如胡鞍钢所言,"可持续发展仍然是一种被动的、不自觉的、修正式的调整。它还仍同西方工业革命以来,以消费主义为动力,以资源能源消耗、污染排放、生态破坏为特征的黑色现代化模式,只是在黑色模式出现危机之后,试图进行修正。形象地说,工业文明下的黑色发展模式就是'杀鸡取卵,竭泽而渔','吃祖宗饭,造子孙孽';可持续发展模式就是不给后人留下后遗症,不断子孙之路"[①]。西方语境中的绿色发展、可持续发展之所以是对过去发展模式的有限修正,是因为以欧美为代表的西方发达国家不可能完全否定过去由自己主导并使其进入发达国家俱乐部的发展模式,其理论根源仍然是人类中心主义,强调修正人类改造自然和控制自然的模式,而不是改变人与自然的相处方式,由过去的征服与被征服关系向生态文明时期的和谐关系转变。

其次,西方语境中的绿色发展的理论根源与其说是人类中心主义,不如说是西方中心主义。西方国家作为工业文明时期黑色发展的主导者以及最早对这种发展模式进行反思的启动者,一直掌控着可持续发展或者绿色发展在理论和实践中的话语权,他们习惯从西方国家的角度去思考环境保护问题并制定相关的制度和标准,忽略了发展中国家作为工业化进程的后发国家应该享有的权利,而不仅仅是强调发展中国家在其加快工业化、现代化进程中关于环境保护的义务。

从西方国家的历史来看,作为工业革命的主导者,它们是工业文明时期黑色发展模式的代表。从 1750 年第一次工业革命开始到 1800 年期间,全球累计排放的二氧化碳绝大多数来自欧洲国家;从 1800 年到 1900 年期间,西方国家向大气中排放的二氧化碳累计值占全球总和的 90% 以上,其中欧洲国家占 70%,美国占23.6%;从 1900 年到 2000 年期间,西方国家向大气中排放的二氧化碳累计值占全

---

① 胡鞍钢. 2012. 中国:创新绿色发展. 北京:中国人民大学出版社,26-27.

球总和的 50%～90%。通过数据，可以得出结论:西方国家是全球二氧化碳排放的最大来源，是当前黑色危机的始作俑者。从 1970 年以来，西方国家自然资产损耗占世界总量比重呈下降趋势，而发展中国家所占的比重呈现明显的上升趋势，反映出发展中国家自然资产损失增长幅度和规模的扩大，这是与发展中国家正在经历迅速的工业化、城镇化的现代化转型背景相契合的;与此同时，西方国家则已经完成了由现代化进入后现代化的转型，开始进入后现代化也就是生态文明时期，形成了以服务业为主导的、低污染、低排放的产业结构体系。随着经济全球化的快速发展，西方国家加快了向发展中国家的制造业等低端产业的转移，以及随之而来的资源消耗、污染排放和自然资产损耗的转移，直接产生的结果是发展中国家的二氧化碳累计排放量占世界总量的比重从 1950 年的 28.3% 上升至 2010 年的 46.7%，这说明肇始于西方国家的黑色危机已经演变成为世界性的危机，而这种危机的演变只不过是西方国家污染场地的转移而已。

在此背景下，西方语境下的绿色发展或可持续发展强调发展中国家在降低二氧化碳排放量、减少自然资源的消耗等方面的义务，对于正在进行工业化的发展中国家来讲是不公平的，这违反了绿色发展的本质——人与人、国与国之间的平等发展，发展中国家的人们应该享有与发达国家人们相同的权利，即获得满足人类生存基本需要的物质财富的权利和更高层次的获得发展的权利，当然也应该承担与之享有权利相对应的责任。但是，这种职责与西方国家相比，应该是共同但有区别的责任，过分强调发展中国家在节能减排上的责任而忽视其在经济等事关生存的基本权利是人类第一部旨在限制各国温室气体排放的国际法案——《京都议定书》最终失效并沦为一张废纸的根本原因。

"没有人能自全，没有人是孤岛。每人都是大陆的一片，要为本土应卯。"在绿色发展的道路上，每一个人、每一个国家、每一个区域都不可能是一座"孤岛"，"一只南美洲亚马逊河流域热带雨林中的蝴蝶，偶尔煽动几下翅膀，可以在两周以后引起美国德克萨斯州的一场龙卷风。"众所周知的"蝴蝶效应"揭示了西方语境下绿色发展概念最本质的缺陷，任何从一个孤立的群体出发对新兴事物的整体性定义注定是要被历史发展的进程所改错纠谬。正因为此，2012 年，为了纪念 1992 年的里约环境与发展大会，各国再次齐聚里约，召开了联合国可持续发展大会。因为这次会议与 1992 年在里约热内卢召开的联合国环境和发展大会正好时隔 20 年，所以又称为"里约＋20 峰会"。此次峰会的主题为:一是在可持续发展和消除贫困的背景下发展绿色经济，二是关于可持续政治治理与制度框架。围绕这两大主题，联合国提出了新的绿色经济政策和一系列衡量指标，而这些政策和指标在可持续发展的基础上增加了对贫困问题、政治问题等内容的考量，更加强调西方国家与发展中国家共同但有区别的责任，实现了人类在生态文明时期总目标由可持续发展向蕴含着公平和正义的更深层次内涵的绿色发展的跨越。

7.1.3　中国话语体系中的绿色发展

无论西方国家还是发展中国家,尽管处在不同的发展阶段,具有不同的发展水平和资源消耗水平,但都必须转变发展模式。这对于西方国家来讲是一个巨大的挑战,从高消费、高消耗、高排放的黑色发展模式转向理性消费、低消耗、低排放的绿色发展模式;而对于发展中国家、对于中国来讲,这不仅是挑战更是一个巨大的机遇——把西方国家发展模式中的"黑色素"放在批判的文火上进行烘烤,使其彻底地蒸发;用博大精深、兼容并包的中国文化充分汲取西方国家生态文明建设中的绿色"养分",从而超越由农业社会向工业社会的现代化转型,实现农业社会向工业社会、工业社会再向后工业社会的双重跨越。为此,作为世界上最大的发展中国家,中国必须独辟蹊径,在西方国家占据主导话语权的生态文明建设中积极"发声",构建中国话语体系中的绿色发展,创新发展中国家的绿色发展道路。

中国话语体系中绿色发展的内涵是极其丰富的,主要包括以下内容。

1. 中国传统文化中的"天人合一"思想

对人与自然关系的思考一直是中国传统文化中的核心内容。先秦儒学对自然的思考侧重在"天"的本质属性上,认为"天"这种自然存在是世间万物乃至宇宙及其运行规律的最为彻底的抽象,孔子曾言:"天何言哉? 四时行焉,百物生焉",就是讲虽然上天没有表达什么,但是一年四季仍然变换,万事万物依然生生不息。在此基础上,亚圣孟子提出了"不违农时,谷不可胜食也……斧斤以时入山林,材木不可胜用也"的思想,即不违背谷物播种的时间,谷物就能大丰收、吃不完……按照时节去砍伐山林,木材也能用不完。这体现出儒家学者已经形成了朴素的保护大自然、顺应大自然、因应大自然的思想。

道家的老庄更进一步,老子提出"见素抱朴"、"回归自然"、"道法自然"等"无为顺天"的思想,指出人是自然的一部分,人不应该违背"道"的"自然而然"的特性,应该遵循万物生存发展的内在规律。在此基础上,庄子提出了"齐物论",认为世间万物本质上是同一的,只有崇尚和顺应自然,才能达到"天地与我为一,万物与我并生"的最高境界,最早阐发了"天人合一"的思想。与后来西方国家资本主义文明中趋向征服自然,掠夺自然,控制自然的"天人对立观"是截然不同,中国传统文化始终秉持"天人合一"的整体性思维,把宇宙视为一个不可分割的整体,万物相互依存,共生共荣,展示出人与自然的终极归宿和最高境界。正是在这种观念的指导下,中国人"自古以来既能注意到不违背天,不违背自然,且又能与天命自然融合一体①。中国传统文化中的"天人合一"思想反映出几千年来的中国文化从根本上葆

---

① 钱穆. 1990. 中国文化对人类未来可有的贡献. 新亚月刊,12.

有着对大自然的敬畏之心、亲近之情,这是中国传统文化的精髓和智慧所在。正如钱穆先生所说:"'天人合一',实是中国传统文化思想之归宿处,我深信中国文化对世界人类未来求生存之贡献,主要亦即在此"①。

然而,中国古人的"天人合一"哲学观仍然是一种朴素的自然观,没有充分强调人与自然关系中人的主观能动性。著名国学家饶宗颐先生进一步发展了"天人合一"的思想,以《易经》"益卦"为理论根据,提出要从古人文化里学习智慧,不要"天人互害",而要"天人互益",朝着"天人互惠"的方向努力,或许可以达到像苏轼所说的"天人争挽留"的境界②。这就使得在"天人"体系中,人的作用更为积极,人除了要"顺天",还可以"益天"。这正是现代的"天人合一"观,人类源于自然,顺其自然,益于自然,反哺自然。唯此,人类才能与自然和谐共生。

如果说可持续发展思想是由西方国家提出的,源于西方文明和文化,是对工业革命以来不可持续的资本主义生产方式、消费方式的反思和修正的话,那么中国传统文化中的"天人合一"思想则是构建中国话语体系中的绿色发展概念的来源,是中国为后人乃至整个人类世界创新未来发展道路所贡献的一块文化瑰宝。

2. 马克思主义原理中的绿色发展

早在 19 世纪中期到 20 世纪初期,马克思、恩格斯就敏锐地意识到在资本主义生产方式下潜伏着巨大的生态危机,在西方哲学史上首次对人与自然的关系进行反思。马克思从历史唯物论的角度,提出人类历史是自然史的延续,"历史本身是自然史的即自然界成为人这一过程的一个现实部分"③。人作为自然界的一部分不要妄图征服自然、改造自然,要依赖自然,"无论是在人那里还是在动物那里,人类生活从肉体方面来说就在于:人(和动物一样)靠无机界生活,而人比动物越有普遍性,人赖以生活的无机界的范围就越广阔"④。恩格斯也多次描绘工业废弃物排放造成的污染问题与劳动者恶劣的生存与工作环境,"它那鲜红的颜色并不是来自某个流血的战场……而是完全源于许多使用土耳其红颜料的染坊"⑤。

马克思、恩格斯在深刻批判工业革命以来资本主义肆意掠夺自然的生产方式的同时,也在西方哲学史上首次正确提出了处理人与自然关系的准则,即通过人类自身发展与技术进步最终迈向人与自然的和谐。马克思提出只有共产主义才是消解黑色发展带来的生态危机的唯一出路,因为在共产主义社会,"社会化的人,联合起来的生产者,将合理地调节他们和自然之间的物质变换,把它置于他们的共同控

① 钱穆. 1990. 中国文化对人类未来可有的贡献. 新亚月刊,12.
② 饶宗颐. 2009-11-18. 不仅天人合一更要天人互益. 南方日报.
③ 马克思. 1979. 1844 年经济学哲学手稿. 马克思恩格斯全集第 42 卷. 北京:人民出版社,128.
④ 马克思. 1979. 1844 年经济学哲学手稿. 马克思恩格斯全集第 42 卷. 北京:人民出版社,95.
⑤ 马克思,恩格斯. 2009. 马克思恩格斯文集第 7 卷. 北京:人民出版社,39.

制之下，而不让它作为盲目的力量来统治自己；靠消耗最小的力量，在最无愧于和最适合于他们的人类本性的条件下来进行这种物质变换"，以达到"人和自然界之间、人和人之间的矛盾的真正解决"①，从而实现人与自然的和谐共生。这与中国传统文化中的"天人合一"的思想是殊途同归的，都是以实现人与自然和谐一致、共生共荣为目的的。

3. 科学发展观视域下的绿色发展

早在1992年联合国召开的环境与发展大会上，时任国务院总理李鹏出席了这次对于绿色发展具有里程碑意义的大会，并代表中国签署了《环境与发展宣言》。联合国环境与发展大会后不久，中国政府即提出了促进中国环境与发展的"十大对策"，并由当时的国家计划经济委员会（现在的国家发展与改革委员会）和国家科学技术委员会（现在的科技部）牵头，组织国务院各部门、机构和社会团体编制了《中国21世纪议程——中国21世纪人口、环境与发展白皮书》（以下简称《议程》）。1994年3月25日，国务院第16次常务会议讨论通过了议程并提出制定了支持其顺利实施的《中国21世纪议程优先项目计划》。在此基础上，1995年9月25日召开的中国共产党第十四届五中全会通过了《中共中央关于制定国民经济和社会发展"九五"计划和2010年远景目标的建议》，正式提出实施可持续发展战略，明确提出：到20世纪末，力争环境污染和生态环境破坏加剧趋势得到基本控制，部分城市和地区环境质量有所改善；2010年基本改变生态环境恶化的状况，城乡环境有比较明显改善。议程的出台和可持续发展战略的提出标志着中国的发展模式由以经济建设为中心向以经济建设为中心并逐步改善发展质量的转变，开始寻求一条与西方国家"先污染后治理"的传统发展模式不同的道路，即人口、经济、社会、环境和资源相互协调的、既能满足当代人的需求而又不对满足后代人需求的能力构成危害的可持续发展的道路。

1992年对中国是具有划时代意义的一年。邓小平同志的南巡讲话解决了困扰国人已久的市场经济姓资还是姓社的问题。1992年10月，中国共产党第十四次全国代表大会召开，通过了《加快改革开放和现代化建设步伐，夺取有中国特色社会主义事业的更大胜利》的报告，明确提出将建立社会主义市场经济作为中国经济体制改革的目标。中国经济自此进入了高速发展的"快车道"。在这个背景下，提出可持续发展的战略，表明了中国共产党坚决不走西方国家"先污染后治理"的黑色发展道路的决心。但是，鉴于中国人口多、底子薄的基本国情，实现可持续发展对于当时经济还比较落后的中国来讲是一种"奢望"。正如《议程》所言，"对于像中国这样的发展中国家，可持续发展的前提是发展。为满足全体人民的基本需求

---

① 马克思,恩格斯. 2009. 马克思恩格斯文集第7卷. 北京:人民出版社,928-929.

和日益增长的物质文化需要,必须保持较快的经济增长速度,并逐步改善发展的质量,这是满足目前和将来中国人民需要和增强综合国家实力的一个主要途径。只有当经济增长率达到和保持一定的水平,才有可能不断消除贫困,人民的生活水平才会逐步提高,并且提供必要的能力和条件,支持可持续发展。"因此,在中国的经济发展进入"黄金期"的同时,环境、资源等问题也进入了一个暂时被"遗忘"的阶段。这从中国各类能源消耗占世界总量的比重不断增加上就可窥见一斑[①]:原煤消费和原煤产量占世界总量的比重分别从 1980 年的 17.4％、17.3％上升到 2000 年的 28.3％、29.2％,增长率都达到 63％;原油消费和原油产量占世界总量的比重分别从 1980 年的 2.93％、3.22％上升到 2000 年的 6.1％、4.17％,增长率分别达到 110％、29％[②]。与之相对应的是,中国二氧化碳的排放量占世界的比重也从 1980 年的 8.08％上升到 2000 年的 27％,增长率高达 237％。可见,中国经济的高速发展给生态环境带来的负面性问题日益严重。

社会主义市场经济体制的建立释放了巨大的经济活力。2001 年,中国国内生产总值首次突破十万亿元,达到 102170 亿元,比 1992 年增长了 28％,成为世界第六大经济体。2002 年,党的十六大宣告,我国社会主义市场经济体制初步建立,为实现可持续发展提供了必要的前提条件。2003 年,一场肇始于中国、蔓延至整个亚洲甚至世界的非典肆虐全球,尽管在这场史无前例的 SARS 会战中,人与人、国与国之间的联手合作、同仇敌忾,战胜了非典,但是这场疫情给人类带来的巨大恐慌和痛楚,使国人开始反思人与自然之间的关系——人对自然资源掠夺性地开采和使用,对野生动物无耻地滥捕滥杀和肆意食用是非典疫情产生和蔓延的根本原因,非典可以说是大自然对人类的一个报复、一个警告。危机也是转机,非典使得经历了改革开放和社会主义市场经济以来的高速经济发展期的中国,重新思考人与自然的关系,为新时期新的发展模式的提出提供了一个契机。

在此背景下,2003 年 7 月 28 日,胡锦涛总书记在全国防治非典工作会议上指出,要更好地坚持协调发展、全面发展、可持续发展的发展观。新的发展观念和模式呼之欲出。同年 10 月 14 日,胡锦涛在党的十六届三中全会的讲话中,提出:"树立和落实全面发展、协调发展和可持续发展的科学发展观,对于我们更好地坚持发展才是硬道理的战略思想具有重大意义。"这标志着"科学发展观"在党的会议上的正式提出。2004 年 3 月 10 日,胡锦涛在《中央人口资源环境工作座谈会上的讲话》中,全面阐述了科学发展观的基本内容和精神实质,指出:"坚持以人为本,全面、协调、可持续

---

①　数据来源:IEA,2007,World Energy Outlook 2007.

②　这个数据是和中国原油进口量的增长数据是截然相反的,2000 年,中国原油和成品油的净进口量分别达到 5893 万吨和 978 万吨,净进口量合计达到 6960 万吨,原油进口量猛增 92％(数据来源:田春荣. 2001.2000 年中国石油进出口状况分析.国际石油经济,(3)),这是和我国原油储量较低、原油对外依存度过高相联系的.

的发展观,是我们以邓小平理论和'三个代表'重要思想为指导,从新世纪新阶段党和国家事业发展全局出发提出的重大战略思想。"把"以人为本"这一核心内容正式纳入科学发展观的内涵之中,标志着党对科学发展观的认识上升到一个新的层次。至此,科学发展观的基本内涵正式确立,即"以人为本,全面、协调、可持续的发展观。"从2005年开始,党中央对科学发展观重要地位和作用的认识逐步提升到世界观和方法论的高度。2007年10月,十七大报告进一步重申和阐述了科学发展观的基本内涵。党的十七大以来,我们把科学发展观贯穿到发展中国特色社会主义的整个过程之中,尤其是加强生态文明建设、资源节约型和环境友好型社会的建设,通过大力发展绿色经济,努力推动我国由工业文明向生态文明的转型。2012年,党的十八大报告首次单篇论述了生态文明并将生态文明建设摆在五位一体的高度来论述,提出"把生态文明建设放在突出地位,融入经济建设、政治建设、文化建设、社会建设各方面和全过程,努力建设美丽中国,实现中华民族永续发展。"这是新时期新阶段新形势下,科学发展观内涵的新发展,标志着中国经济、政治、文化和社会各方面的建设将进入生态文明时期以绿色发展为主要内容的科学发展轨道。

在科学发展观的提出和完善的过程中,绿色发展的概念也日益清晰地凸显出来,主要包括以下四个方面的内容:第一,绿色和谐发展论是促进人与自然相和谐的绿色发展思想,是科学发展的核心理念,这是从十六大报告把"促进人与自然的和谐"作为全面建设小康社会四大目标之一的重要内容就可以得出的结论;第二,改革开放以来,中国共产党高度重视生态环境保护与建设,把环境保护作为一项基本国策,把可持续发展作为一个重大战略,科学发展观指导下绿色发展的形成过程就是不断赋予环境保护的基本国策和可持续发展战略以生态文明的内涵,把保护生态环境和推进可持续发展切实转入绿色发展轨道的过程;第三,建设生态文明是科学发展观的重要内容,集中体现了科学发展和发展中国特色社会主义的绿色本质。因此,生态文明写入党的十八大报告并纳入五位一体的建设体系中,标志着中国特色社会主义生态文明即绿色发展新道路的开启;第四,自1992年里约环境与发展大会之后,在可持续发展领域展开广泛的国际合作已在世界各国之间达成共识。2009年胡锦涛在会见新加坡国务资政吴作栋时提出中国与新加坡深化合作的三个领域中有两个领域是绿色领域,由此可见,科学发展观指导下的绿色发展是加强国际绿色合作,探索绿色发展的合作模式,走国际环境保护绿色合作的和平发展、和谐发展的绿色发展道路①。

---

① 关于科学发展观指导下绿色发展内涵的论述受益于中南财经政法大学刘思华先生的启发,先生在《科学发展观视域中的绿色发展》一文中提出,以胡锦涛总书记为核心的领导集体所提倡的绿色经济与绿色发展思想,是当代马克思主义绿色经济理论与绿色发展学说,它丰富、创新、发展了科学发展观的绿色内涵和时代价值,是科学发展观的新发展。见刘思齐.2011.科学发展观视域中的绿色发展.当代经济研究,(5).

7.2　绿色发展指标体系现状

从历史、西方语境和中国话语体系三个不同的角度对绿色发展进行研究,有利于更加全面、深入地理解绿色发展的内涵,为中国绿色发展指标的内容及其体系构建奠定坚实的理论基础。2008 年国际金融危机之后,绿色发展逐渐成为世界各国解决经济、政治、生态等多重危机的共同选择。世界各国走绿色发展道路的急迫心情也使得绿色发展方面的研究开始从理论层面转向实际操作的应用层面。因此,近几年来,关于绿色发展指标体系的研究也如雨后春笋般地出现了。

7.2.1　绿色发展指标的基本内涵

指标实际上就是一系列既相对独立又相互联系的信息或数,每一个指标都能反映绿色发展某一微观方面的信息,同时结合起来又可以反映其宏观概况。就像体温和血压既可以反映身体某一方面的信息,又可以反映整个身体的健康程度。尽管指标并不能反映一切信息,但却足以帮助我们做出更好的决定。绿色发展指标体系实际上就是一系列用于反映可绿色发展过程中的若干指标组成的评估系统。它可以反映政治、经济、文化、社会和生态环境之间的联系,并用一种通俗易懂的方式向人们传递相关信息。绿色发展指标体系就像飞机的仪表盘一样,有助于人们把握国家或区域的发展方向,调整各方面的政策以引导国家或区域向绿色发展的目标迈进,从而改善人们的生活环境。顾名思义,所谓绿色发展指标是指某一国家或区域为了实现绿色发展的目标而制定的一系列定量化信息,不仅可以描述和反映任何一个时间点上或阶段内政治、经济、文化、社会、生态五个方面绿色发展的实现状况,还反映一定时期内以上各方面绿色发展的变化趋势及速率,有利于对一个国家或地区绿色发展整体水平进行综合地评价,有利于当地人们对本国或本地区实现绿色发展的现实状况进行全面地理解。鉴于绿色发展指标体系研究的广泛性和制定绿色发展指标体系的重要性,对当前国内外绿色发展指标体系的研究进行综述有着重要的意义。

7.2.2　国外关于绿色发展指标体系的研究

1. 经合组织绿色增长指标体系的内容

为了应对 2008 年的国际金融危机和实现人类社会的绿色发展,2009 年 6 月,来自 34 个国家的部长签署了一项绿色增长宣言,称他们将进一步努力实施绿色增长战略,作为应对危机及更长期的政策回应,认识到环保与增长可以相辅相成。为此,他们授权经合组织拟定一项绿色增长战略,提出融经济、环境、社会、技术和发展于一体的全面综合框架。2011 年 5 月,经合组织出版了《迈向绿色增长进展跟踪:经合组织指标》(《Towards Green Growth: Monitoring Progress. OECD Indicators》OECD2011. b,以下简称《经合组织指标》),它不仅是 2009 年绿色增长宣言的总结,也是经合组织对 2012 年 6 月举行的里约环境与发展大会二十周年的献礼。在对全球经济发展状况、全球能源需求和全球生态环境进行全面预测的基础上,《经合组织指标》指出实现绿色增长的意义,并制定了绿色增长的战略框架(如图 7-1 所示)。

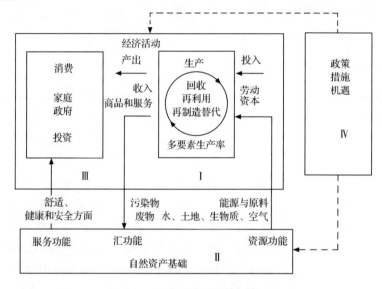

图 7-1　OECD 绿色增长战略框架

资料来源:郑红霞,等. 绿色发展评价指标体系研究综述. 工业技术经济,2013(2):145.

　　该框架充分考虑了自然资源的价值,并将其他商品和服务视为生产要素,注重用低成本高效益的方式来缓解环境压力。基于此框架,OECD 构建了一套完整的、涵盖经济、环境和人类福祉等方面的绿色增长指标体系,以经济活动中的环境和资源生产率、自然资产基础、生活质量的环境因素、经济机遇和政策响应 4 类相互关联的核心要素为一级指标,共包括 14 个二级指标和 23 个三级指标。具体如表 7-1 所示。

表 7-1　一级和二级指标的具体内容

一级指标	二级指标
经济活动中的环境及资源生产率	碳和能源生产率 资源生产率:材料,营养物,水 多要素生产率

续表

一级指标	二级指标
自然资产基础	可再生储量：水资源、森林、渔业资源 不可再生储量：矿物资源 生物多样性及生态系统
生活质量的环境部分	环境健康与风险 环境服务与舒适
经济机遇与政策应对	技术与创新 环境物品与服务 国际资金流动 技术与创新 环境物品与服务 价格与转移 技能与培训 规章与管理办法

资料来源：OECD. Towards Green Growth：Monitoring Progress OECD Indicator。

2. 联合国绿色发展指标体系的内容

2012 年 6 月，具有里程碑意义的里约＋20 峰会提出要转变发展模式，实现由可持续发展向绿色发展的转变。在此背景下，2012 年 12 月，联合国环境规划署发布了一份报告，名为《衡量一个朝向包容性绿色经济进展》的报告，提出："如果国家、社会团体和商业团体能够下定决心开展绿色经济来实现可持续发展并且消除贫困。应该采取不仅是反映目标，还要能够激励行动的措施。绿色经济指标为决策提供信息的有效工具，也为环境稳定，经济上有利和公平的社会道路提供一个参照"[①]。这份报告是对 2011 年《经合组织指标》内容的进一步丰富和提升。

为此，联合国环境规划署采用 DSPIR（Driving force-Pressure-State-Impact-Response）分析框架，制定了衡量一国或地区绿色经济等级的综合性指标体系。这个框架主要是驱动力到产生压力再到国家环境，产生环境影响之后进行反馈的一个过程，每一个阶段的发展状况有不同的衡量指标。第一阶段需要制定驱动力方面的指标，主要包括能源和食品的需求量、政策干预度两个方面的内容。能源和食品的需求量指标是建立在人均基础上的一个经济活动，由人口和人均收入决定，可以起到推动消费的作用，因此需要制定指标对国家或地区进行指导，如在食品方面，绿色农业可以满足到 2050 年日益增长的人口不断提高的粮食需求，并提高人们的营养水平；而政策干预可以通过提高在资源投资方面的效率，减少资源浪费，

---

① 联合国环境规划署. 2012. Measuring Progress Towards an Inclusive：Green Economy.

如无论在发展可再生资源,还是制造业、固废处理、建筑、交通、旅游和城市方面,都需要政府进行合理的衡量和投资规划,以提高能源投资方面的效率。第二阶段需要制定代表压力的指标,主要是自然资源(如化石燃料、土地、水资源等)的利用率指标,也可以称为自然资源的消耗指标;因为自然资源的消耗会随着需求方在资源利用率方面的投入的增加而减少,而且还与生产过程中的存储有关。这其中也包括农业方面,也就是要通过生态实践提高产量而且可以减少收获前的损失,也包括渔业、林业的合理利用和可持续发展,因此根据消耗率指标的高低可以给某一国家或地区带来不同的压力。第三阶段需要制定国家具体环境状况方面的指标,即自然资源的存储量指标。自然资源的存储量指标主要是用于对减少资源消耗的监控,同时会对自然资源的平衡性和消耗起到一定的指导作用。最后一个阶段需要制定关于环境影响方面的指标,例如气候变化和自然资源的消耗指标。按照这些环境影响指标,可以有效地减少生态系统的工作量,保证生态系统的可持续运行,以增强生态系统的稳定性和优越性,从而为子孙后代提供保障。

按照 DSPIR 分析框架,联合国环境规划署制定的绿色发展指标从总体上可以分为三类:第一类是与环境议题和目标有关的指标;第二类是政策干预指标;第三类是政策对民生和公平的影响指标。具体包括以下内容。

第一类指标,在 DSPIR 分析框架下,四个阶段中关于环境的议题主要包括四个方面。第一个方面是气候变化。全球气候变化问题,不仅是科学问题、环境问题,而且是能源问题,政府间气候变化专门委员会(IPCC)成立于 1988 年,根据联合国大会的决议,由世界气象组织和联合国环境规划署共同组建。从 2013 年 9 月到 2014 年 4 月,IPCC 陆续审议通过了《气候变化科学》《气候变化影响、适应和脆弱性》《气候变化减缓》三个工作组报告。这些报告主要阐明了如下几大问题:①更多地观测和证据证实全球气候变暖;气候变化已对自然生态系统和人类社会产生不利影响;未来气候变暖将给经济社会发展带来越来越显著的影响,并成为人类经济社会发展的风险;要实现本世纪末温升不超过 2℃ 的目标,需要能源供应部门进行重大变革,并及早实施全球长期减排路径。气候变化已经并将继续对水资源、生态系统、粮食生产和人类健康等产生广泛而深刻的影响。在衡量气候的变化上,采取的指标是每年碳排放的多少(吨/年)、可再生能源发电量占总发电量的百分比以及人均能源消耗量(Btu/人)(1Bu=1054.350J)。②生态系统管理。生态系统管理源于传统的林业资源管理,20 世纪 90 年代以来,生态系统管理与可持续发展紧密地联合起来,越来越受到人们重视。作为一种新的管理理念和方式,生态系统管理长期以来主要作为环境方面的指导在应用,特别是在森林、海洋、农业和水资源等管理中得到较为广泛的应用。生态系统管理是科学家在应对全球规模的生态、环境和资源危机时提出的一种危机响应。在生态系统管理方面,采用的指标是林地面积(公顷)、水力系统管理在生态系统管理中占的百分比数和土地和海洋保护区的面积(公顷)。③资源利用效率。提高资源的利用效率,也就是在社会生产、建筑、流通、消费等各个领域,以尽可能少的资源来获得最大的经济效益和社会效益,要在利用资源时候考虑到环境的承载能力,以不破坏自然规律为核心。在这里,主要从能源生产力(Btu/美元)、资源生产力(Btu/美元)、水生产力(Btu/美元)和二氧化碳生产力(Btu/美元)来衡量资源利用效率情况。④化学品和废物管理。废物管理中很重要的一点是废物回收再利用,也就是发展循环经济。资源再利用本质上是一种生态经济,倡导一种与环境和谐的经济发展模式。采用全过程的处理模式,以不同方式反复使用某种物品和废弃物,实现排出废物到净化废物再到利用废物的过程。资源的再利用是发展集约型经济、提高能源利用率的必要途径和条件,具体如表 7-2。

表 7-2　环境问题和目标的指标

问题	指标
气候变化	碳排放(吨/年) 可再生能源(所占发电百分比%) 人均能源消耗(Btu/人)
生态系统管理	林地(公顷) 水力(%) 土地和海洋保护区(公顷)
资源利用效率	能源生产力(Btu/美元) 资源生产力(Btu/美元) 水生产力(Btu/美元) 二氧化碳生产力(Btu/美元)
化学品和废物管理	废物收集(%) 废物回收再利用(%) 废物产量(吨/年)和填埋面积(公顷)

资料来源:联合国环境规划署《衡量一个朝向包容性绿色经济进展》报告。

第二类指标,是政策干预指标。走上绿色发展道路是经济增长方式转变的首要目的。目前在全球范围内,经济增长的主要方式是以高排放、对环境造成严重污染、大量废弃物品的产生、对生态系统的破坏为代价,在这种投资过程中实现经济的增长。因此,经济转型的关键在于投资方面的转变和随着绿色经济的不断发展而产生的有关环保或者是有益于环境的产品和服务的产生和增加。总体来讲,包含绿色研发投资、绿色财政体制改革、外部因素定价和生态服务系统评估、绿色采购以及绿色工作技能培训等方面。后面重点阐述政策干预指数中最重要的两个政策的衡量指标,也就是绿色投入政策和绿色财政体制改革政策。

绿色投入政策,主要由研发投入和环境产品及服务业(environmental goods

and services sector,EGSS)投入两个指标构成。在绿色技术研发指标上,采用的是研发投入占 GDP 的百分比的计算方式。美国国家科学委员会在 2012 年 1 月 17 日发布了一份报告《2012 科学与工程指标》,这份报告称中国、印度、印度尼西亚、日本、马来西亚、新加坡、韩国、泰国和越南的研发总支出在近几年稳步上升。报告认为,全球研发投资的一个"重大的趋势是东亚、东南亚和南亚地区研发支出迅速扩张"。报告还提到,美国跨国公司在亚太地区研发支出的比例也在上升。目前世界上很多国家在面对迈向绿色经济之路背景下,采取步骤开放贸易和外国投资,发展科技基础设施,刺激产业研发,扩大高等教育体系,并建立本土研发能力。要提高绿色研发投入的比例,政府应起主导作用,在国家制度层面要做出一定的布局,财税政策和金融政策都要支持绿色技术的开发,相应的绿色研发方面的基金制度也要建立健全,使得财政投资和社会资金投入形成一个多层次的体系。最重要的是政府要在推广层面上有效衡量,将资源效率和环境影响纳入考核指标当中。第二个指标是 EGSS,即环境产业和服务业投入。这里采用的衡量方式是以每年在环境产业和服务部门上的投入来计算的,所用的单位是美元/年。经合组织的研究表明,环境产业和服务产业已经与生物技术、通信技术一起,并列为当代世界上最有前景的三大技术领域。对于环境和服务产业的定位,国际上的主流趋势趋于两点:狭义上讲,可以将环境产业和服务产业视为环保产业的核心;而从广义上讲,由于对于环境保护,世界越来越重视对产品生命全过程的环境行为控制,因此环保和服务产业也应当将洁净技术和洁净产品涵盖进去,如水及水污染处理、废物管理与再循环、大气污染控制等。

绿色税收也称环境税收,是以保护环境、合理开发利用自然资源,推进绿色生产和消费为目的,建立开征以保护环境的生态税收的"绿色"税制,从而保持人类的可持续发展。狭义的绿色税收即实现保护环境目的而专门征收的税收和对环境保护起作用的税收。自 20 世纪 70 年代以来,在西方发达国家中掀起了绿色税制改革的热潮,这种改革主要是促进绿色经济的发展为目的。其他的一些指数包括外部因素定价和生态服务系统评估、政府的绿色采购以及绿色工作技能培训,都是在政策干预指数方面进行的衡量。具体如表 7-3 所示。

表 7-3　绿色经济政策干预及相关指标说明

政策	指标
绿色投入	研发投入(占 GDP 的百分比) EGSS 投入(美元/年)
绿色财政体制改革	化石燃料、水力、和水产津贴(美元或百分比) 化石燃料税收(美元或百分比) 可再生能源自助(美元或百分比)

续表

政策	指标
外部因素定价和生态服务系统评估	碳价(美元/吨) 生态服务价值(比如供水)
绿色采购	可持续采购支出(美元/年和百分比) 政府经营中的二氧化碳和物资生产力(吨/美元)
绿色工作技能培训	训练支出(美元/年和占 GDP 的百分比) 培训人数(人/年)

资料来源:联合国环境规划署《衡量一个朝向包容性绿色经济进展》报告。

第三类指标,政策对民生和公平的影响指标。包括就业、健康、资源获取等方面的因素。也可以说这类经济指标反映了政策的可行性和公平性。绿色经济实质上就是合理利用改善生态环境、治理污染、节约资源的资源和投资,绿色经济的发展能够对国家整体经济水平的提高、增长和促进有所推动,并且能够创造新的就业机会和岗位,从而达到走出贫困、改善民生的目的,同时也能够解决社会的公平问题,减缓社会矛盾。也就是人们生活水平的提高以及财富的实现和增加不一定非要以环境的破坏、生态的稀缺以及社会两极分化的加剧为成本。发展绿色经济,不仅不会阻碍经济发展,还会带来更多机遇。在这个经济指数中,有五个方面的内容。首先是职业方面,包括参与社会建设的人数的比例(%)、经营和管理方面的人员的比例(%)、收入(美元/年)、基尼系数;其次是 EGSS 性能,即环境产业和服务业发展性能,其衡量指标是附加价值(美元/年)、职业和二氧化碳和资源的生产率(美元/吨);第三是总财富,其衡量指标是自然资源储量价值(美元)、净年值增加和减少的数值(美元/年)和识读率;第四是资源的获取方面,主要的指标是现代能源的获取率、水资源、环境卫生资源以及医疗卫生资源的获取率;最后一方面是健康,指标是饮用水中有害物质的等级(克/升)、由于空气污染导致住院人数和每 100000 居民道路上交通的死亡人数。具体如表 7-4 所示。

表 7-4　政策对民生和公平的影响指标

可行性和公平性	指标
职业	建设(%) 经营和管理(%) 收入(美元/年) 基尼指数
EGSS 性能	附加价值(美元/年) 职业(工作机会) 二氧化碳和资源生产率(美元/吨)

续表

可行性和公平性	指标
总财富	自然资源存贮量价值(美元) 净年值增加/减少(美元/年) 识读率(%)
资源获取	现代能源获取(%) 水资源获取(%) 环境卫生获取(%) 医疗卫生获取(%)
健康	饮用水中有害物质等级(克/升) 由于空气污染导致住院人数(人) 每100000居民道路上交通死亡人数(人)

资料来源:联合国环境规划署《衡量一个朝向包容性绿色经济进展》报告。

3. 西方国家绿色发展指标体系的内容[①]

由于绿色发展是一个新兴的概念,关于绿色发展的内涵还是没有达成共识。但关于绿色发展指标体系的相关研究也是比较丰富的,主要集中在绿色国民经济核算、绿色发展多指标测度体系和绿色发展综合指标三个方面。

(1)绿色国民经济核算。传统国民经济核算只能反映经济总量情况,不能反映经济活动对资源环境所造成的消耗成本和污染代价。因此,西方国家关于绿色发展指标体系的研究最早始于对传统国民经济核算的反思,开始探寻绿色国民经济核算的具体内容。

挪威是最早进行自然资源核算的国家,1981年首次公布自然资源核算数据,并于1987年出版挪威自然资源核算报告,对1978年~1986年间的能源、鱼类、土地利用、森林和矿产资源进行核算,为绿色国民经济核算奠定了重要基础(Alfsen,Bye and Lorentsen,1987)。芬兰借鉴挪威的核算经验,建立了包括森林资源、环境保护支出和大气污染排放在内的自然资源核算框架体系。1993年,联合国统计局将资源环境纳入国民核算体系,提出与传统国民经济核算(SNA)一致的解释环境资源存量和流量的系统框架,即环境经济账户(SEEA),为各国建立绿色国民经济核算提供了理论框架。美国、德国、加拿大、芬兰、丹麦、韩国等发达国家在SEEA框架的基础上,也进行了资源环境核算的探索和实践。例如,美国根据SEEA架构建立了综合经济与环境的卫星账户(Integrated Economic and Envi-

---

① 这部分内容主要借鉴和引用了郑红霞,王毅,黄宝荣. 2013. 绿色发展评价指标体系研究综述. 工业技术经济. (2).

ronment Satellite Accounts,IEESA),IEESA 主要包括两个结构特征:①将资源环境作为生产资本;②建立详细的经济核算类别标准,以突出经济活动和资源环境的相互作用关系(BEA,1994)。加拿大在 SEEA 框架的基础上构建了符合其国情的资源环境核算体系(CSERA),包括自然资本存量、物质和能源流,以及环保支出账户(Statistics Canada,2006)。德国环境经济核算体系(GEEA)采用 SEEA 基本理论和原则,从环境压力—环境状态—环境反应三个方面来构建框架结构,分别展开实物量流量核算、自然资源存量核算和环境保护价值量核算,其中实物量流量是德国环境经济核算中最完善的部分。

（2）绿色发展多指标测度体系。它是指通过一系列核心指标从各角度反映绿色发展进步情况,不需要进行指标加权。这类指标体系能够直观地显示绿色发展的促进和制约因素,但无法像综合指数那样可以从总体上评估绿色发展。

这方面典型的代表是美国加州的绿色创新测度体系。加州是全美人均温室气体排放最少的州之一,是美国低碳发展的先驱者。加州政府于 2009 年开始编制绿色创新测度体系,以监测加州总体的绿色经济发展情况,包括交通运输和可回收能源,并测度加州的经济是如何从绿色创新而得到发展的。2012 年绿色创新测度体系主要包括 5 个部分,即低碳经济体系、能源效率体系、绿色科技创新体系、可再生能源体系和交通运输体系,共包括 18 个分指标(见表 7-5)。该测度体系主要以低碳经济为核心,同时也十分重视科技创新在促进绿色发展中的作用,但并未将社会、结构、制度等因素纳入绿色经济测度体系内。

表 7-5　加州绿色经济测度指标体系

一级指标	二级指标
绿色科技创新	1. 清洁科技风险资本投资额 2. 绿色科技专利项目 3. 绿色科技专利份额
低碳经济	4. 人均 GDP 和人均温室气体排放 5. 温室气体排放强度 6. 二氧化碳排放强度 7. 温室气体来源分布
能源效率	8. 能源生产力 9. 能源消费总量 10. 电力消费总量 11. 按行业分类的电力消费量
可再生能源	12. 可再生能源发电量占总能源发电量的比重 13. 按种类分的可再生能源发电量

续表

一级指标	二级指标
交通运输	14. 车辆英里数 15. 来自地面交通的温室气体排放量 16. 替代原料和传统天然气消耗率 17. 替代性燃料交通工具注册数量 18. 替代性燃料消耗占交通运输能源消耗比重

资源来源：NEXT10. 2012 California Green Innovation Index［R］. 2012。

（3）绿色发展综合指标。它通常是在选择核心指标的基础上,根据指标的重要性对不同指标赋予其相应权重,进而加权综合而成的。综合指数的目的主要是排名,通过排名来反映一个国家或地区某一时期内的绿色发展水平在全球或者全国所处的位置,同时通过纵向比较,也可以反映其历史总体水平的动态变化趋势。但是综合指数只能反映绿色发展的总体水平,难以探寻其深层次的促进和制约因素。

这方面典型的代表是耶鲁大学等提出的环境绩效指标 EPI(Environment Performance Index)。联合国"千年发展目标"对世界各国提出了包括减少贫困、改善医疗保健和教育等一系列具体目标,但对于可持续发展目标却几乎没有相关的定量指标来监测。在此背景下,耶鲁大学和哥伦比亚大学联合发布了环境可持续性指数 ESI(Environment Sustainable Index),以弥补可持续发展量化指标缺失的空白,并支持千年发展目标。为了能够重点评估各国环境治理的成效,并为各国提供政策指导,2006 年开始,在 ESI 的基础上发展了另一种新的指标体系,即环境绩效指数(EPI)。EPI 主要围绕两个基本的环境保护目标展开:①减少环境对人类健康造成的压力;②提升生态系统活力和推动对自然资源的良好管理。因此其指标框架主要包括两个部分,即环境健康和生态系统活力,构建了共包括 22 项能够反映当前社会环境挑战焦点问题的具体环境指标(见表 7-6)。

表 7-6　耶鲁大学环境绩效指标体系

主题	政策类别	具体指标
环境健康	空气污染（对人类健康的影响） 水资源（对人类健康的影响） 环境压力引起的疾病	1. 室内空气污染 2. 可吸入颗粒物(PM$_{2.5}$) 3. 饮用水可及性 4. 医疗卫生可及性 5. 婴儿死亡率

续表

主题	政策类别	具体指标
生态系统活力	空气污染（对生态系统的影响）	6. 人均 SO_2 排放量 7. SO_2 排放强度
	水资源（对生态系统的影响）	8. 水总量的变化
	生物多样性和栖息地	9. 生物群落保护 10. 海洋保护 11. 重要栖息地保护
	森林	12. 森林破坏损失 13. 森林覆盖率变化 14. 森林储蓄量变化
	渔业	15. 沿海大陆架的渔业压力 16. 鱼类资源过度开发
	农业	17. 农业补贴 18. 农药监管
	气候变化和能源	19. 人均 CO_2 排放量 20. CO_2 排放强度 21. 单位发电的 CO_2 排放 22. 可再生能源发电

资料来源：Yale Center for Environmental Law and Policy，Columbia University，2012。

7.2.3　国内关于绿色发展指标的研究

地大物博但人均资源占有量比较低是中国的基本国情，也是中国能源生产和消费领域所面临的根本问题。进入 21 世纪以来，伴随着中国经济的高速发展，中国国内各种能源资源尤其是不可再生资源的可持续利用与经济高速发展之间的结构性矛盾日益加剧，生态环境与人类各种活动之间的冲突日益尖锐。面对着应对气候变暖、生态环境恶化的长期挑战以及石油、天然气等战略性资源能源的供应安全挑战，中国政府积极倡导加快转变经济发展方式并制定以绿色发展指标为主题的"十二五规划"来应对资源环境问题的多重挑战（如表 7-7 所示）。在这个规划中，绿色发展指标比重高达 44.9%，是历次规划中绿色发展指标比重最高的。"十二五规划"的出台向全世界宣告了中国走绿色发展道路的决心。

表 7-7 "十二五规划"纲要绿色发展主要指标

类别	指标	属性	2010	2015 规划值
绿色增长	服务业增加值比重(%)	预期性	43	47
	单位 GDP 能源消耗降低(%)	约束性	—	—
	单位国内生产总值二氧化硫排放总量减少(%)	约束性	—	—
	研究与试验发展经费支出占 GDP 比重(%)	预期性	1.72	2.2
	每万人口发明专利量(%)	预期性	1.7	3.3
绿色财富	耕地保有量(亿亩)	约束性	18.18	18.18
	单位工业增加值用水量降低(%)	约束性	—	—
	农业灌溉用水有效利用系数	预期性	0.5	0.53
	森林蓄积量(亿立方米)	约束性	137	143
	森林覆盖率(%)	约束性	20.36	21.66
	化学需氧量排放总量(万吨)		2551.7	2343.4
	二氧化硫排放总量(万吨)	约束性	2267.8	2086.4
	氨氮排放总量(万吨)		264.4	238.0
	氢氧化物(万吨)		2273.6	2046.2
	资源产生率提高(%)		—	—
	地级以上城市空气质量达到二级标准以上的比(%)		72	80
	高效节水灌溉面积(万亩)		—	—
	单位国内生产总值建设用地下降(%)		—	—
	绿色能源县(个)		—	200
	改良草原(亿亩)		—	[3]
	人工种草(亿亩)		—	[1.5]
绿色福利	人口平均预期寿命(岁)	预期性	73.5	74.5
	孕产妇死亡率(个/10 万)		30.0	22
	城镇新增就业人数(万套)	预期性	—	—
	城镇保障性安居工程建设(万套)	约束性	—	—
	农村居民人均纯收入(元)	预期性	5919	8310
	婴儿死亡率(亿)		13.1	12
	新增农村安全饮用水人口(万户)		[1.7]	[3]
	农村困难家庭危房改造(万户)		—	[800]
	全国保障性住房覆盖面积(%)		—	20 左右

注:带[]的为五年累计数。

资料来源:胡鞍钢著.《中国创新绿色发展》.中国人民大学出版社,2012 年 4 月①。

---

① 在此书中,胡鞍钢教授提出了绿色发展的"三圈理论",认为绿色发展系统是基于经济系统、自然系统、社会系统三大系统之上,分别产生了绿色增长、绿色福利、绿色财富的目标,二者相互联系、相互制约和相互渗透,它们之间的交集和并集以及它们不断扩张的过程就是绿色发展的过程。按照"三圈理论",胡鞍钢教授对十二五规划中的绿色发展指标进行了划分.

在官方如此的重视和强调下,学界关于绿色发展指数的研究也日益增多。其中,比较突出的是北京师范大学、北京工商大学等,由此初步建立了一套适合中国国情的绿色发展指标体系,用以衡量中国绿色发展的水平。

1. 北京工商大学的绿色 GDP 指数

从 2007 年起,北京工商大学世界经济研究中心开始发布《中国 300 个省市绿色经济和绿色 GDP 指数》的报告,截止到目前,北京工商大学已经连续七年发布了七份报告,受到大部分学界和社会各界的认可。

很显然,绿色 GDP 指数是基于绿色 GDP 概念建立起来的指数。所谓绿色GDP,就是尽可能减少资源环境消耗,提高资源环境效率,使经济发展得以持续。在统计绿色 GDP 过程中,北京工商大学提出"立体资源环境"的新概念——资源环境消耗污染是立体的,既消耗地平线下的水资源,污染水环境,也消耗地平线以上的大气资源,污染大气环境。因此,水资源和大气资源消耗污染是绿色 GDP 的主要影响因子(工业固体废物由于影响较小,没有包括其中。同时水气中化学物质基本包含在污染物中,没有单独计算)。在此基础上,测量资源环境效率——单位资源环境消耗创造的名义 GDP。并通过对比分析,建立先进的资源环境效率指标体系,进而计算出不同地区以先进资源环境效率为标准的 GDP 绿色指数。绿色指数值为 0~1,数值越高,资源环境效率越高,绿色指数也越高。

在绿色 GDP 测量中,北京工商大学以深绿、绿色、浅绿、黄色、橙色、红色、黑色七种不同颜色标识不同城市资源环境效率状况。其中,绿色—绿色指数为 1。表明该地区是国内绿色 GDP 先进标准;深绿—绿色指数大于 1,表明该地区绿色 GDP 优于国内先进标准,其绿色 GDP 将大于名义 GDP;浅绿—绿色指数在 0.8 以上、1.0 以下,表明该地区绿色 GDP 低于国内资源环境效率先进标准,其绿色 GDP 将小于名义GDP 近 20%,资源环境效率偏低;黄色—绿色指数在 0.6 以上、0.8 以下,表明该地区绿色 GDP 劣于国内先进标准,其绿色 GDP 小于名义 GDP 近 40%;橙色—绿色指数在 0.4 以上、0.6 以下,表明该地区绿色 GDP 大大劣于国内先进标准,其绿色 GDP小于名义 GDP 近 60%;红色—绿色指数在 0.2 以上、0.40 以下,表明该地区绿色GDP 严重劣于国内先进标准,其绿色 GDP 小于名义 GDP 近 80%,资源环境难以持续;黑色—绿色指数在 0.2 以下,表明该地区绿色 GDP 小于名义 GDP 超过 80%,资源消耗效率已经远远超过其资源环境承载能力,经济发展难以持续①。

通过分析可以看出,指数与指标明显不同,指数是衡量发展水平的一个最终数字,像北京工商大学的绿色 GDP 指数值为 0~1,例如,2011 年绿色 GDP 指数最高的是海口,达到 8.1452,最低的是宁夏中卫,只有 0.0078,表明城市绿色经济发展的水平。指数可以包括各种指标,通过对各种指标综合分析计算出最终指数。北

① 季铸,王爽,刘觅颖.2007-09-25.中国 300 个省市绿色 GDP 指数(CGGDP2007).中国贸易.

京工商大学的绿色 GDP 指数主要是通过对资源环境效率指标的计算得出的,包括地平线下工业废水排放量、地平线上工业烟尘排放量的指标。由此可见,北京工商大学的绿色 GDP 指数侧重于对 300 个省市绿色 GDP 发展水平的衡量,然后以北京为基准对其他城市进行排名,这对排名靠前的省市是一种肯定,而对于排名靠后的省市是一种激励,促使这些省市的主政者向排名靠前的城市学习,反思本地的经济发展模式、转变落后的发展观念和强化绿色发展意识。

如前所述,绿色发展是一个复杂的概念,有着丰富的内涵,但北京工商大学绿色 GDP 指数过于侧重对绿色经济发展水平的评估,而忽略对绿色社会、绿色文化、绿色政策等其他方面内容的考核;过去强调对 300 个省市的绿色 GDP 指数进行排名,而缺乏对绿色 GDP 具体指标内容的研究。因此,北京工商大学的绿色 GDP 指数在对这些省市进行最终排名之后,由于缺乏具体的、详细的指标,各省市政府难以结合具体指标的高低制定出关于绿色发展的系统的、全面的政策。

2. 北京师范大学等三家单位的绿色发展指数

2010 年,来自北京师范大学(简称北师大)科学发展观与经济可持续发展研究基地、西南财经大学绿色经济与经济可持续发展研究基地和国家统计局中国经济景气监测中心三家单位的 40 位专家学者和若干研究生,对绿色发展指数和指标进行了深入、全面地研究,合作出版了《2010 年中国绿色发展指数年度报告——省际比较》一书,引起了社会各界的极大反响。2013 年 8 月,《2013 中国绿色发展指数报告——区域比较》正式出版,其在已有研究成果的基础上,将绿色发展测评城市扩展到 100 个,同时还通过深入青海省、浙江省、四川省、香港特别行政区和中国台湾地区以及韩国首尔都市圈的实地调研,进一步获得了更多反映中国绿色发展现状的重要信息,使研究的结果更加深入细致。北京师范大学等三家单位的研究处于当前中国关于绿色发展指标体系研究的前列。

北师大等三家单位提出的绿色发展指数有三个一级指标,即经济增长绿化度、资源环境承载潜力和政府政策支持度。其中,经济增长绿化度是对一个地区经济发展过程中绿色程度的综合评价;资源环境承载潜力衡量的是一个地区资源丰裕、生态保护、环境压力与气候变化对今后经济发展和人类活动的承载能力,是各地区自然资源和生态的禀赋条件拥有水平、人类活动等资源环境生态气候等影响程度的综合反映;政府政策支持度是对一个地区政府对绿色发展的重视程度和支持力度的综合评价。

基于这三个一级指标,北师大等三家单位构建了包括中国省际绿色发展指标和中国城市绿色发展指标两套体系,对具体指标进行了系统、全面的研究。其中,中国省际绿色发展指标由三个一级指标及 9 个二级指标、60 个三级指标构成,具体如表 7-8 所示。

表 7-8　中国省际绿色发展指数指标体系

一级指标	二级指标	三级指标	
经济增长绿化度	绿色增长效率指标	1. 人均地区生产总值 2. 单位地区生产总值能耗 3. 非化石能源消费量占能源消费量的比重 4. 单位地区生产总值二氧化碳排放量	5. 单位地区生产总值二氧化硫排放量 6. 单位地区生产总值化学需氧量排放量 7. 单位地区生产总值氮氧化物排放量 8. 单位地区生产总值氨氮排放量 9. 人均城镇生活消费用电
	第一产业指标	10. 第一产业劳动生产率 11. 土地产生率	12. 节灌率 13. 有效灌溉面积占耕地面积比重
	第二产业指标	14. 第二产业劳动生产率 15. 单位工业增加值水耗 16. 规模以上工业增加值能耗	17. 工业固体废物综合利用率 18. 工业用水重复利用率 19. 六大高载能行业产值占工业总产值比重
	第三产业指标	20. 第三产业劳动生产率 21. 第三产业增加值比重	22. 第三产业从业人员比重
资源环境承载潜力	资源丰裕与生态保护指标	23. 人均水资源量 24. 人均森林面积 25. 森林覆盖率	26. 自然保护区面积占辖区面积比重 27. 湿地面积占国土面积比重 28. 人均活立木总蓄积量
	环境压力与气候变化指标	29. 单位土地面积二氧化碳排放量 30. 人均二氧化碳排放量 31. 单位土地面积二氧化硫排放量 32. 人均二氧化硫排放量 33. 单位土地面积化学需氧量排放量 34. 人均化学需氧量排放量 35. 单位土地面积氮氧化物排放量	36. 人均氮氧化物排放量 37. 单位土地面积氨氮排放量 38. 人均氨氮排放量 39. 单位耕地面积化肥施用量 40. 单位耕地面积农药使用量 41. 人均公路交通氮氧化物排放量
政府政策支持度	绿色投资指标	42. 环境保护支出占财政支出比重 43. 环境污染治理投资占地区生产总值比重	44. 农村人均改水、改厕的政府投资 45. 单位耕地面积退耕还林投资完成额 46. 科技文卫支出占财政支出比重
	基础设施指标	47. 城市人均绿地面积 48. 城市用水普及率 49. 城市污水处理率 50. 城市生活垃圾无害化处理率 51. 城市每万人拥有公交车辆	52. 人均城市公共交通运营线路网长度 53. 农村累计已改水受益人口占农村总人口比重 54. 建成区绿化覆盖率
	环境治理指标	55. 人均当年新增造林面积 56. 工业二氧化硫去除率 57. 工业废水化学需氧量去除率	58. 工业氮氧化物去除率 59. 工业废水氨氮去除率 60. 突发环境事件次数

资料来源:北师大等著《2013 中国绿色发展指数报告——区域比较》,北京师范大学出版社 2013 年 8 月,第 3 页。

　　与 2012 年比较,中国城市绿色发展指标在 2013 年新增了 3 个三级指标,即 "PM$_{2.5}$浓度年均值"、"每万人市容环境专用车辆设备数"和"城市人均再生水生产能力"。具体如表 7-9 所示。

表 7-9　中国城市绿色发展指数指标体系

一级指标	二级指标	三级指标	
经济增长绿化度	绿色增长效率指标	1.人均地区生产总值 2.单位地区生产总值能耗 3.人均城镇生活消费用电 4.单位地区生产总值二氧化碳排放量	5.单位地区生产总值二氧化硫排放量 6.单位地区生产总值化学需氧量排放量 7.单位地区生产总值氮氧化物排放量 8.单位地区生产总值氨氮排放量
	第一产业指标	9.第一产业劳动生产率	
	第二产业指标	10.第二产业劳动生产率 11.单位工业增加值水耗 12.单位工业增加值能耗	13.工业固体废物综合利用率 14.工业用水重复利用率
	第三产业指标	15.第三产业劳动生产率 16.第三产业增加值比重	17.第三产业就业人员比重
资源环境承载潜力	资源丰裕与生态保护指标	18.人均水资源量	
	环境压力与气候变化指标	19.单位土地面积二氧化碳排放量 20.人均二氧化碳排放量 21.单位土地面积二氧化硫排放量 22.人均二氧化硫排放量 23.单位土地面积化学需氧量排放量 24.人均化学需氧量排放量 25.单位土地面积氮氧化合物排放量	26.人均氮氧化物排放量 27.单位土地面积氨氮排放量 28.人均氨氮排放量 29.空气质量达到二级以上天数占比重 30.首要污染物可吸入颗粒物天数占全年比重
政府政策支持度	绿色投资指标	31.环境保护支出占财政支出比重 32.环境保护支出占财政支出比重	33.工业环境污染治理投资占地区生产总值比重
	基础设施指标	34.科技文卫支出占财政支出比重 35.人均绿地面积 36.建成区绿化覆盖率	37.用水普及率 38.城市生活污水处理率 39.生活垃圾无害化处理率
	环境治理指标	40.每万人拥有公交车辆 41.工业二氧化硫去除率 42.工业废水化学需氧量去除率	43.工业氮氧化物去除率 44.工业废水氨氮去除率

　　资料来源:北师大等著《2013 中国绿色发展指数报告——区域比较》,北京师范大学出版社 2013 年 8 月,第 5 页。

在中国省际绿色发展指标的基础上,该报告对中部、西部和东部在三个一级指标和整体的中国绿色发展指数进行了比较,得出以下结论。东部地区绿色发展优势明显,经济增长绿化度及政府政策支持度状况良好,在总指数方面,东部 10 省市中,有 7 个省市排名全国前 10 位,除河北、山东外,其余 8 个省市的绿色发展水平均高于全国平均水平;西部地区资源环境表现突出,但经济发展水平相对较低,总指数方面,西部参与测评的 11 个省(区、市)中,有 3 个排在前 10 位,5 个排在第 11 到第 20 位,3 个排在第 21 位到第 30 位;中部地区缺乏突出优势,绿色发展水平有待进一步提高,总指数方面,中部 6 个省中只有江西(第 16 位)和湖北(第 19 位)排在前 20 位,其他 4 个省均在 20 位之后,整体水平偏低;东北三省绿色发展水平偏低,且三省差异显著,从总指数来看,黑龙江、吉林、辽宁三省绿色发展水平均低于全国平均水平。

经过近些年来对城市绿色发展指数的测评以及在这个过程中与社会各界的交流沟通,北师大为首的研究团队注意到如果只根据统计数据测算,绿色发展指数的省区和城市排序,可能与公众的实际感受有差距。例如,首部《2010 中国绿色发展指数年度报告——省际比较》发布的排名——东部地区绿色发展水平相对较高,北京、天津、上海、江苏、浙江、福建、山东、广东和海南的绿色发展指数排在前十位,但这个结果似乎偏离了公众的感受,在人们的直观意识里,东部地区开发早、发展快,资源环境的压力大,空气、水等污染严重。所以,北师大等三家单位绿色发展指数指标体系的科学性、合理性受到很多的质疑。鉴于此,从 2012 年起,他们在报告中增加了城市绿色发展公众满意度调查,包括对城市环境满意度、城市基础设施满意度和政府绿色行动满意度的调查,以反映居民对本城市的主观感受和评价,从而更加全面地阐释城市绿色发展情况。2013 年中国 38 个重点城市绿色发展公众满意度的调查结果显示,新疆克拉玛依市的绿色发展公众满意度最高,在城市环境满意度、城市基础设施满意度、政府绿色行动满意度和公众综合满意度四个指数排名上都排在第一位;而河南郑州市因为城市基础设施满意度和政府绿色行动满意度两个指数上排名倒数第三名、城市环境满意度指数最后一名的成绩排在绿色发展公众综合满意度的末位。总体而言,北师大等三家单位联合构建的绿色发展指标指数体系是当前学界关于绿色发展指标研究比较全面而系统的研究,不仅因为其在指标的划分标准、指数的计算以及问卷调查的制定上做到了可操作性、科学性、区域性、层次性,更重要的是做到了动态性与稳定性的结合,秉着科学严谨和开放沟通的态度不断完善这套绿色发展指标体系。因此,我们也将在接下来的研究中以北师大等三家单位的绿色发展指标体系为主要依据,对京津冀地区实现雾霾治理的一体化提供可行的建议。

7.3　京津冀雾霾治理与绿色发展

走绿色发展道路已经成为全体国人的共识,也是中国的改革者在进入 21 世纪之后,为建设美丽中国、实现中华民族永续发展所做的顶层设计。而雾霾治理是当前走绿色发展道路的重中之重,因为雾霾与水源污染、土壤污染等其他生态环境危机不同,雾霾带来的危害涉及范围更加广泛,并且雾霾一旦产生,其治理必定是长期性、持续性的过程;更严重的是,雾霾直接威胁人的生命权和健康权,而且面对雾霾来袭,人类几乎是毫无招架之力的,不管你是达官贵人还是布衣白丁。

2014 年 3 月 16 日,国务院印发了《国家新型城镇化规划(2014 年—2020 年)》,提出要把包括京津冀城市群在内的三大城市群打造成为世界级城市群的目标,标志着京津冀城市群作为重大国家战略的正式提出。但是,建设京津冀城市群的战略甫一提出就面临着尴尬境地:一方面京津冀地区因为其特殊的地理位置,尤其是北京作为首都的政治、经济、文化中心的地位,使得京津冀城市群在三大城市群中尤为引人注目;另一方面,京津冀城市群的雾霾也是三大城市群中最严重的,根据环境保护部发布的数据和报告,在 2013 年,京津冀区域的空气污染最严重,京津冀 13 个城市中,7 个城市排在污染最重的前 10 位,11 个城市排在污染最重的前 20 位。城市群成为雾霾群,京津冀城市群严重的雾霾污染已经成为京津冀地区打造世界级城市群的最大障碍。为了摆脱这种尴尬的局面,走绿色发展道路成为京津冀雾霾治理的必然选择。从绿色发展内涵和绿色发展指标体系研究的结果出发,我们或可提出京津冀绿色发展的一些建议。

7.3.1　京津冀雾霾治理一体化的必要条件

绿色发展是追求一种持续与碳排放脱钩的经济发展道路,尤其是对于发展中国家,经济总量的持续增长是走绿色发展道路的必要条件。同样京津冀地区要实现雾霾治理的一体化、走绿色发展道路的必要条件首先是京津冀地区经济总量的增长。但是,京津冀地区的经济发展是不平衡的,可以说区域失衡是制约京津冀城市群建设的主要障碍。

实际上,早在 2004 年 11 月,国家发改委就正式启动了京津冀都市圈区域规划编制,在中国区域经济版块中是提出最早的区域合作规划。可截止到 2014 年之前,这一规划都未曾落实,发展水平也远远滞后于后来的长三角和珠三角。究其原因,京津冀区域发展失衡是根本原因。虽然紧邻北京、天津这两座中国北方特大城市,并有着东部沿海和环抱首都的区位优势,但是,长期以来,河北所受到京津的辐射作用微乎其微,京津对资源、资本的"虹吸效应"甚至导致了"环京津贫困带"的出现。据统计,2012 年京津两市的全社会固定资产投资占京津冀地区的 41.7%,

GDP 占 53.7％,财政收入占 70.9％;而同期,河北的投资、GDP 以及财政收入占比分别为 58.3％、46.3％和 29.1％。京津冀区域内经济发展的不平衡还体现在异地城镇化的现象上,人口由经济发展相对落后的中小城市涌向北京和天津两个超大城市,导致京津冀地区超大城市高度集聚、中小城市吸纳力不足、城镇体系结构不合理的问题日益严重。

因此,充分发挥不同地区比较优势,促进生产要素合理流动,深化区域合作,推进区域良性互动发展,逐步缩小区域发展差距,以推进京津冀地区区域经济的一体化发展是打造京津冀城市群的重中之重,也是实现京津冀雾霾治理一体化的必要条件。

7.3.2　京津冀地区的合作途径

与农业文明时期的黄色发展和工业文明时期的黑色发展不同,生态文明时期绿色发展的本质是人与人之间责任和权益的平等,包含区域与区域、国家与国家之间平等的深刻内涵。为了应对气候变暖等全球生态危机的挑战,南方国家和北方国家、发达国家和发展中国家、资本主义国家和社会主义国家需要超越地理界限、物质发展水平的差异以及意识形态对立的桎梏,联合起来走绿色发展道路,这也是 2012 年召开的"里约＋20"联合国可持续发展大会的主旨。但是,在世界各国联合起来走绿色发展道路的过程中,应该坚持"共同但有区别的责任"原则,这也一直是中国参与国际气候谈判的基础。

"共同但有区别的责任"发源于 20 世纪 70 年代初。1972 年,斯德哥尔摩人类环境会议宣示,保护环境是全人类的"共同责任";同时指出,发展中国家的环境问题"在很大程度上是发展不足造成的"。根据当前科学界的主流认识,目前的气候变化主要是人类活动造成的,其中主要是发达国家在长期的工业化过程中造成的:从 18 世纪中期工业革命开始到 1950 年,在人类释放的二氧化碳总量中,发达国家占了 95％;从 1950 年到 2000 年的 50 年中,发达国家的排放量仍占到总排放量的 77％。因此,在应对全球生态危机时,发达国家和发展中国家承担的责任是有区别的,形式上、程序上的差别才能带来环境责任上的公平和正义。

同样,对于京津冀地区所涉及的三地四方(包括中央),坚持共同但有区别责任的原则进行平等合作是京津冀雾霾治理一体化的充分条件。之前提到过,京津冀城市群的规划是中国区域经济版块中提出最早但是发展相对比较落后的,一方面是因为京津冀区域经济失衡造成的,另一方面是由京津冀地区"一个首都、两个直辖市、三个行政区"在行政区划及行政级别上的差异造成的。有学者在接受媒体采访时说,京津冀三地多年"转"、"接"合作中没有形成合力的症结在于"北京的强势",基本阻断了三方在共同利益下进行市场对话的通道。"河北渴望对接,但同两个京、津直辖市来争优质资源处于劣势,一直扮演着'小兄弟'的角色。"河北经贸大学工商管理学院董葆茗认为,京、津两地官员和河北官员的行政级别有差异,三地官员在一起是不平等的,"河北更像是汇报工作"。在京津冀这个三地四方的关系中,北京的角色非常模糊:作为独立行政体的直辖市北京与天津、河北是一样的,但作为首都所在地的背景又有着超越一般省级关系的权利。由于三地四方间行政区划和行政级别上的客观差异和主观认识的不同,使得京津冀一体化的美好愿景多年来沦落到"京津竞争、河北苦等"的尴尬境地。

为了应对日益严重的雾霾,北京计划投入 7600 亿元治理 $PM_{2.5}$,显示了北京在治理污染方面的决心和实力。北京作为首都和经济中心,在投入上津冀两地是无法比拟的。但是仅靠北京一地治理雾霾,临近的天津和河北却相对乏力的情况下,治理雾霾的宣言只能沦为空谈,治理雾霾的行动也只能是徒劳。尤其是将北京的重污染企业搬迁到河北,对于河北省人民群众基本生存权利的保障是不公平的。在雾霾治理的人民战争中,没有一个城市或区域可以自全。

因此,在治理雾霾的资金投入、大气污染指标尤其是约束性指标的设计等方面应按照共同但有区别的原则,在平等协商的基础上划分京津冀雾霾治理一体化中的职责和义务,这是实现京津冀雾霾治理一体化的充分条件。

7.3.3　建立三地统一的绿色发展指标体系

基于绿色发展对实现人与自然之间的和谐以及人类社会永续发展的重要性,大部分国家都制定了适合于本国国情的绿色发展指标或将绿色发展指标纳入到衡量国民生产总值的整体性指标体系当中(如绿色 GDP)。我国也在"十二五"规划中专设了"绿色发展 建设资源节约型、环境友好型社会"一篇,将绿色发展作为生态原则,并将绿色指标的比重提升到规划(计划)制定历史的最高水平,达到60.7%。正如胡鞍钢所言,"'十二五规划'成为中国首部绿色发展规划和中国参与世界绿色革命的行动方案规划,成为 21 世纪上半叶中国绿色现代化的历史起点"。

在国家"十二五规划"的指导下,地方各级政府也制定了包含绿色发展指标内容的"十二五规划"。例如,2011 年 9 月北京发布了"十二五"时期的绿色发展规划,提出了几十项关于绿色生产、消费等方面的指标,主要包括单位 GDP 能耗、单位 GDP 碳排放、万元工业增加值能耗等绿色经济指标,中心城区公交出行比例、生活垃圾资源化率等绿色生活指标,还有城市核心区新建住宅开发项目和大型公建项目等绿色布局指标。其中,很多绿色发展指标的设定远远走在全国的前列。天津市也制定了《天津市工业经济发展"十二五"规划》,提出"十二五"要走产业绿色化的发展路径,加快推进节能降耗减排和资源综合利用,着力构建集约节约生态型发展模式。在天津市的规划中出现的绿色发展指标主要有万元增加值能耗、万元增加值取水量、工业用水重复利用率等绿色增长指标,提高天然气等清洁能源和可再生能源比重等与绿色发展相关的直接指标和间接指标。而河北省也结合省情出台了《河北省节能减排"十二五规划"》,包含了大量关于衡量绿色发展的指标,主要有万元 GDP 能耗、单位 GDP 二氧化碳碳排放量等绿色增长指标,化学需氧量、氨氮排放总量等绿色财富指标,并以冶金、电力、剪裁、煤炭等六大高耗能行业为重点制定了严格控制能耗排污限额标准的指标(例如在煤炭领域,提出通过提高煤炭资源回采率、回收率的指标以及原煤入洗率指标,实现 2015 年节能 58 万吨标煤和削减二氧化硫、氮氧化物排放 0.5 万吨、0.8 万吨的目标)。

由京津冀制定的"十二五规划"中关于绿色发展的指标,可以看出,尽管严峻的雾霾污染使得京津冀雾霾治理的一体化成为京津冀城市群一体化的首要内容,但是当前京津冀三地在雾霾治理的具体措施方面还是呈现出各自为政的状态,这从"十二五规划"中关于绿色发展指标的差别上就可见一斑,这一方面是由于指标制定必须符合本地实际的客观原因所决定的,另一方面则是三地政府之间缺乏正常的高层沟通与协商机制造成的。

京津冀三地绿色发展指标体系基本内容的差别不利于对三地绿色发展水平进行比较分析,更不利于三地在绿色发展的具体措施方面做到相互之间的取长补短,因为京津冀三地在政治、经济、文化等方面发展的不同状况,决定了其绿色发展水平是不同的。例如,北师大等三家单位按照其所构建的绿色发展指标体系对省际绿色发展状况进行综合评价和比较分析,得出:在 30 个省市经济增长绿化度指数排行榜上,北京因其在绿色增长效率指标、第一产业指标、第二产业指标和第三产业指标上的优异表现位列第一,天津位列第三,而河北则排名第十一位,相对落后;在资源环境承载潜力指数排行榜上,通过对资源丰裕与生态保护指标、环境压力与气候变化指标的测算,北京资源环境承载潜力指数排在第八位,而天津和河北则排在倒数第二、三位,差距较大;在政府政策支持度排行榜上,北京因其在绿色投资指标、基础设施指标和环境治理指标上的优异表现位列第一,河北排名第十五位,而天津排名第十八位,相对比较落后。由此可见,京津冀三地中,北京和天津由于其经济发展水平、资源优势、环保意识较强等主客观方面的原因在绿色发展总体水平上排在全国前列,河北则相对滞后。因此,河北省在京津冀城市群建设的基础上学习和借鉴北京和天津在绿色发展某些具体指标建设上的经验的同时,北京、天津两地在绿色发展某些具体指标的建设上应当积极主动地给予河北省政策建议与指导,将有利于京津冀地区在绿色发展道路上的携手并进,从而实现京津冀雾霾治理的一体化。例如,按照北师大等三家单位构建的绿色发展指数指标体系进行测算,北京绿色发展总体水平之所以名列前茅,是因为其在政府政策支持度上的优异表现,即北京市政府对绿色发展的重视程度和支持力度在 30 个省市中是最突出的,主要体现在绿色投资、基础设施和环境治理三个二级指标排名靠前(具体三级指标是北京市环境保护支出占财政支出比重较高、城市人均绿地面积、城市用水普及率、人均当年新增造林等)。

因此,天津、河北应该按照因地制宜的原则在政府政策支持度的具体指标建设上向北京借鉴学习。这里需要强调的是,统一京津冀绿色发展指标的具体内容并不代表京津冀绿色发展指标的完全相同化,二是依据各地情况设置阶段性指标,最终达成统一指标。北京、天津和河北绿色发展水平的差异决定了他们在具体指标设置权重上的差异,例如北京绿色发展水平尤其是经济增长绿化度比较高,这说明其产业结构比较合理、绿色增长效率比较高,因此北京可以提高其单位地区生产总值能耗、单位地区生产总值二氧化碳排放量等逆指标和人均地区生产总值、非化石能源消耗量占能源消耗量比重等正指标的标准;与此相反,由于河北经济增长绿化度比较低,其具体指标的标准设置上应该和北京有一定的差距,这也是两地绿色发展水平、经济增长绿化度等客观因素差异的直接体现。

总之,统一京津冀绿色发展指标的具体内容是京津冀区实现绿色发展和雾霾治理一体化的重要前提。在统一京津冀绿色发展指标具体内容的基础上,以政府政策支持度指标中京津冀区域的基础设施一体化和大气污染联防联控作为优先领域,以经济增长绿化度指标中京津冀区域产业结构的优化升级和实现创新驱动发展作为合作重点,把合作发展的功夫主要下在京津冀地区的联合行动上,努力实现区域间在具体指标上的优势互补、良性互动和共赢发展,从而促进京津冀地区雾霾治理的一体化。

7.3.4　将公众参与纳入绿色发展指标体系

"十八大"提出要努力建设美丽中国,号召"我们一定要更加自觉地珍爱自然,更加积极地保护生态,努力走向社会主义生态文明新时代。"这就需要政府加强生态文明宣传,增强全体国民的节约意识、环保意识和生态意识,形成理性消费的社会风尚,在全社会营造爱护生态环境的良好风气。对于绿色发展指标体系的构建,就是将关于公民参与生态环境保护的相关指标纳入到绿色发展指标体系中来,以评价各地公民参与雾霾治理和保护环境的水平,并据此来加强生态文明的宣传工作。

关于公民参与生态环境保护的指标应该是引导性的指标,这是因为公民参与生态环境保护的指标涵盖了生产行为、消费行为的方方面面,涉及面广、难以量化,所以在指标体系中作为引导性指标加以要求。其不仅包括绿色产品,还包括物资的回收利用、能源的有效使用,对生存环境和物种的保护等,政府通过制定公民参与生态环境保护的指标,培养公民在日常生活和工作中的节约意识、环保意识和生态意识,将其内化为公民自觉遵守的行为并最终转化为保护环境的积极行动。随着公民参与生态环境保护意识的提升,可以考虑通过"绿色商店"、"绿色饭店"、"绿色账户"等方式,从销售、宣传等方面普及绿色消费和保护生态环境的理念,尝试开展对公民参与生态环境保护量化指标的研究。同时,日人均生活耗水量、日人均垃圾产生量、垃圾回收利用率、绿色出行所占比例等指标也可以从侧面体现出当地居民保护生态环境意识的高低和"绿色消费"的水平。

近些年来,环保类群体性事件呈现上升趋势,给地方政府的治理带来了巨大挑战。实际上,环保类群体性事件增多是日益成熟的公民对生态环境关注度提高以及维护自身基本权利意识增长的表现。而环保类社会组织作为公民参与生态环境保护的正规渠道也日益得到政府和社会各界的广泛关注。环保社会组织在提升公众环境意识、促进公众环保参与、改善公众环保行为、开展环境维权与法律援助、参与环保政策的制定与实施、监督企业的环境行为、促进环保国际交流与合作等方面发挥了重要作用,但与构建资源节约型、环境友好型社会,进一步提高生态文明水平的需要相比,我国环保社会组织的能力还需进一步提高。为此,2011 年,环境保护部出台了《关于培育引导环保社会组织有序发展的指导意见》,明确培育引导环保社会组织的基本原则和总体目标,即积极扶持、加快发展,加强沟通、深化合作,依法管理、规范引导,积极培育与扶持环保社会组织健康、有序发展,促进各级环保部门与环保社会组织的良性互动,发挥环保社会组织在环境保护事业中的作用,力争在"十二五"时期,逐步引导在全国范围内形成与"两型"社会建设、生态文明建设和可持续发展战略相适应的定位准确、功能全面、作用显著的环保社会组织体系,促进环境保护事业与社会经济协调发展。由此可见,培养引导环保社会组织的政策和环保社会组织的发展状况应该成为判断一个国家或城市绿色发展水平的重要标准,作为二级指标纳入公民参与生态环境保护的一级指标当中。

总而言之,京津冀地区绿色发展指标体系的构建,应该在经济增长绿化度、资源环境承载潜力和政府政策支持度三个一级指标的基础上增加公众参与的指标,特别是在京津冀雾霾治理一体化的背景下,公众参与的指标应该推动京津冀三地民众在政府、环保社会组织的组织下积极主动地共同参与一些环保志愿活动,以加强三地在雾霾治理过程中的民间交流与互动,从而实现京津冀雾霾治理的公民参与的一体化,这也是实现京津冀雾霾治理一体化的必然要求。

第8章　京津冀雾霾一体化治理工作现状

┌─ 阅读提要 ─┐

　　大气污染区域联防联控是指以解决区域性、复合型大气污染问题为目标,依靠区域内地方政府间对区域整体利益所达成的共识,运用组织和制度资源打破行政区域的界限,以大气环境功能区域为单元,让区域内各省、市从区域整体需要出发,共同规划和实施大气污染控制方案,统筹安排、互相监督、互相协调,最终达到控制复合型大气污染、改善区域空气质量、共享治理成果与塑造区域整体优势目的的一体化治理过程。京津冀地区的雾霾治理一体化已经拉下了大幕,但也面临深层次的困境,需要攻坚克难。

　　随着工业化和城市化的快速发展,大气污染防治成为各国政府面临的最大挑战之一。大气污染不仅给生态环境、气候变化带来不利影响,而且严重危害人体健康。因此,世界各国都非常重视大气污染防治工作。我国自20世纪70年代开始大气污染防治与研究工作。在40多年的治理过程中,根据我国环境污染的状况和变化,环境治理理念也在不断深化,先后采取了"环境保护目标责任制"、"城市环境保护综合定量考核"、"环境影响评价"、"三同时"、"排污申报登记"、"排污收费""限期治理"和"污染集中治理"等措施和制度,对深入推动我国环境治理进程发挥了重要作用。

8.1　京津冀大气污染联防联控问题的提出

　　进入20世纪90年代,我国主要污染为煤烟、酸雨污染。伴随着酸雨污染的日益严重,空气污染范围从局地污染向局地和区域污染扩展。这一情况引起国务院高度重视。1995年新修订的《大气污染防治法》明确提出将酸雨和二氧化硫纳入控制范围。1998年1月,国务院正式批复酸雨控制区和二氧化硫控制区的划分方案并提出控制目标,即依据气象、地形、土壤等自然条件,将已经产生和可能产生酸雨的地区或者其他二氧化硫污染严重的地区,划定为酸雨控制区或者二氧化硫污染控制区。这是我国大气污染区域控制概念的初步形态。

　　"六五"规划以来,我国大气污染防治主要采取总量控制措施。所谓总量控制,是指将某一控制区域(如行政区、流域、环境功能区等)作为一个完整的系统,采取措施将排入这一区域的污染物总量控制在一定数量内,以满足该区域环境质量要求或环境管理要求。实践证明,这一措施对于单纯的点源局部性污染类型具有很好的控制效果。但伴随着我国大气污染由局地污染向区域性污染的转变,这种简单的以行政区为单位的总量控制措施的局限性日益明显。此外,我国《大气污染防治法》虽经两次修改,但依然延续了长期以来的大气污染单因子监管和行政条块化监管模式,在区域性大气污染控制方面依然存在无监管、无措施、无责任人的"三无"状态,直接影响甚至制约着我国大气污染防治成效。

正是在此背景下,有关大气污染区域联防联控的研究和实践应运而生。所谓大气污染区域联防联控是指以解决区域性、复合型大气污染问题为目标,依靠区域内地方政府间对区域整体利益所达成的共识,运用组织和制度资源打破行政区域的界限,以大气环境功能区域为单元,让区域内各省、市从区域整体需要出发,共同规划和实施大气污染控制方案,统筹安排、互相监督、互相协调,最终达到控制复合型大气污染、改善区域空气质量、共享治理成果与塑造区域整体优势的目的。2008年奥运会前,为确保奥运会空气质量,我国首次打破行政界限,建立京津冀及周边地区大气污染联防联控机制并取得积极成效。这一模式后来在 2010 年上海世博会、广州亚运会期间继续采用,成为我国成功实施区域大气污染联防联控的典型案例。但众所周知,由于缺乏区域联防联控行动持续开展的配套保障机制,使得这几次重要的区域联防联控行动都成为特殊活动期间的短期行为。实践证明,这种短期行为并不能维系空气质量的持续改善。例如,北京奥运会以后,与奥运会同期监测结果相比,北京及周边地区一次污染物除二氧化硫以外均出现了较大幅度的反弹。

2010 年 5 月 11 日,环境保护部、国家发展和改革委员会、科学技术部、工业和信息化部等 9 个部门共同发布了《关于推进大气污染联防联控工作改善区域空气质量的指导意见》(国办发〔2010〕33 号)(以下简称《意见》)。《意见》在充分吸收国内外环境管理经验的基础上,指出"解决区域大气污染问题,必须尽早采取区域联防联控措施"的思路,并提出"到 2015 年,建立大气污染联防联控机制,形成区域大气环境管理的法规、标准和政策体系,主要大气污染物排放总量显著下降,重点企业全面达标排放,重点区域内所有城市空气质量达到或好于国家二级标准,酸雨、灰霾和光化学烟雾污染明显减少,区域空气质量大幅改善"的工作目标。同时,在指导思想里明确指出"以增强区域环境保护合力为主线,以全面削减大气污染物排放为手段,建立统一规划、统一监测、统一监管、统一评估、统一协调的区域大气污染联防联控工作机制"。这是国务院出台的第一个专门针对大气污染联防联控工作的综合性政策文件,标志着我国大气环境保护工作进入了一个新的发展阶段。

2012 年 12 月 5 日,环保部发布《重点区域大气污染防治"十二五"规划》(以下简称《规划》)。《规划》在《意见》提出建立大气污染联防联控机制的基础上,进一步明确提出建立"联席会议制度"、"联合执法监管机制"、"环境影响评价会商机制"、"信息共享机制"、"预警应急机制"等,实现了区域联防联控机制建设方面的突破性创新,为推动各省、市、区迅速有效地开展联防联控,治理大气污染指明了方向。

"十二五"以来,我国大气污染形势严峻,以可吸入颗粒物(PM_{10})、细颗粒物($PM_{2.5}$)为特征污染物的区域性大气环境雾霾问题日益突出,严重损害人民群众身体健康,影响社会的和谐稳定。2013 年 9 月 11 日,国务院出台《大气污染防治行动计划》(国发〔2013〕37 号),其中"第(二十六)建立区域协作机制"明确提出,建立京津冀、长三角区域大气污染防治协作机制,由区域内省级人民政府和国务院有关部门参加,协调解决区域突出环境问题,组织实施环评会商、联合执法、信息共享、预警应急等大气污染防治措施,通报区域大气污染防治工作进展,研究确定阶段性工作要求、工作重点和主要任务。"国十条"的出台,进一步从政策上为长三角、珠三角、京津冀等区域大气污染联防联控机制的建立奠定了基础。

2013 年以来,京津冀地区连续出现多次重度雾霾。为加大京津冀及周边地区大气污染防治工作力度,切实改善环境空气质量,依据《大气污染防治行动计划》,2013 年 9 月 17 日,环境保护部、发展改革委员会等 6 部门联合印发《京津冀及周边地区落实大气污染防治行动计划实施细则》(环发〔2013〕104 号)。提出"成立京津冀及周边地区大气污染防治协作机制",主要目标是:经 5 年努力,京津冀及周边地区空气质量明显好转,重污染天气较大幅度减少。力争再用 5 年或更长时间,逐步消除重污染天气,空气质量全面改善。《京津冀及周边地区落实大气污染防治行动计划实施细则》的发布,意味着京津冀及周边地区大气污染联防联控机制在政策上"落地",联防联控工作正式拉开了帷幕。

8.2　国内大气污染区域联防联控的成功案例和启示

为保障 2008 年北京奥运会、2010 年上海世博会、广州亚运会会期的空气质量,三地政府分别采取了区域大气污染联防联控措施,并取得积极成效。尽管由于多种原因,这种区域大气污染联防联控措施只是特殊时期的一种暂时性行为,但这种实践模式所留下的经验、教训,却为我国今后建立长期性区域大气污染联防联控机制,加强区域大气污染防治工作提供了宝贵的借鉴。

8.2.1　北京奥运会与京津冀及周边地区大气污染联防联控

《北京 2008 年奥运会申办报告》提出:"2008 年奥运会期间,北京将会有良好的空气质量,达到国家标准和世界卫生组织指导值。同时,北京市政府将继续致力于提高全年的空气质量"。因此,能否兑现奥运空气质量承诺,成为国内外媒体高度关注的话题,也成为 2008 年奥运会能否成功举办的一个重要指标。实践表明,奥运会期间京津冀区域联防联控机制的建立和实践是确保奥运期间空气质量达标的一个重要的因素。原北京市环保局副总工程师兼大气处处长、中国科学院大气物理所李昕曾指出,北京成功举办了一届'绿色奥运',取得了举世瞩目的环境成就,主要是因为在环境保护部的协调下,北京和周边地区同时采取了区域大气污染联防联控。这为我国区域化空气质量管理提供了成功的范例,也为奥运留下了一笔丰厚的环境遗产[①]。

2006 年 11 月,经国务院批准,成立了由国家环保总局副局长张力军和北京市政府常务副市长吉林牵头,天津、河北、山西、内蒙古、解放军总后勤部、奥组委等省、市、部门主管领导参加的北京 2008 年奥运会空气质量保障工作协调小组。2006 年 12 月 26 日,北京 2008 年奥运会空气质量保障工作协调小组在北京召开第一次会议,研究部署制定《北京 2008 年奥运会空气质量保障方案》的有关工作。2007 年 4 月 11 日,工作协调小组在天津召开第二次会议,研究审议《第 29 届奥运会北京空气质量保障措施》的有关工作。2007 年 10 月,国务院批准《第 29 届奥运会北京空气质量保障措施》。按照《第 29 届奥运会北京空气质量保障措施》,决定在实施北京市第十四阶段控制大气污染措施的基础上,借鉴国际奥运会城市在举办期间保障空气质量的做法,在 2008 年 7 月 20 日至 9 月 20 日期间,通过实施加强机动车管理、倡导绿色出行、停止施工工地部分作业、强化道路清扫保洁、重点污染企业停产和限产、燃煤设施污染减排、减少有机废气排放和实施极端不利气象条件下的污染控制应急措施等六大类措施,对北京、天津、河北、山西、内蒙古和山东等 6 省区市分别有针对性地进行燃煤锅炉高效脱硫除尘技术改造、清洁能源替代、机动车升级换代、提前实施机动车Ⅳ排放标准、淘汰小锅炉、小水泥、小钢铁、储油库和油罐车的油气回收改造等,以减少奥运期间大气污染物排放,保障北京市空气质量。

同时,环境管理主管部门会同 6 省区市政府统一行动,加大执法监察力度,对临时减排措施落实情况进行全面检查,对重点企业严防死守。2008 年 2 月 1 日,工作协调小组在北京召开第四次会议,督促六省区市和有关单位,要按时限、高标准,全面贯彻落实《第 29 届奥运会北京空气质量保障措施》。同年,为了保障北京奥运会期间的大气环境质量,河北省、天津市和北京市分别成立了以省(市)主要领导为组长的空气质量保障工作领导小组或协调小组,对奥运空气质量保障工作进行协调部署,并投入大量资金,治理大气环境。天津市还将中石油、中石化、国家电网公司等与大气环境质量保障有关的企业领导请进"协调小组",并向他们下达了治理任务和目标,打破了以往由环保局长领任务,再由环保系统传达的局面,减少了协调环节,提高了治理能力和效率。有效的控制措施、严格的管理以及区域间通

---

① 刘绍仁. 2010-04-21. 大气污染需联防联控. 中国环境报.

力合作有效地降低了大气污染物排放总量。据估算,奥运会、残奥会期间,北京大气污染物排放量与2007年同比下降70%左右。全部赛事期间,空气中的二氧化硫、可吸入颗粒物、一氧化碳、二氧化氮等主要污染物浓度平均下降了50%左右,完全兑现了奥运会空气质量承诺,并创造了近10年来北京市空气质量的历史最好水平。

8.2.2　上海世博会与长三角区域大气污染联防联控

2010年世界的目光聚焦到中国上海。当来自世界四面八方的宾客都聚集到上海时,人们惊喜地发现,这座充满活力的东方明珠在蓝天白云的映衬下更美丽了。监测数据显示,截止到9月底,上海空气质量优良率达96.3%,世博会开幕以来,优良率更是达到了98.7%,均为历年最高。上海世博会期间宜人的空气环境质量,有赖于长三角两省一市共划污控圈,拉紧大区域环保"围栏",有力保障了蓝天白云映衬世博园的美丽景象。上海地处长江三角洲地区,是我国经济总量规模最大、经济发展速度最快、最具有发展潜力的经济圈,同时也是人口密集、能源消耗和污染排放强度高、区域性复合型大气污染较为突出的地区之一。

为最大限度地确保世博会期间空气质量达标,全方位向世界展示中国改革开放的成就,2009年12月,上海市会同江苏、浙江两省环保部门制定了《2010年上海世博会长三角区域环境空气质量保障联防联控措施》,提出共同落实重点行业、机动车污染排放污染控制措施、全面实施秸秆禁烧工作并实现了重点污染源排放和环境空气质量监测数据的共享。世博会期间,由上海、南京、苏州、连云港、南通、杭州、宁波、嘉兴和舟山共9个城市的53个空气质量自动监测站组成长三角区域环境空气自动监测网络,并以此为依托,建立了区域环境空气质量预报会商小组,对未来48小时的空气质量变化趋势开展技术会商。截止2010年9月底,长三角空气质量数据共享平台累计运行158天,上传共享数据约100万个,编制《世博会空气质量监测专报》15期,开展区域联合会商50余人次。区域联合监测预报为世博会环境管理提供了强有力的技术支撑。此外,在长三角空气质量联合监测预报的基础上,上海市还联合江浙两省,制定了高污染预警和应急方案。一旦预报出现高污染日,立即启动应急方案,通过实施应急减排措施来减少污染物排放。截至2010年8月底,根据预报会商结果,上海市已发布了3次空气污染预警报告,在上海市范围内组织实施了3次应急减排行动,促使超标污染物排放量大幅削减,污染物浓度显著下降,空气质量明显好转,全程确保世博会空气质量目标的实现。

8.2.3　广州亚运会与珠三角区域大气污染联防联控

蓝天、白云、青山、绿水——这是广州对绿色亚运的庄严承诺,也是广州市民对绿色家园的美好期盼。2010年广州亚运会前夕,珠三角地区环境质量有所改善,但局部地区酸雨、灰霾、内河涌污染等环境问题依旧突出。而且,亚运会与亚残运会举办期间,恰逢广州和珠三角地区一年中气象、水文条件对污染稀释不利的时段,这给亚运会环境质量保障带来巨大压力。2010 年年初,为保障广州亚运会期间的环境空气质量达标,并以此为契机,扭转珠三角地区空气污染状况,让亚运会空气整治成果惠及民众,广东省制定实施了《珠三角清洁空气行动计划》。《珠三角清洁空气行动计划》在充分肯定近年来大气污染防治措施到位,煤烟型污染基本得到控制的基础上,指出灰霾、光化学烟雾和细颗粒物是珠三角地区环境空气质量改善的首要问题,也是大气整治的长期任务,并拟通过火电厂污染治理工程、大气环境监测预警项目、大气治理科技支撑保障项目等八大工程,实现空气质量好转。同年,广州市成立"亚运会空气质量保障工作协调小组"。11 月 1 日《广东省亚运会期间空气质量保障措施方案》开始实施。按照《广东省亚运会期间空气质量保障措施方案》的要求,亚运会期间,须严格做到"五个一律",即对未完成治理任务或治理后仍不达标的企业或项目,一律责令停产治理;亚运会期间发现有超标排污或偷排的一律停产整治;珠三角区域内未完成油气回收治理工作或未申请环保验收及环保验收不合格的油罐车、储油库、加油站一律暂停营业和使用;亚运会期间,外市籍车辆未持有绿色环保标志的,一律禁止进入广州、佛山、东莞三市;涉亚 11 市包含所有近海海域,一律禁止散装液态污染危害性货物过驳、船舶的原油洗舱、驱气作业。此外,亚运会期间,如遇极端不利气象条件、空气污染加重时,将按规定程序启动应急预案,在实施重点污染企业停产和限产的基础上,再暂停一批机电、化工、家具和建材企业生产或产生挥发性有机物和颗粒物等污染物的生产工序;广州、惠州、清远等水泥、石灰、陶瓷生产企业大幅度减产或停产;进一步限制机动车行驶,将公务用车封存提高至 50%。前期工作到位,《行动计划》得力,促使 2010 年广州市空气质量优良率达 97.81%,超过亚运空气质量保障设定全年达到 96% 的目标,其中,二氧化硫、二氧化氮和可吸入颗粒物浓度分别下降 57.1%、27.4% 和 30.3%。

北京奥运会、上海世博会和广州亚运会空气质量保障的实践证明,区域联防联控机制是一种适应大气污染无刚性边界特点,能够有效将经济、科技、法律等多方面手段进行整合的大气污染治理机制。但是,针对奥运会、世博会和亚运会这样的历史性盛会建立起来的区域大气污染联防联控机制虽然具有标本意义,但毕竟带有时间和地域方面的局限性,且易导致过分依赖临时性的措施,而忽略区域联动长效机制的建设,从而既不利于区域大气污染防治的持续运行,而且容易导致在大型会展后,临时性控制方案的解除引发大气污染物回升的局面。因此,借鉴北京奥运会、上海世博会和广州亚运会空气质量保障的实践经验,探索常态化区域大气污染联防联控机制的建设经验,是目前区域性、复合型大气污染形势下防治大气污染的唯一出路。正如环境保护部环境规划院副总工杨金田在 2010 年亚运会前指出:

"从奥运会到世博会,再到即将召开的亚运会,污染区域联防机制已成为保障大型活动环境安全的一项重要举措,未来要研究常态化管理的机制。"

8.3　京津冀大气污染联防联控机制的建立及其发展

从 2013 年 9 月至目前,京津冀大气污染联防联控机制的建立虽然只有短短几个月时间,但不仅国家层面,还是饱受雾霾之苦的北京、天津、河北三地,均密集出台了相关政策,设立了相应机构,围绕区域联防联控工作的深入推动开展了大量的工作。

8.3.1　健全京津冀区域大气污染联防联控机制的相关法规、政策

1. 国家层面

(1) 制定《京津冀及周边地区落实大气污染防治行动计划实施细则》。为加快京津冀及周边地区大气污染综合治理,依据《大气污染防治行动计划》,2013 年 9 月 17 日,环境保护部、国家发展改革委员会、工业和信息化部、财政部、住房城乡建设部、国家能源局六部委联合印发了《京津冀及周边地区落实大气污染防治行动计划实施细则》,提出"成立京津冀及周边地区大气污染防治协作机制",主要目标是:经过五年努力,京津冀及周边地区空气质量明显好转,重污染天气较大幅度减少。力争再用五年或更长时间,逐步消除重污染天气,空气质量全面改善。到 2017 年,北京市、天津市、河北省细颗粒物(PM$_{2.5}$)浓度在 2012 年基础上下降 25% 左右,山西省、山东省下降 20%,内蒙古自治区下降 10%。提出了五大重点任务:实施综合治理,强化污染物协同减排;统筹城市交通管理,防治机动车污染;调整产业结构,优化区域经济布局;控制煤炭消费总量,推动能源利用清洁化;强化基础能力,健全监测预警和应急体系。《京津冀及周边地区落实大气污染防治行动计划实施细则》的制定及发布,意味着京津冀大气污染联防联控迈出了政策"落地"的关键一步。

(2) 制定《京津冀及周边地区重污染天气监测预警方案》。为进一步落实《大气污染防治行动计划》和《京津冀及周边地区落实大气污染防治行动计划实施细则》的有关要求,为有关部门结合实际情况判断空气污染形势,及时启动京津冀及周边地区联防联控及有关应急措施,最大程度减轻重污染天气影响提供技术支撑和决策参考,并为公众出行提供健康指引,2013 年 9 月 27 日,环保部和国家气象局联合发布了《京津冀及周边地区重污染天气监测预警方案》。计划自 2013 年 11 月供暖期起,在北京市、天津市、河北省、山西省、内蒙古自治区、山东省等地区开展重污染天气监测预警试点工作。按照方案要求,重污染天气监测预警和信息发布工作将由国家、省(自治区、直辖市)、地级及以上城市环境保护主管部门和气象主

管部门联合开展。其中,环境保护部门负责京津冀及周边地区空气污染物的监测预警及其动态趋势分析;气象部门负责京津冀及周边地区空气污染气象条件等级预报和雾霾天气监测预警。预警等级将划分为Ⅲ级、Ⅱ级、Ⅰ级预警,Ⅰ级为最高级别。经预测,当地级及以上城市空气质量指数将连续 3 天大于 200 小于 300、大于 300 小于 500 以及 1 天以上大于 500 时,将分别发布Ⅲ级、Ⅱ级、Ⅰ级重污染天气预警。2013 年 11 月 18 日,环保部发布《关于加强重污染天气应急管理工作的指导意见》,明确将重污染天气应急响应纳入地方人民政府突发事件应急管理体系,实行政府主要负责人负责制,并从"因地制宜,强化应急准备;快速反应,做好预警和响应工作;依法进行信息公开,加强舆论引导工作;严格考核,加大责任追究力度"四个方面进行明确规定。2014 年 2 月 21 日,中国气象局和环境保护部首次联合发布京津冀重污染天气预报。

　　(3) 制定《能源行业加强大气污染防治工作方案》。能源的生产和使用是大气污染物的主要来源,同时大气污染防治也是倒逼能源结构调整、转型发展的重要契机。为更好落实国务院印发的《大气污染防治行动计划》,国家发展改革委员会、国家能源局和环境保护部三部委于 2014 年 3 月 24 日联合发布了《能源行业加强大气污染防治工作方案》。该方案对能源领域大气污染防治工作进行了全面部署,要求按照"远近结合、标本兼治、综合施策、限期完成"的原则,通过加快重点污染源治理、加强能源消费总量控制、着力保障清洁能源供应以及推动转变能源发展方式等多种措施,显著降低能源生产和使用对大气环境的负面影响,为全国空气质量改善目标的实现提供坚强保障。该方案同时提出建立国家有关部门、有关地方政府及重点能源企业共同参与的工作协调机制,要求进一步强化规划政策引导、加大能源科技投入、明确总量控制责任、推进重点领域改革、强化监管措施、完善能源价格机制以及加大财金支持力度,共同落实好能源领域大气污染防治各项任务。相关部门还将出台《京津冀散煤清洁化治理行动计划》、《煤电节能减排升级改造运行行动计划》、《关于天然气合理使用的指导意见》、《关于严格控制重点区域燃煤发电项目规划建设有关要求的通知》、《煤炭消费减量替代管理办法》、《大气污染防治成品油质量升级行动计划》、《加快电网建设落实大气污染防治行动计划实施方案》、《生物质能供热实施方案》、《清洁高效循环利用地热指导意见》等一系列配套政策,确保《能源行业加强大气污染防治工作方案》取得实效。

　　(4) 修订《中华人民共和国环境保护法》。2014 年 4 月 25 日,环保部发布了新修订的《中华人民共和国环境保护法》。新环保法第 20 条规定,"国家建立跨行政区域的重点区域、流域环境污染和生态破坏联合防治协调机制,实行统一规划、统一标准、统一监测、统一防治的措施"。新《环保法》首次明确纳入区域联防联控的内容,既为京津冀大气污染联防联控机制的进一步突破、创新指明了方向,也为京津冀环保部门开展联动执法提供了强有力的法律支持。

（5）制定《大气污染防治行动计划实施情况考核办法》。为确保《大气污染防治行动计划》目标和各项措施落到实处，2014 年 5 月 27 日，国务院正式发布《大气污染防治行动计划实施情况考核办法》，确立了以空气质量改善为核心指标的评估考核思路，将产业结构调整优化、清洁生产、煤炭管理与油品供应等大气污染防治重点任务完成情况纳入考核内容。考核结果经国务院审定后向社会公开，并交由干部主管部门作为对各地区领导班子和领导干部综合考核评价的重要依据。中央财政将考核结果作为安排大气污染防治专项资金的重要依据，对考核结果优秀的将加大支持力度，不合格的将予以适当扣减。

《考核办法》在我国首次提出将空气质量改善目标完成情况作为考核指标，对加快地方根据《考核办法》的要求，实施多污染物协同控制、多污染源综合管理和区域联防联控，建立以空气质量改善为核心的大气环境管理模式具有非常明显的导向作用。

（6）制定《京津冀及周边地区大气污染联防联控 2014 年重点工作》。《京津冀及周边地区大气污染联防联控 2014 年重点工作》于 2014 年 5 月 15 日在京津冀及周边地区大气污染防治协作机制会议上审议通过，并于 2014 年 5 月 30 日正式发布。文件指出，京津冀及周边各省（区、市）在落实各自年度清洁空气行动计划的基础上，以"充分考虑地区差异、逐步完善顶层设计、破解共性关键问题、统一强化区域联动"为指引，共同研究确定了大气污染联防联控 2014 年重点工作。具体任务为：成立区域大气污染防治专家委员会，科学指导区域大气污染治理工作；统一行动，共同治理区域重点污染源；加强联动，同步应对解决区域共性问题；研究制定公共政策，促进区域空气质量改善；共同做好 2014 年亚太经合组织会议空气质量保障。

此外，京津冀协作小组第二次会议还通过了《建立保障天然气稳定供应长效机制若干意见》、《大气污染防治成品油质量升级行动计划》等文件。会议审议并原则通过了《京津冀公交等公共服务领域新能源汽车推广工作方案》。

2. 地方层面

2013 年以来，连续的雾霾天比以往任何时候都更加突出地将京津冀三地作为一体呈现在国人、世界面前。同呼吸、共奋斗的深刻寓意比以往任何时刻都给人以独特的感受。翻看三地 2013 年《政府工作报告》中有关大气污染防治的章节，一个相似之处就是相关措辞都异常严厉，三地的治霾决心由此可见一斑。北京，以 659 票高票表决通过《北京市大气污染防治条例》，降低 $PM_{2.5}$ 首次纳入立法。根据《北京市大气污染防治条例》，严重污染空气者如构成犯罪不能"以罚代刑"，若污染行为构成刑法所规定的犯罪界限，必须依照刑法进行处罚。天津在《政府工作报告》中用三个"前所未有"来表态：全面实施"美丽天津一号工程"，以前所未有的高度重视生态环境,以前所未有的力度推进生态保护工程,以前所未有的铁腕依法治理环境违法行为。在河北省的《政府工作报告》中,"只争朝夕推进环境治理和生态建设"独立成章,篇幅达 1400 字,与全面深化改革、产业结构调整等并列。其中第一节就是"强力治理大气污染",强调"事关河北形象",要"背水一战"。

2013 年 9 月,《大气污染防治行动计划》《京津冀及周边地区落实大气污染防治行动计划实施细则》的相继发布,从国家层面为京津冀三地真正"一体化"地防治大气污染拉开了序幕。京津冀三地分别出台系列法规措施,在加强自身大气污染治理工作的基础上,为推动区域大气污染联防联控工作迈出了实质性合作的步伐。

(1)北京方面。2013 年 9 月 12 日,继"国十条"发布的第二日,北京市率先发布了全国第一个《北京市 2013—2017 年清洁空气行动计划》,提出了明确的指导思想、行动目标和"863 计划",并分解为 84 项具体任务。根据《北京市 2013—2017年清洁空气行动计划》,北京市力争"经过五年努力,全市空气质量明显改善,重污染天数较大幅度减少。到 2017 年,全市空气中的细颗粒物年均浓度比 2012 年下降 25% 以上,控制在 60 微克/立方米左右。"为实现这一目标,北京市制定了"863计划",即八大污染减排工程、六大实施保障措施、三大全民行动。其中,八大污染减排工程为:源头控制减排工程、能源结构调整减排工程、机动车结构调整减排工程、产业结构优化减排工程、末端污染治理减排工程、城市精细化管理减排工程、生态环境建设减排工程、空气重污染应急减排工程。六大实施保障措施是:完善法规体系、创新经济政策、强化科技支撑、加强组织领导、分解落实责任、严格考核问责。三大全民参与行动分别是企业自律的治污行动、公众自觉的减污行动和社会监督的防污行动。2013 年 10 月 21 日,北京市发布《北京市空气重污染应急预案》,从空气质量监测与预报、空气重污染预警分级、空气重污染应急措施、组织保障等多个方面做出明确规定。

为保证《北京市 2013—2017 年清洁空气行动计划》的深入落实,2014 年 3 月 1日,北京市正式发布并实施《北京市大气污染防治条例》。《条例》共 8 章 130 条,分总则、共同防治、重点污染物排放总量控制、固定污染源污染防治、机动车和非道路移动机械排放污染防治、扬尘污染防治、法律责任、附则。从 3 月 1 日零时起,北京在全市范围内开展"零点行动",并将今后每月的第一周设为执法周,以燃煤锅炉执法检查为主,重点查处超标排放、治理设施不正常运行、偷排等违法行为。《北京市大气污染防治条例》的正式发布并实施,为北京市大气污染防治行动提供了强有力的法律武器。

此外,北京市不断加强政策引导,用市场经济的手段推动大气污染治理工作的深入开展。例如,完善资源环境价格体系;逐步实现供暖同热同价、瓶装液化气同城同价;制定出台了适应新形势要求的排污费征收政策;研究降低车辆使用强度的综合管理公共政策;推进排污权交易、绿色信贷等制度的实施等。

（2）天津方面。2013 年 9 月 28 日《天津市清新空气行动方案》发布。《天津市清新空气行动方案》提出，通过实施清新空气行动，到 2017 年，空气质量明显好转，全市重污染天气较大幅度减少，优良天数逐年增多，全市 $PM_{2.5}$ 年均浓度比 2012 年下降 25％。各区县同步落实空气质量改善目标，$PM_{2.5}$ 年均浓度比 2012 年下降 25％。为实现目标，《天津市清新空气行动方案》制定了 10 大任务 66 项措施。10 大任务是：加大综合治理，减少污染排放；优化产业结构，促进转型升级；加快企业改造，推动绿色发展；调整能源结构，增加清洁能源；严格环保准入，优化产业布局；发挥市场作用，完善环境政策；健全法规体系，严格依法监管；建立预警体系，实施应急响应；明确治理职责，倡导全民参与；加强组织领导，实施责任考核。

2013 年 10 月 26 日，天津市发布《天津市重污染天气应急预案》（下称《预案》）。《预案》从组织机构构成与职责、预警、应急响应、总结评估、应急保障、监督管理等方面作出规定。按照《天津市清新空气行动计划》，天津市将推动修订《天津市环境保护条例》、《天津市大气污染防治条例》，到 2015 年，制定《天津市总挥发性有机物排放控制标准》、《天津市在用机动车简易工况法排气污染物排放标准》，修订《天津市锅炉大气污染物排放标准》（DB 12/151—2003）等相关大气污染物排放控制标准。此外，天津市还充分发挥市场机制调节作用，不断完善系列经济政策，例如，完善资源环境税收价格体系，认真执行国家出台的脱硝电价、除尘电价、成品油价格及补贴、排污费征收等相关政策。同时，依据计划措施进展，分阶段制定资金保障方案，对黄标车淘汰、民生领域的煤改气、轻型载货车替代低速货车、重点行业清洁生产示范工程等给予引导性资金支持。将环境空气质量监测站点建设及其运行和监管经费纳入各级预算予以保障。

（3）河北方面。2013 年 9 月 16 日，河北省政府发布《河北省大气污染防治行动计划实施方案》（下称《方案》）。《方案》提出：经过 5 年努力，全省环境空气质量总体改善，重污染天气大幅度减少。力争再利用 5 年时间或更长的时间，基本消除重污染天气，全省环境空气质量全面改善，让人民群众呼吸上新鲜空气。其中，到 2017 年，全省细颗粒物浓度比 2012 年下降 25％以上。首都周边及大气污染较重的石家庄、唐山、保定、廊坊和定州、辛集细颗粒物浓度比 2012 年下降 33％，邢台、邯郸下降 30％，秦皇岛、沧州、衡水下降 25％以上，承德、张家口下降 20％以上。为实现这一目标，《方案》明确了八大任务：加大工业企业治理力度，减少污染物排放；深化面源污染治理，严格控制扬尘污染；深化面源污染治理，严格控制扬尘污染；加快淘汰落后产能，推动产业转型升级；加快调整能源结构，强化清洁能源供应；严格节能环保准入，优化产业空间布局；加快企业技术改造，提高科技创新能力；建立监测预警应急体系，妥善应对重污染天气。此外，《方案》规定，将完善系列法规政策和有利于改善大气环境的经济政策等，如尽快修订《河北省环境保护条例》和《河北省大气污染防治条例》，重点健全总量控制、排污许可、应急预警、法律责任等方面的制度,建立健全环保、公安联动执法机制,加大对违法行为处罚力度;出台《河北省机动车排气污染防治办法》、《河北省环境治理监督检查和责任追究办法》、《河北省环境监管实行网格化管理办法》、《河北省排污许可证管理办法》和《河北省环境监测办法》等。建立企业"领跑者"制度、全面落实"合同能源管理"的财税优惠政策等。

2013 年 12 月 16 日,《河北省重污染天气应急预案》发布,从组织领导机构、监测、预警等方面,进一步建立健全了重污染天气应急响应机制。

8.3.2　京津冀大气污染联防联控相关机构建设及其工作进展

2013 年 9 月 17 日,以环境保护部、国家发展改革委员会等 6 部门联合印发的《京津冀及周边地区落实大气污染防治行动计划实施细则》的发布为标志,京津冀大气污染区域联防联控工作正式拉开序幕。《实施细则》发布后,从中央到地方,相关机构逐步建立、完善并陆续开展工作,为京津冀区域大气污染联防联控工作的深入开展提供了组织保障。

1. 国家层面

成立全国大气污染防治部际协调小组。为进一步统筹协调和动员社会各方面力量治理大气污染,2013 年 9 月,环保部牵头组建了全国大气污染防治部际协调小组。协调小组从指导督促落实《大气污染防治行动计划》、及时通报工作进展、强化部际交流与合作、建立大气污染防治长效机制等方面积极开展工作,切实发挥措施联动、信息共享和统筹协调的作用。12 月 6 日,全国大气污染防治部际协调会议在北京召开。环境保护部部长周生贤主持会议,国务院副秘书长丁向阳出席会议并讲话。会上,国家发展改革委员会、工业和信息化部、财政部、环境保护部、住房城乡建设部、交通运输部、气象局、国家能源局等部门负责同志和北京市副市长张工分别介绍了《大气污染防治行动计划》的贯彻落实情况、配套政策措施进展及2013 年冬大气污染防治工作安排部署。

成立京津冀及周边地区大气污染防治协作小组。为组织落实党中央、国务院关于京津冀及周边地区大气污染防治的方针、政策和重要部署,研究推进京津冀及周边地区大气污染联防联控工作,协调解决区域内突出重大环境问题,根据国家《大气污染防治行动计划》、《京津冀及周边地区落实大气污染防治行动计划实施细则》,经国务院同意,2013 年 9 月 18 日,京津冀及周边地区大气污染防治协作小组(以下简称协作小组)成立。协作小组由北京市、天津市、河北省、山西省、内蒙古自治区、山东省以及环境保护部、国家发展改革委员会、工业和信息化部、财政部、住房城乡建设部、中国气象局、国家能源局组成。工作原则是"责任共担、信息共享、协商统筹、联防联控",在做好各自行政区域内大气污染防治工作的基础上,开展联动协作,形成治污合力。协作小组下设办公室,作为协作小组的常设办事机构,负责协作小组的决策落实、联络沟通、保障服务等日常工作。协作小组办公室在各省区市和有关部委内设立联络员,负责联系各成员单位大气污染防治工作。协作小组自成立以来,陆续开展了以下方面的工作。

(1)逐步完善区域大气污染防治"联动"工作机制。研究完善区域监察应急联动机制。协作小组办公室组织环境保护部和六省区市,召开区域环境监察与应急工作研讨会,就做好区域大气污染联动执法检查和空气重污染预警应急响应工作进行了研究与沟通。协调北京与廊坊市就重污染应急联动开展协商,达成共识,目前双方空气质量监测预报人员已对接,发生空气重污染时及时通报预警信息。同时建立联防联控工作宣传机制。京津冀三地建立了《京津冀三省市党委宣传部新闻宣传合作机制》。2014年3月31日,六省区市环保厅局召开了区域环保社会宣教工作座谈会,对区域环保宣教协作工作机制进行了讨论。决定尽快开展六省市治理雾霾调查纪行大型公益新闻行动和"美丽北京·绿色行动——探源 $PM_{2.5}$"大型宣传报道节目,形成宣传合力。

(2)加强工作的部署与调度。及时召开协作小组办公室工作会议。2014年1月份召开协作小组办公室第一次会议,总结协作小组和各成员单位上年度工作,传达并迅速部署国务院领导同志关于加强大气污染防治重点工作的有关指示。及时召开了六省区市环保厅局长座谈会。为落实习近平总书记2014年2月26日关于加快京津冀协同发展的重要指示精神,协作小组办公室于2014年3月3日及时召开了六省区市环保厅局长座谈会,认真学习习近平总书记的讲话精神,统一了京津冀区域大气污染联防联控的重点是"联动"的工作思路,研究了2014年联防联控重点工作。

顺利召开京津冀及周边地区大气污染防治协作机制会议暨协作小组第二次会议。2014年5月15日召开京津冀及周边地区大气污染防治协作机制会议暨协作小组第二次会议。中央政治局常委、国务院副总理张高丽出席会议并讲话。会议审议并原则通过了《京津冀及周边地区大气污染联防联控2014年重点工作》和《京津冀公交等公共服务领域新能源汽车推广工作方案》,总结了区域大气污染联防联控2013年工作进展,部署了2014年工作任务,区域协作治理大气污染的格局基本形成。

(3)协调中央有关部门给予支持。协调中央部委加快制定出台有关政策。先后印发《大气污染防治行动计划实施情况考核办法》(试行)《建立保障天然气稳定供应长效机制若干意见》《大气污染防治成品油质量升级行动计划》和《能源行业加强大气污染防治工作方案》等文件,从治理措施的评估考核、区域清洁能源供应等方面给予保证。环境保护部、国家发展改革委员会、国家能源局分别针对影响区域空气质量的主要污染对象,制定了《京津冀及周边地区机动车污染防治工作方案》

和《电力钢铁水泥平板玻璃大气污染治理整治方案》《秸秆综合利用和禁烧工作方案》《散煤清洁化治理工作方案》四个文件,积极推进区域污染减排。国家能源局与京、津、冀及中石油、中石化、神华集团分别签订"煤改气"保供协议和散煤清洁化治理协议,并与国家电网、南方电网签订了外输电通道建设项目任务书。汇总整理了六省区市关于 2014 年申请中央财政予以支持的资金和财税政策,请财政部对六省区市清洁能源改造、工业污染治理、老旧机动车淘汰、扬尘综合整合等项目提供中央财政资金支持,并提出加大财政补助力度、技改贴息、提高排污费征收标准、支持地方开征燃油费等 13 条经济激励政策建议。

2. 地方层面

(1) 北京方面。成立大气污染综合治理协调处。为切实推动京津冀及周边地区大气污染防治工作的深入开展,北京市环境保护局专门成立了大气污染综合治理协调处,承担协作小组办公室部署的京津冀及周边地区大气污染防治协作、联防联控的具体联络协调工作。

建立京津冀及周边地区节能低碳环保产业联盟。为推动京津冀节能低碳环保产业的深入合作,北京市发展改革委员会成立了京津冀及周边地区节能低碳环保产业联盟。该联盟将承担如下工作:一是逐步制定形成区域互动发展的政策体系;二是支持北京的科技资源对外辐射,支持企业合理进行产业链布局;三是建设区域统一市场,破除区域行政壁垒,发挥市场机制在区域合作中的作用,使之逐渐成为京津冀节能低碳环保产业合作共赢的平台。

(2) 河北方面。成立了省会大气污染防治联席会议制度。为加强石家庄市大气污染防治工作,河北省政府建立了省会大气污染防治联席会议制度,其宗旨:一是建立石家庄与省直部门的沟通渠道,协调解决省直部门、中央驻冀单位、省属企业、驻石部队在省会大气污染防治方面存在的问题,指导石家庄市做好大气污染防治工作;二是监督、评估石家庄大气污染防治攻坚行动方案实施情况。

成立环境安全保卫执法机构。为加强环境执法力度,河北省政府将环保力量与公安力量相结合,于 2013 年 9 月 18 日成立了河北省环保厅环境安全保卫总队。环境安全保卫总队的职责共 5 项:一是掌握全省环境犯罪动态,分析、研究犯罪信息和规律,拟定预防、打击对策;二是研究拟定全省环境安全保卫工作规范并负责监督检查落实;三是组织、指导、协调侦办涉及环境犯罪的刑事案件,直接查处和侦办社会反响强烈、下级公安机关查办困难的环境犯罪案件;四是建立与环保部门刑事执法与行政执法的相互衔接与协调联动机制,参与环境保护集中专项整治行动;五是侦办省委、省政府和公安部交办的影响环境安全的重大案件。此外,全省 11 个设区市、两个省直管县全部组建了专职环境安全保卫队伍,32 个县(市、区)公安机关成立了专职队伍,全省环境安全保卫工作警力达 300 余人。

成立河北省环境保护厅(简称环保厅)钢铁水泥电力玻璃行业大气污染治理攻坚行动领导小组。为统筹协调推进全省钢铁水泥电力玻璃行业大气污染治理攻坚行动,2014年3月14日,经河北省环保厅党组研究决定,成立了以厅长陈国鹰为组长的河北省环保厅钢铁水泥电力玻璃行业大气污染治理攻坚行动领导小组。领导小组负责组织完成《攻坚方案》所列污染治理项目,并按规定实施政策奖补;定期督促调度各地工作进展,综合指导协调工作中存在的问题,及时出台相应技术政策文件。

8.3.3　京津冀区域大气污染联防联控工作的进展

大气污染具有明显的区域传输性特征,区域内各省区市都无法"独善其身",只有加强联防联控才能实现各地空气质量的彻底改善。但正如北京市环保局新闻发言人、副局长方力指出的,各地做好本地的大气污染防治工作是联防联控的基础,就是"最大的"联防联控。自去年"国十条"发布和京津冀大气污染联防联控工作启动以来,京津冀三地围绕落实大气污染行动计划及区域联防联控工作,都采取了切实措施。

1. 北京

(1) 抓好八大减排过程。2013年9月10日,国务院印发了《大气污染防治行动计划》(简称"国十条"),强调要用硬措施完成硬任务,确保早见成效。北京市政府同步制定出台了《北京市2013—2017年清洁空气行动计划》和84项重点任务分解,概括为"863"行动计划,即八大减排工程、六项实施保障措施和三大全民参与行动。其中"八大减排过程"的实施情况直接关系着清洁空气行动计划的成效。为此,北京市重点从如下方面分头落实八大减排工程:研究编制城市环境总体规划,从生态保护、产业结构、能源结构等方面完善环保布局和环境政策。制定并实施严于国家标准的禁止新建和扩建高污染项目名录;利用环评手段,确保新增大气污染物排放项目要"减二增一";全市范围内禁止新建燃煤设施,划定"高污染燃料禁燃区",全面抓好源头控制过程;在能源结构方面,构建以电力、天然气等清洁能源替代燃煤的能源结构体系,大幅削减燃煤总量。到2013年,北京市已完成城市核心区20多万户平房煤改电工程,完成城六区燃煤锅炉清洁能源改造1.7万台、6万多蒸吨;在机动车结构调整方面,实施先公交、控总量、控油量、严标准、促淘汰的战略思路,截至2013年底,北京市先后淘汰了黄标车、老旧车100多万辆。在产业结构优化方面,推进产业结构战略性调整,制定发布严于国家要求的高污染行业调整退出指导目录,2013年,实现水泥压产150万吨,力争到2017年第三产业比重达到79%;在末端污染治理减排方面,2013年已修订发布《低硫散煤及制品》标准,针对氮氧化物排放高的问题,进一步开展对燃煤锅炉的低氮燃烧治理,对燃气电厂、远郊集中供热中心、水泥窑分别实施烟气脱硝治理;开展工业烟粉尘治理,剩余的水泥厂和搅拌站的物料储运系统、料库完成密闭化改造;针对挥发性有机物污染,2013 年,在燕化、汽车制造、家具、建材等行业治理削减挥发性有机物 8300 吨;在城市精细化管理方面,针对施工扬尘、道路遗撒等顽疾实行全过程监管,实施施工扬尘治理专项资金制度,施工单位要有专门的扬尘防治费用;对 5000 平方米以上的建筑施工工地全部规范安装视频监控设备,并与城管执法部门联网,将扬尘污染问题纳入企业信用管理及市场准入管理;对露天烧烤、经营性燃煤、餐饮油烟、机动车排放等污染,严格执法监管,坚决取缔一批露天烧烤、焚烧垃圾和秸秆等违法行为;在生态环境建设方面,2013 年,完成平原造林 36.4 万亩,并逐步实施生态修复,废弃矿山、荒地实施生态修复和绿化工作;在空气重污染应急方面,将空气重污染应急机制纳入全市应急管理体系,成立空气重污染应急专项指挥部。2013 年已完成应急方案的修订,加大了应急措施的力度,提出在相应预警级别下采取机动车单双号限行、重点排污企业停产减产、露天施工停工、中小学停课等强制措施。此外,北京市会同周边省区市,建立应急响应联动机制,加强区域应急联动工作。

(2) 完善相关法规体系。修改、发布了《北京市大气污染防治条例》(以下简称《条例》),并于 2014 年 3 月 1 日正式实施。同时重点开展了如下工作:一是深入社会、企业广泛宣传,分别开展企业、执法人员、管理人员培训;二是将《条例》职责逐条分解到各委办局落实,将涉及的配套制度分解,并提出出台时间;三是从 3 月 1日零点开始,组织全市执法队伍开展"零点行动",查处违法超标排污企业,并将2014 年每月的第一周定为《条例》执法周活动,对违法企业保持高压态势。

(3) 发布 $PM_{2.5}$ 来源解析成果。$PM_{2.5}$ 来源解析是大气污染防治的基础性工作。2014 年 4 月 16 日,北京市环保局发布了最新研究成果,表明:北京市全年$PM_{2.5}$ 来源中区域传输贡献占 28%~36%,本地污染排放贡献占 64%~72%。在本地污染贡献中,机动车、燃煤、工业生产、扬尘为主要来源,分别占 31.1%、22.4%、18.1%和 14.3%,餐饮、汽车修理、畜禽养殖、建筑涂装等其他排放约占$PM_{2.5}$ 的 14.1%。研究结果的发布,进一步明确了今后大气污染的治理方向,强化了区域联防联控的重要性。

(4) 进一步加强了组织领导。成立了市大气治理工作领导小组,区县也相应成立了属地大气污染综合治理领导小组,加强对市、区两级大气污染治理工作的指导,使大气治理形成政府各部门齐抓共管的良好格局。将清洁空气行动计划的 84项重点任务分解,并建立了督查考核问责机制,与各区县政府、市有关部门和企业签订目标责任书。

(5) 开展全民参与行动。督促推动全市 83 家重点污染源企业公开监测信息,开展了百家企业向 $PM_{2.5}$ 宣战倡议行动;开展了"绿色驾驶"、"清洁空气为美丽北京加油—建言献策"等活动,倡导公众"同呼吸、共责任、齐努力",积极践行绿色生产、生活方式。

2. 天津

2013 年 9 月 18 日,天津市召开环境综合整治专项行动电视电话会议,提出实施"美丽天津一号工程",通过"四清一化"行动,即清新大气、清水河道、清洁村庄、清洁社区和绿化美化,让市民享受到更多的蓝天碧水。为深入推进美丽天津一号工程,强化区域大气污染联防联控工作,天津市主要推出如下举措。

(1)加大行政管理力度。天津市党委、人大、政府、政协四套领导班子组成领导小组,各区县、委办局全部签订责任承诺书。根据治理大气、水环境等任务情况,每个月举行内部排名,连续 3 个月位于后三名,将组织监察部门对签署人进行约谈。

(2)实施大气污染防治网格化管理。为管好管住各类大气污染排放源,尤其是监管落实好清新空气行动确定的控煤、控车、控尘、控污、控新建项目的"五控"任务,从 2014 年 3 月 1 日起,天津启动实施大气污染防治网格化管理。按照属地管理原则,以区县、街道、乡镇、社区(村)为单位,分级别划定大气污染防治管理网格,明确监管区域。目前,全市划定一级网格 33 个,二级网格 200 个,三级网格 2041 个,四级网格 5718 个。四级网格分工明确:一级网格主要负责工作督察、推动问题整改、研究解决突出问题;二级网格研究完善工作措施,帮助解决重难点问题;三级网格负责帮助协调开展网格管理工作,及时掌握工作进展情况;四级网格负责巡视检查、告知劝阻、反馈上报、配合处理、跟踪落实所在网格大气污染。网格内人员负责燃煤污染、机动车污染、扬尘污染、工业污染以及新建项目等的监管。通过这种网格化管理,基本实现了管辖区域全覆盖,大气污染防治无死角。

(3)实行机动车限购限行。天津市自 2013 年 12 月 16 日零时起在全市实行小客车增量配额指标管理。同时,自 2014 年 3 月 1 日起按车辆尾号开始实施机动车限行交通管理措施。此外,天津市提出,到 2015 年要发展纯电动车 1.2 万辆,其中纯电动公交车要达到 2000 辆。天津市电力公司将牵头制定全市充换电基础设施建设规划,并与城乡交通体系整体建设规划结合,按照公用和专用两条线,逐步建成全市的新能源汽车充换电网络。

(4)提高排污收费。为加快美丽天津建设,本着"谁污染、谁破坏、谁付费"的原则,天津市决定从 2014 年 7 月 1 日起,将排污费征收标准平均由每千克 0.82 元调整为 7.82 元。其中,二氧化硫每千克为 6.30 元(调整前为 1.26 元);氮氧化物每千克 8.50 元(调整前为 0.63 元);化学需氧量每千克 7.50 元(调整前为 0.7 元);氨氮每千克 9.50 元(调整前为 0.88 元)。排污费收费标准调整后,仍按 1∶4∶5 的比例分别缴入中央、市级、区县国库,作为环保专项资金,全部用于环境污染防治。同时,为建立减排激励、排放约束和超排放惩罚机制,调动企业治污减排积极性,根据污染物排放浓度的不同实行差别化排污收费政策。

(5) 加强环保监督执法。增加人员编制,加强环保执法力量,并与公安建立联动机制,实现属地化管理。2013 年共关闭污染企业 669 家,140 多家关停整顿,破获案件 60 多起,处理 96 人。

3. 河北

(1) 强化科技支撑。首先成立大气污染防治研究工作领导小组。2013 年 10 月 15 日,河北省环境科学研究院成立大气污染防治研究工作领导小组,以进一步加强河北省环境空气质量改善科研技术支撑工作,加快推进河北省大气污染防治研究工作及科研成果的产出和应用,更好地为环境管理服务。其次是签署环境保护工作合作框架协议。2013 年 9 月 13 日,河北省环保厅与气象局共同签署环境保护工作合作框架协议,以推动环保厅与气象局资源共享、优势互补,全面落实《河北省大气污染防治行动计划实施方案》。第三是启动"智慧环保"建设。与环保部卫星环境应用中心签署了环境遥感监测与综合利用合作协议,首都和省会周边及环境敏感区域 64 个县(市、区)建成空气自动监测站,加强重污染天气监测预警系统建设。目前,省级和石家庄、保定、邢台、邯郸系统建设已基本完成。

(2) 实施分区域控制政策。因各地产业结构和污染治理现状的不同,河北省实施分区域治理、控制政策。例如,在降低 $PM_{2.5}$ 方面,根据不同区域,下达了细颗粒物下降比例:石家庄、唐山、保定、廊坊、定州、辛集下降 33%,邢台、邯郸下降 30%,秦皇岛、沧州、衡水下降 25% 以上,承德、张家口下降 20% 以上。在重污染预警和应对方面,一方面,分区域采取不同的应对措施,如石家庄、保定、邯郸等污染最重的城市为第一区域,唐山、衡水等为第二区域,秦皇岛、张家口、承德等为第三区域;另一方面,制定统一的省级预案,在全省污染严重的极端情况下统一采用。

(3) 全面开展压煤、控车、降尘、治企行动。2013 年以来,河北省将减少 4000 万吨燃煤任务分解落实到各市。全年共淘汰改造分散燃煤小锅炉、茶炉、炉窑 3.5 万台、燃煤锅炉能源置换和烟尘治理 1800 多台;各设区市划分了重污染控制区和高污染燃料禁燃区,建成煤质快速检测站 34 个,加快洁净煤配送中心建设,积极推进清洁能源替代;加快淘汰黄标车和老旧车,推广使用新能源汽车,加强油气回收治理,2013 年共淘汰黄标车 57.8 万辆;油气回收治理完成加油站 1578 座、储油库 18 座、油罐车 343 辆,国四标准汽油已开始供应置换;组织开展钢铁、水泥、电力、玻璃行业大气污染治理攻坚行动,明确到 2015 年 6 月底四大行业二氧化硫、氮氧化物、烟(粉)尘排放量分别削减 17.95 万吨、31.69 万吨、0.72 万吨。此外,明确确定了到 2017 年钢铁、石化、化工、有色、水泥、平板玻璃等 123 家位于城市主城区的重污染企业搬迁任务。截至 2014 年 4 月,河北省已启动搬迁主城区重污染企业 24 家,综合整治重污染小企业 8347 家;在降尘方面,出台了《建筑施工扬尘治理 15

条措施》,要求每个城市建筑工地都要做到"六个 100％"(沙土物料苫盖、路面硬化、车辆冲洗、洒水压尘、空地绿化、渣土车覆盖 100％)。目前,全省重点建筑工地监控系统、渣土车卫星定位系统安装率分别达到了 97％和 86％,设区市、县级城市道路机械化清扫率分别达到了 55％和 35.1％。

(4)建立刷卡(IC 卡)排污总量控制制度。截至 2014 年 3 月底前,河北省已完成西柏坡电力公司、大唐丰润热电、奥森钢铁、邯钢、唐钢、国丰钢铁、华北制药(污水处理)等 9 家企业 13 台(套)刷卡排污试点企业端的设备安装并实现了联网。按计划,2014 年,河北省将完成"四个行业"(钢铁、水泥、热电、玻璃)186 台钢铁烧结机、81 条水泥生产线、152 台燃煤机组、94 条玻璃生产线主要污染物刷卡(IC 卡)排污总量监控设备的安装建设,建成全省统一的 IC 卡总量监控和信息管理系统。

8.4　京津冀大气污染联防联控工作深化的困境

按照《京津冀及周边地区大气污染联防联控 2014 年重点工作》安排,2014 年,京津冀将启动编制区域空气质量达标规划、加快机动车油品质量升级、开展区域联动执法同步执法、研究制定新的排污收费标准等工作。虽然,完善京津冀区域大气污染联防联控机制,推动联防联控工作的深入开展,需要从一件件具体的工作做起,但真正实现京津冀大气污染区域联防联控必须从宏观层面正视并逐步推动以下问题的解决。换言之,京津冀大气污染区域联防联控工作的深入开展将面临着一些困境。

8.4.1　区域经济发展不平衡,各地环保支付能力不一

据上海交通大学城市科学研究院和社会科学文献出版社联合发布的《城市群蓝皮书:中国城市群发展指数报告(2013)》指出,我国三大城市群综合指数排名为:珠三角城市群居第一,长三角城市群居次席,京津冀垫底。其中,人口等资源发展不均衡成为京津冀最大软肋。

"京津出门是河北,河北抬腿进京津。"从经济地理的角度看,北京、天津、河北三地同属京畿重地,地缘相接、人缘相亲、地域一体、文化一脉,历史渊源深厚,交往半径相宜。同源同根的地域文化是京津冀区域合作发展的重要基础。但在长期的历史发展中,由于行政壁垒、固化思维等障碍,京津冀并没有如人所愿成为"中国经济发展的第三极",而是相互之间经济发展程度出现明显的梯度落差,尤其是河北与北京、天津之间存在"经济断崖"。有学者曾用"吃不下"、"不够吃"和"没饭吃"来比喻京津冀三地的发展失衡。

长期以来,作为首都,北京凭借其得天独厚的政治、经济、地理条件,强大的科技、智力资源优势,深厚的历史文化底蕴,综合经济实力一直遥遥领先。2013 年,

北京市人均地区生产总值超过 9 万元,开始跻身建设"世界城市"行列。但近年来伴随着人口激增,土地紧张、环境污染、交通拥堵、房价高涨等"城市病"也日益突出。2014 年 1 月,"城市病"首次写进北京的政府工作报告。天津,作为首都北京传统的卫城,因在近代成为东西交流的前沿阵地而在民国时期繁盛一时。但这座天然北京羽翼之下的城市,在新中国成立后,曾因长期遮蔽于北京的光环之下而得不到重视和发展,充满着自豪、失落、无奈与不满。近十年来,在国家政策的支持下,天津凭借其沿海和海港优势,工商业基础发达的优势,经济进入高速发展时代,增速连续多年位于全国领先位置,已经形成了中国唯一"双城双港"的城市形态。与北京、天津相比,虽然紧邻北京、天津这两座中国北方特大城市,并拥有东部沿海和环抱首都的区位优势,但长期以来,河北受到京津的辐射作用微乎其微。相反,京津对资源、资本的强吸附作用,甚至导致了"环京津贫困带"的出现。2005 年 8 月,亚洲开发银行的一份调查报告首次提出,在国际大都市北京和天津周围,环绕着河北的 3798 个贫困村、32 个贫困县,年均收入不足 625 元的 272.6 万贫困人口。2013 年,北京和天津的人均地区生产总值均已超过 9 万元,但河北人均地区生产总值尚不到 4 万元。即使在河北这份"成绩单"中,粗钢产量仍超过全国的1/4,能源消费量居全国第二,单位 GDP 能耗比全国平均水平高 59%,氮氧化物、烟(粉)尘的排放量居全国第一,二氧化硫排放量居全国第二。显而易见,河北的经济发展在某种程度上仍然是以牺牲资源环境为代价换取的。当北京自称"已经成为现代化国际大都市"之际,在河北省政府 2014 年的工作报告中,"环首都扶贫攻坚"仍是这个京畿省份的工作任务。"大树底下不长草"、"灯下黑"成为舆论对河北发展尴尬的一句形象比喻。

　　2014 年上半年,北京市市长王安顺对外透露,北京计划投入 7600 亿元治理$PM_{2.5}$。7600 亿这一天文数字,显示了北京在治霾方面的决心和实力。与之相比,与京津两地存在"经济断崖"的河北,在投入能力和支付意愿上无疑会与京津存在巨大差距。前者是已经进入后工业化时代的经济较发达城市,后者则是拥有 62 个贫困县、近 800 万的贫困人口,仍在依靠重化工业发展的省份,如何让他们实现携手联动?

　　突破行政壁垒,建立一个国家层面的领导和协调机制不难,但要打破经济藩篱,并非一朝一夕之事。正如中国社会科学院城市发展与环境研究所所长潘家华所言,如果我们要求河北跟北京一样的标准,河北省经济所受的影响可能是颠覆性的。因此,从某种意义上,区域大气污染联防联控表面上是一种行政手段,实际上是发展与保护的博弈,是对区域发展不协调的挑战。这也成为京津冀大气污染联防联控最大的难点。

8.4.2 相关环保法规政策缺失,区域之间经济发展与环境保护失衡

在 5 月 15 日京津冀大气污染联防联控协作机制工作会议上,张高丽指出,要把治理大气污染和改善环境生态作为京津冀协同发展的重要突破口,实现区域环境生态与区域协同发展的同步。一言以盖之,实现生态环境保护和经济发展的共赢是京津冀大气污染联防联控、京津冀协同发展的基本原则,也是最高目标。

追溯经济发展的历史可以看出,河北之所以与北京、天津存在"经济断崖",除了由于北京、天津的"虹吸效应"、河北经济发展受到"压制"外,缺乏科学处理区域关系的环保法规政策、河北长期得不到应有的补偿也是一个重要的因素。作为京津重要的水源地和生态屏障区,为了给京津提供充足、清洁的水源,河北不断加大对资源开发和工农业生产的限制,提高水源标准。如张家口为保障北京的水资源供给、保证首都的空气质量而投入大量精力进行生态治理,从"九五"期间开始,相继关停了大批化肥厂、水泥厂、造纸厂等经济效益良好的企业。从发展规律而言,污染企业的关停是必须的,只是作为落后地区的张家口,因为地处北京旁边而使得产业结构调整的节奏根本不是自主的,只能配合北京的调控节奏,从而导致在淘汰旧的产业的同时,新的产业不能到位,由此对地方经济发展带来的挑战可想而知。基于为北京作出的牺牲,张家口曾寄希望得到北京的补偿,之后又将希望寄托在承接北京的产业转移。当这种期待无果、反而被北京吸纳的情况下,张家口实际上只是扮演了首都农副产品供应基地的角色。又如河北赤城,赤城是河北省的资源大县,境内矿产、水利、林牧业资源都很丰富。其中赤铁矿和磁铁矿储量均居全省第二位,沸石矿储量居亚洲第一。但是,由于赤城地处北京的上风上水区,供应着密云水库 53% 的上游来水,近年来赤城县严格限制资源开发,相继砍掉 70 多个可能造成水源污染的经济合作项目,造成每年损失利税近亿元;关停、压缩了 59 家企业,近千人因此下岗。畜牧业曾是赤城县的支柱产业,占到很多家庭收入的一半以上。然而,为了配合京津风沙源治理工程,自 2002 年 12 月起,首都周边这些山区全部实行了禁牧政策。赤城县畜牧局统计,实行禁牧政策后,短短三四年时间,全县羊、牛存栏量分别减少了 48 万只、4.6 万头,几个畜牧业为主的乡镇,居民收入出现明显下降。"一直以来,赤城县都在保卫首都、服务首都。付出很多,却没沾上什么光。"赤城县发改委一位官员的抱怨,差不多成为很多河北官员、学者的"标准口径"。呼吁北京对张家口、承德等供水区域进行生态补偿的呼声一直不绝。但在 2005 年之前,这一呼吁一直未变成现实。"十一五"期间,北京在对河北相关地区的生态补偿方面有所进展,但由于缺乏相关法规政策的保障,生态补偿的力度和持续性都难以得到保证。

此外,在区域联防联控行动中,作为主要污染源头的河北省,为了实现整个京津冀地区的空气质量达标,势必将关闭大量两高行业。此举不仅引发诸多人

员就业问题,而且直接影响着全省的 GDP。同时,北京在经过一段时间本地治霾努力之后,继续减少 PM$_{2.5}$排放的成本也会比河北高很多,等等。诸如此类关涉环境治理的经济问题,亟待相应的法规政策妥善处理。因此,如何在京津冀大气污染联防联控的过程中,完善相关法规政策,建立科学、有效的生态补偿机制、利益协调机制等,平衡区域之间经济发展与环境保护的关系,将是对三地政府管理能力的拷问。

8.4.3　环保基数差距,抬高了区域大气污染联防联控门槛

京津冀三地联合治污已成共识,而三地的治污重点却各有不同。北京市统计局、国家统计局北京调查总队日前公布数据显示,北京、天津、河北大气污染物主要来源分别为机动车尾气排放、工业排放和燃煤排放。从 2012 年情况看,北京机动车氮氧化物排放量占本地区比重达 45%,分别高于天津和河北的地区排放比重;河北煤炭消费量占其能源消费总量的 88.8%,其二氧化硫排放量占京津冀的 80.8%;天津工业二氧化硫、工业氮氧化物在本地占比都超过 80%,均高于北京和河北。

"一把钥匙开一把锁",针对不同的污染主因,京津冀形成了各具特色的治理措施。北京将机动车尾气治理、压减燃煤总量作为重中之重,其机动车尾气治理任务几乎囊括了各国治理机动车污染的所有措施,压减燃煤总量比重更是达到了 56% 以上。治理工业污染,天津市开出了"推进万企转型"的药方——三年内 1.2 万家企业污染物排放明显下降,700 家"三高两低"企业淘汰关停。而作为燃煤大省的河北来说,减少燃煤总量,加大落后产能淘汰就成为河北治理大气污染的重点。与各地具体治理情况相联的是三地的地方污染物排放标准。同样的污染企业,按照北京标准可能必须搬走或关闭,按天津的标准可能需要严格治理,而在河北,当前情况下,过于严格的标准将使企业丧失竞争力。

根据环保部官方网站发布的信息,截止 2013 年 7 月 10 日,符合相关法律法规并在环境保护部备案的地方标准共 126 项。其中北京独占 34 项,河北占 8 项,天津市只有 3 项。从标准的覆盖面来看,北京市出台的地方环境标准覆盖大气、水、危废等多个方面,基本形成了严于国家的地方环境标准体系;河北省起步较晚,其标准主要集中于重点行业的大气污染物排放方面;天津市目前已颁布实施 3 项地方标准,距今最近的一项是 6 年前出台的《污水综合排放标准》。此外,虽然国家已出台针对京津冀等重点区域实施的大气污染物特别排放限值标准,但河北省内仅有石家庄、保定、唐山和廊坊这 4 个经济发展相对发达的城市纳入了实施范围,而衡水等地却可以在一定时期内仍执行与区域治理要求不符的较低标准。总的来说,相比北京,天津、河北两地在地方环境标准的发展上存在总量偏少、发展滞后、

投入不足等问题①。木桶效应中劣势决定了整体，同样，在区域大气污染治理中，补不齐"短板"，就没有整体环境质量的提升。诸多环保标准的不同既折射出了区域内经济、社会发展的不平衡，也为区域大气污染联防联控增加了"门槛"。

8.4.4　固化思维方式，联防联控面临推进的深层障碍

作为京津冀协同发展的突破口和重要抓手，京津冀大气污染联防联控既与京津冀协同发展思路紧密相联，也直接关系到京津冀协同发展的成败。

京津冀一体化已提出多年，但一直步履蹒跚。早在2001年，两院院士、清华大学教授吴良镛就提出大北京规划，引起较大反响；2004年，国家发展改革委员会组织京津冀有关城市负责人，就京津冀经济一体化的一些原则问题达成"廊坊共识"；2005年，《北京城市总体规划》提出京津冀应在多方面协作；2006年，"十一五"规划中收录了京津冀区域发展问题，国家发改委正式启动京津冀都市圈规划的编制；2011年3月，国家"十二五"规划纲要发布，提出"打造首都经济圈"。京津冀一体化真正的进展出现在京津冀城市群被网友戏谑为"京津冀雾霾群"的2013年。以防治京津冀大气污染为契机，习近平主席继提出北京、天津应谱写"双城记"，推动京津冀协同发展后，于2014年2月召开京津冀协同发展工作座谈会，京津冀一体化正式提到国家战略层面。习近平主席就推进京津冀协同发展的7点要求中，第五点则是"要着力扩大环境容量生态空间，加强生态环境保护合作，在已经启动大气污染防治协作机制的基础上，完善防护林建设、水资源保护、水环境治理、清洁能源使用等领域合作机制"。

京津冀协同发展为何喊了多年，至今不见较大的实质性进展？世界上离得最近的两个大都市——北京和天津之间为何没有形成人们想象中的和谐发展、相得益彰、各有特色的发展关系？为何环绕着北京城和天津城的河北至今还存在着大面积的贫困带？梳理京津冀一体化从提出到实质性推动的过程，可以发现，三地协同发展表面之下的利益博弈显然是一个重要原因。习主席在京津冀协同发展工作会上曾指出，京津冀要打破"一亩三分地"的思维定式，在某种程度上也许就是对京津冀三地曾经"各自为战"思路的批评。一方面，在北京和河北之间，北京的"援助"思维多于"共赢"思维，河北的"外援"思维重于"自主"思维。北京对于周边地区的经济合作共赢意愿较弱，部分合作仅具有援助性质，同时偏向于要求河北在生态、安全等方面为首都发展提供保障。河北则认为由于自身为了保障首都生态、安全等方面牺牲了自身发展的机会，更希望能得到具体的利益补偿，从而存在消极的"外援"思维，不利于发挥自身能动性。同时，河北既希望承接北京的产业功能驱动经济发展，又不想承接高耗能、高污染的重工业和附加值低的劳动密集型产业。另

---

① 本报编辑. 京津冀环保一体化艰难前行. 中国环境报，2014-06-09.

一方面,在北京和天津之间,"竞争"思维大于"合作"思维。作为京津冀区域内的双核,北京和天津相距 130 公里,都已形成较大的经济规模,但由于历史原因,各自争当区域发展的龙头,阻碍了两地的沟通协作。这种"零和博弈"的竞争思维显然不利于区域的共赢发展。

　　在某种意义上,京津冀区域大气污染联防联控,表面上联的是"行动",深层上联的则是"思想观念"。目前京津冀大气污染区域联防联控已进入实质性推进阶段,环境质量的改善固然是推动京津冀协同发展的抓手,但京津冀协同发展的真正实现则是京津冀区域空气质量整体改善的基础。因此,京津冀三地只有真正突破固有的"一亩三分地"的思维定式,从协同发展的大局出发,树立全局思维、战略思维、辩证思维,才能形成目标同向、措施一体、作用互补、利益相联的体制机制,在三地"共振"中实现环境的共赢、发展的共赢。

第9章　京津冀雾霾一体化治理机制的实现途径

┌──────────┐
│ 阅 读 提 要 │
└──────────┘

　　只要存在区域分化,在治理雾霾问题上就会存在博弈问题,每个区域都会从自身利益出发,从地方保护主义角度考虑问题,目的在于地方利益最大化。京津冀地区发展发雾霾治理必须克服"一亩三分地"的狭隘观念,通过顶层制度设计,发展出一套一体化的政策体系、制定出完善的法规体系、形成全民参与的教育机制,才能实现科学绿色发展。

　　"同雾霾,共命运"已成为当前京津冀地区不可回避的现实。区域联防联控成了应对雾霾的不二选择。鉴于各地大气污染物构成比例的差异在于污染源不同,必须采取三地充分合作的方式,通过联动协调为各地个性化的大气治理方案创造良好的外部环境,才能真正实现一体化的治理。

　　当前,以联手治霾为契机,已经形成倒逼机制,只有大力推动京津冀区域经济一体化,统筹规划产业布局和功能定位,统筹区域环境容量,统筹科技资源配置,健全利益决策和协调机制,建立资源补偿和生态补偿机制,形成淘汰落后产能、节能减排的有效激励机制,形成雾霾治理的政策、法律和教育长效机制,才能真正促进京津冀实现绿色高效发展。

9.1　京津冀地区生态共治机制建立的必要性及其效果分析

　　一个地区的可持续发展离不开稳定的环境支撑。京津冀地区雾霾如此严重,因地面干枯、植被生长不彰导致的大面积裸露地表也是一项原因。没有多少植被覆盖的地面,大风吹起,容易产生沙尘、土壤微粒,它们随风起舞,成为 $PM_{2.5}$ 的载体。

9.1.1　京津冀生态共治机制的历史渊源

　　历史上,华北平原河流纵横、湖泊星罗、湿地密布、植被茂盛,有悠久的行舟走船历史。清代刊行的《畿辅通志》记载了反映华北地区风俗的诸多民谚,从中可窥华北地区的环境状况。现摘录部分如下(注,作者标点)。

　　永平府

　　　　山环水抱,人多秀而知学。《玉田县志》

保定府

  雄泽国也,为三辅要地。俗勤俭,男耕读,女蚕桑。《雄县志》

  风土深厚,民性朴质,多忠信义烈之士。《高阳县志》

  其俗渔猎,其业耕织。《方舆胜览·新安县》

  新安,虽居渥水之间,而山脉水源发自燕冀。其人多刚介慷慨,尚朴畧,而少文华。淳厚之风,相沿成俗。《新安县志》

河间府

  水深源广,人秀地灵。《献县志》

  沃野平畴,风俗淳厚。《宁津县旧志》

正定府

  土平水深,俗故质朴。前代称冀幽之士,钝如椎,蓋信有此。《郡旧志》

  地秀人杰,风淳俗美,号称礼义之邦。《明程师伊重修行唐文庙记》

  龙冈蟠拱于后,滋水带绕于前。《无极县志》

  在人口密度较大、社会活动频密的北京,长久以来也以"北国水城"著称。20世纪 30 年代,著名药理学家陈克恢先生于北京协和医院主持一项针对治疗心绞痛的实验。实验发现,青蛙的脑一味对治疗心绞痛极为有效。消息从协和医院不胫而走,一时北京城内外青蛙被搜购一空,老百姓捉到青蛙后便可送到协和医院取酬。市民唯向郊外西山搜捕,其规模之大可知①。

  中国医药,随天时、地理、山川而处方用药,植物药品最多,动物药品次之,不同植物、不同动物经过不同实验,就能发现沉潜其中的巨大功效。这项实验,无意间促成京城"蛙"贵。部分市民捷足先登,将城区内(其范围约相当于今天的二环以内,作者注)的青蛙网罗殆尽,连郊外西山的青蛙也未能幸免。青蛙逐水而居,京城"蛙"贵从一个侧面反映北京的多水环境。

  20 世纪中叶,京津冀三地的名产,也颇能反映此处的生态状况。河北白洋淀的藕、北京的京西稻、天津的小站稻,俱为一方水土培育的一方名产。在华北平原地面水系尚未大范围衰竭时,一条河流,发源河北,流经北京,最后于天津注入渤海。或者,人们从天津逆流而上,经过河北,到达河南北部。这样的例子,不胜枚举。

  20 世纪 90 年代以来,伴随整个华北平原用水量的攀升尤其是北京人口的集聚(就人口规模,2013 年的北京是 1990 年北京的 3 倍体量),华北平原地面河流、湖泊渐次枯萎。华北平原水系相继衰竭,也标志华北平原整体的生态环境不容乐观。各种污染(包括大气污染)容易三五成群,连成一片。

  2013 年"雾霾一月",有人提议,在治理 $PM_{2.5}$ 过程中,可将其与治水、整治河道

---

① 陈存仁. 被忽视的发明——中国早期医药史话. 桂林:广西师范大学出版社,2008:16.

等水利事业结合起来。问题是,到哪里去找水呢?

(1)继续超抽华北平原地下水。如果抽取地下水没有底线,对我们的生存环境、建筑安全、铁路运输意味着什么?

(2)将渤海之水淡化后引入北京。海水淡化成本不菲,那是天价之水。况且,渤海本身污染重重,自净能力差。

(3)南水北调。也蕴含一定风险。就现有情况看,南方的水并非多到"泛滥成灾",南方也时常有大旱之年。

过去,华北平原多水,地下水富足,大量的湖泊、湿地、河流宛如天然的扬尘吸附器。如今,多年的地下水超采使得华北平原出现了大片的地下漏斗区,地面干枯,树木生长不彰,扬尘空无依傍。一个极度缺水的华北平原不能吸附、稀释扬尘,使得这一地区的大气污染极易连成一片。污染重,时间长,地域广,加剧了这一地区人们的健康风险。

京津冀三地,就生态系统而言,为休戚相关的生命共同体。作为北京的"近邻",如果不对河北进行有效的生态修复,"如果生态能量只是单向度地从一边到另一边流动,'环境基座'的长治久安无法说起"[①],北京 PM$_{2.5}$ 治理很有可能陷入"防不胜防、治不胜治"的怪圈。

1949 年后,河北向北京提供了水资源供给、风沙治理、蔬菜供应乃至奥运会期间关停污染工厂等多项环境产品。但缘于北京、河北两地政治地位、话语权的不对等,北京对河北的生态反哺微乎其微。以北京天安门广场为中心,将汽车开往东南西北的任何一方,连续走 3 小时以上,就会看到,北京城区绿化精益求精,有的地方采取的是立体花篮造型,这是一种极昂贵、极娇气的绿化作品。过了北京地界,河北的不少地方童山濯濯,一些地方只有一些碗口粗的树在风中摇曳。当北京周边的"环境基座"无法匹配,北京城的光鲜,未免形单影只,落寞前行。

京津冀三地,土地面积最大的河北向北京、天津提供了诸多的水资源、蔬菜资源。河北的水,河北不能优先使用,要跨区域保障北京、天津这两座城市。始建于1982 年的引滦入津工程输水总距离为 234 公里,年输水量 10 亿立方米,有效改善了天津水质,使天津市区一度因地下水开采导致的地面下沉趋于稳定[②]。新时期下,如何对河北实施积极有效的生态补偿、生态修复,当为京津冀地区大气污染"区域联防联控"的一大重点。

众人拾柴火焰高。京津冀雾霾治理一体化,必须在京津冀这一广阔的地理空

---

① 樊良树. 2013-01-25. 北京 PM$_{2.5}$治理的治标与治本. 学习时报.

② 20 世纪 70 年代,天津遭遇有史以来最严重的水荒。天津本地工业发展,用水量加大,天津的母亲河——海河上游由于修水库、灌溉农田,流到天津的水量大幅减少。人们只得大量开采地下水。因为城市人口密集、工业生产等原因,天津的地下水质并不好,其时有个民谚讲"天津四大怪",其中之一就是"自来水能腌咸菜"。引滦入津为天津提供了稳定的水源保障,成为天津发展的生命线。

间增大环境容量,减少污染总量,实施积极、有效的生态修复,一点一滴,聚沙成塔,保护京津冀地区 1 亿多人赖以生存的水资源、大气资源、土地资源、森林资源、生物多样性资源和湿地资源。2014 年 2 月,习近平同志在京津冀协同发展专题会议上指出:要着力扩大环境容量生态空间,加强生态环境保护合作,在已经启动大气污染防治协作机制的基础上,完善防护林建设、水资源保护、水环境治理、清洁能源使用等领域合作机制[1]。

"扩大环境容量生态空间"是京津冀雾霾治理一体化的必由之路。生态环境是人类发展的物质基础,是有生命的基础承载,森林是大气良性循环的过滤器、净化器,具有除尘、净化、增湿、释氧、保水、吸霾[2]等多重功能。森林能有效降低雾霾浓度,减少雾霾发生频率。一个地区的森林覆盖率越高,这个地区的生物多样性越丰富,空气质量也就有了更多保障。京津冀地区空气质量要彻底好转,植树造林,改善生态环境,当为大气治理的重要一环。

空气四处流动,不受行政区域的限制。京津冀雾霾治理一体化,必须联防联控,实施积极有效的生态修复。京津冀地区生态修复,没有谁能唱独角戏,也不可能关起门来搞绿化,唯有集体协作,通盘考虑,才能取得实效(见图 9-1)。

图 9-1　联防联控

资料来源:《联防联控》,胥晓璇绘制

---

① 新华网.[2014-02-27].习近平在听取京津冀协同发展专题汇报时强调:优势互补利共赢扎实推进努力实现京津冀一体化发展.http://news. xinhuanet. com/politics/2014/02/27/c_126201296. htm.

② 许多树叶表面有油脂、黏液等分泌物。大气中悬浮的粉尘、微粒经过树叶表面时,往往会被叶片表面的油脂、黏液吸附,从而减轻对人体的侵害。在植被茂盛的"小环境"中,空气质量也会与四周有所差异。

　　由于京津冀三地发展不平衡等原因,京津冀三地的生态建设呈现鲜明的地域差异。北京历史悠久,人文荟萃,城区内分布多处由明清皇家园林衍生而来的公园——中山公园、北海公园、景山公园、劳动人民文化宫(故宫太庙)、天坛、地坛、颐和园、圆明园。这些数百年岿然不动的绿肺,对北京的空气净化起到天然的调节作用。今天的北京城,由过去的老北京城演化而来。北京城市规模的扩张,让这些公园在新北京城所占的面积比例大为减少。但镶嵌城中、"搬不动"的公园,依然发挥了重要的生态调节器功能。

　　按照计划,北京争取利用 5 年左右的时间,实现新增森林面积 100 万亩。2012年平原造林绿化 20 万亩,是这座城市历史上规模最大、植树最多的平原绿化工程,预计总投资约 100 亿元。现在,计划中的 20 万亩已增至 25 万亩①。

　　在巨大的雾霾压力面前,财力雄厚的北京启动了规模庞大的植树造林工程。与北京相比,河北的生态修复,先天不足,后天失调,存在明显的差距。河北地大、面广、线长,生态修复任务重。国家已经实施的京津风沙源治理工程主要局限在张家口、承德等地区,这一工程的建设主要为京津地区服务,河北的其他地区难以分享国家的绿化资金投入。坐京津城际列车到天津,沿京广线到石家庄、邢台等地,你会发现,北京的城市绿化,精雕细刻。京外绿化,粗枝大叶。受到资金不足、重视程度不够等因素制约,大部分河北地区,生态修复效果不够理想,环境容量难以扭亏为盈。据河北省相关部门统计,河北的森林覆盖率在全国位列第 20 位,现有沙化土地面积 240 万 ha,水土流失面积近 6 万 km^2,已经成为京津冀地区生态修复的"短板"。京津冀地区,地域一体,即便京津地区的生态修复再好,投入再大,没有河北的协同并进,也很难"扩大环境容量生态空间"。

　　造林不易,需要大量的资金、人力投入。护林尤难。三分造林七分管。按照京津冀地区生态共建、资源共享原则,在不同行政区域生态修复无缝对接的基础上,京津冀三地齐抓共管,查缺补漏,良性互动,这一地区的生态修复才会取得实效。

　　京津冀地区生态修复如何从"脚下的一亩三分地"、"各唱各的调"走出,做到地区一盘棋呢?

　　京津冀三地原本同属一个行政区划,在区域经济发展方面具有历史渊源,三地的文化是相通的,三地的资源也是连在一起的。在行政区划划分为三块后,由于各自在经济发展方面的各种基础条件有较大差异,所以区域经济发展状态也开始表现出很大不同。从区域经济发展角度看,虽然经济要素可以固化在一定区域内,但有很多促成经济发展的资源的流行性特点很多情况下是不能控制的,这些不可控制的因素通过在不同行政区划间流动,可以在一定程度上达到要素价格均等化的

　　① 赖臻. 2012-04-22. 让森林"走进"城市——北京掀起新一轮植树造林热潮. http://news. xinhuanet. com/local/2012-04/22/c_111822807. htm.

目标。经济要素或者经济行为从一个区域向其他区域扩展的过程中,对其他区域可能会造成正的外部经济效应,也可能带来负的外部经济效应。雾霾就是为其他区域带来负的外部经济效应的重要因素,雾霾的制造者会在产废过程中得到收益,但其消费(生产)行为造成的负面影响却要让更多人承受,从经济学意义上讲,私人收益高于社会收益的情况下,社会就会为私人收益承担更多的成本。京津冀是雾霾的重灾区,小区域治理雾霾不能取得重大效果,只有不同行政区划联手治理雾霾,才能让任何一个区域都能为其他区域贡献正能量,让京津冀从整体上改变环境质量。

9.1.2　京津冀雾霾治理过程中的博弈问题与联防联控的有效性分析

1. 雾霾治理过程中的博弈问题分析

治理雾霾为了取得较好的效果,不同行政区划间必须联手进行,否则任何一个区域都会出现不配合行为,即通过本区域多排废(多受益)并让其他区域承担理废成本(少受益),从而不同区域间在博弈过程中弱化雾霾治理效果。图 9-2 展示了区域 A 和区域 B 两个区域在治理雾霾过程中的博弈过程,这是经济学中经常用来分析两个行为进行博弈的分析方法。

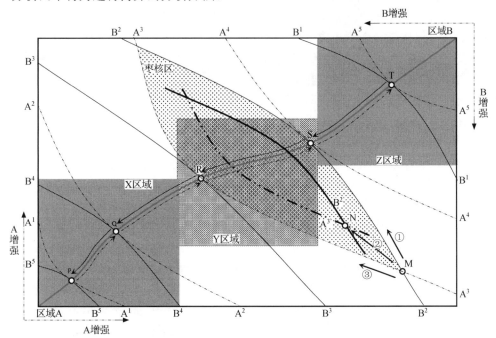

图 9-2　雾霾治理过程中两个区域间的博弈模型

图 9-2 左下角表示区域 A,右上角表示区域 B。图中的凸向区域 A 的曲线 A^1A^1、A^2A^2、A^3A^3、A^4A^4、A^5A^5 表示区域 A 在治理雾霾过程中得到效用,越靠近左下角的效用线表示效用水平越低,如果用 U 表示效用,则 $U(A^1A^1)<U(A^2A^2)<U(A^3A^3)<U(A^4A^4)<U(A^5A^5)$。同样凸向区域 B 的曲线 B^1B^1、B^2B^2、B^3B^3、B^4B^4、B^5B^5 表示区域 B 在治理雾霾过程中得到效用,越靠近右上角的效用线表示效用水平越低,如果用 U 表示效用,则 $U(B^1B^1)<U(B^2B^2)<U(B^3B^3)<U(B^4B^4)<U(B^5B^5)$。如果在分区域治理雾霾的情况下,任何一个区域都有减少雾霾治理投入的机会主义行为,企盼着其他区域都增加雾霾治理投入。区域间博弈的结果是:每个区域都会降低雾霾的投入,从而使得整个区域的雾霾灾害变得越来越严重。

如图 9-2 所示,在 X 区域内,B 的效用可以达到很高而 A 的效用却较低,这是 B 的雾霾治理投入较少而 A 的雾霾治理投入较多的情况,这种情况下,相当于 A 为 B 做补贴,区域在雾霾治理的博弈中,不会在区域 X 内实现均衡,A 会通过降低投入的方式提高自己的效用水平,在 A 投入降低的时候,由于空气质量变差,B 就不得不增加一些投入,在这种博弈过程中,A 和 B 的效用线会向右上方移动,这样移动的结果是,A 的效用水平提升,而 B 的效用水平降低。同样的情况也会发生在 Z 区域,在该区域内,A 的效用水平达到很高,而 B 的效用水平却很低,这种情况形成的原因在于,B 在雾霾治理方面投入相对较多,而 A 的投入相对较少,在这种博弈过程中相当于 B 在为 A 做补贴,于是 B 会逐渐降低投入,在 B 降低投入的情况下,空气质量会变得更差,在 B 的威慑下,A 不得不增加雾霾治理投入,在这种博弈过程中,A 和 B 的效用线都会向最下方移动,在效用线的这种移动过程中,B 的效用在提升,而 A 的效用在下降。在前面述及的这种博弈过程中,A 和 B 中的任何一方效用水平的提升都是依靠对方投入而获得的。但是在这种博弈过程中,任何一方都具有减少投入的愿望。所以按这种逻辑,雾霾治理是不能以行政区划为界进行划片治理的,各个行政区划需要联起手来,共同治理区域内的雾霾问题。任何一方都需要增加投入,任何一方都是治理雾霾的受益者。

综合来看,虽然 A 和 B 两个区域都有降低雾霾治理投入的愿望,但是在两个区域都降低投入的时候,空气质量会进一步下降,所以两个区域在雾霾治理的博弈过程中,不会使自己的雾霾治理行为长期停留在 X 区域,也不会长期停留在 Z 区域,Y 区域是两个区域达到均衡的较好选择。以 M 点为例,从 M 点出发有①②③三种选择。在第①种选择中,M 沿着 B^2B^2 移动,这时不会降低 B 的效用(同一条曲线上各处的效用是相同的),但会增加 A 的效用(A 的效用水平会从 A^3 增加到 A^4),这是 B 做出主动选择的情况。同样在第③种选择中,如果 M 沿着 A^3A^3 移动,这时 A 的效用水平也不会发生变化,但 B 的效用水平会增高(B 的效用水平从 B^2 上升为 B^3),这是 A 做出主动选择的情况。上述两种情况之外,还存在一种情况即第②种选择,这时 M 会沿箭头②移动到 N,N 是 $A^{3'}$ 和 $B^{2'}$ 的交点,相交于 N

的两条效用线 $A^{3'}$ 和 $B^{2'}$ 的效用分别高于 A^3 和 B^2，即 $U(A^{3'})>U(A^3)$，$U(B^{2'})>U(B^2)$，由此可见，当 M 移动到 N 点的时候，A 和 B 的效用水平都得到了提升，经济学上称这种状态为帕累托改进，即一个行为的改变，在保证自身效用水平不变而使其他利益相关者的效用水平上升（第①和第③种情形就是这样），或者在使自己的效用水平上升的同时，其他利益相关者的效用水平也得到提升（第②种情形就是这样）。使得具有行为关系的各方的既有效用水平都不降低甚至有所提高的情形。第②种情形是雾霾治理过程中最理想的情况，在这种情况下利益各方都会增加雾霾治理的投入，利益各方是建立在合作基础上进行博弈的。

由图 9-2 可以看出，M 只要向"枣核区"内的任何一点移动，都会产生前面所述的第②种情况出现的结果。图 9-2 中的枣核区的不同点上，M 在向其移动的过程中，A 和 B 所取得的预期效用是有差别的，但这种差别只要在两个区域能够认可的阈限内，区域之间的合作就能够实现。

2. 区域经济发展过程中一体化治理雾霾的有效性分析

根据前面分析，只要存在区域分化，在治理雾霾问题上就会存在博弈问题，每个区域都会从自身利益出发，从地方保护主义角度考虑问题，目的是地方利益最大化。根据前面所述，在图 9-2 中虽然 M 向枣核区移动过程中会实现帕累托改进效率，但无论 M 向枣核区靠近 B 侧移动还是向靠近枣核区 A 侧移动，都是区域分割前解决雾霾问题所需要考虑的问题，动机在于让其他区域多投入些。虽然已经是帕累托改进了，但还是存在一定程度上的效率损失。土地、矿山、森林这些上苍赋予的资源都比较容易界定产权，因为这些资源一旦产生后就会固定在某个位置不再变化，在行政区划限定下来后，这些资源的产权归属问题也就随之确定了下来。空气资源是"飘忽不定"的，某个区域内质量高的空气可以移动到邻近的区域，邻近区域的居民从而可以从中受益，虽然这种高质量的空气并非本地生产，但居民同样可以免费享用。相反，低质量的空气移动到邻近区域后，邻近区域同样可以从这种空气中受损。空气是很难确定产权的上苍赐予物。人们在消费空气资源的时候，也就不会太在意其行为对空气质量会产生负面影响或者正面影响。在人们的意识中，大气的吸纳能力是无限的，地面上由于生产作业所产生的废气总会由大气疏散，所以人们在生产（消费）过程中就会没有节制。尤其是当经济发达区域与贫困区域毗邻的时候，发达区域由于产废较多，并且对环境产生的负面影响让邻近的不发达区域承受的时候，区域间发展的不对称问题就会出现，每个区域都不会在意通过多污染大气而获得较高的回报，这样就会出现"公地的悲剧"，即人们在大气污染问题上就会有"赛跑"的问题，在此过程中经济人过多在意的是从生产（消费）中得到多少享受，而不太在意大气污染对人类生存所造成的反馈。综合各种因素可以得出结论：既然空气是流动的，在雾霾治理问题上就应该在雾霾严重影响区域内实行联防联治,雾霾是没有行政区划的,治理雾霾的行为也就不应该有行政区划的界限。虽然从博弈论角度看,各个区域在互动过程中不容易实现占优战略均衡,但至少应该在某个层面上实现纳什均衡,这是在自身(他人)具有占优战略选择的前提下,他人(自身)蒙受损失最小的一种选择。在区域经济一体化前提下治理雾霾就不会再存在区域间的博弈问题,区域间可以充分进行资源整合,针对区域内的雾霾问题有针对性地采取措施,不会出现"按下葫芦起了瓢"的问题。

如图 9-3 所示,在 A 和 B 两个区域单独治理雾霾的情况下,A 区域的投入为 $M_A M_A$,所取得的成效为 I_A,B 区域的投入为 $M_B M_B$,所取得的成效为 I_B。如果两个区域进行综合治理,虽然花费还是同样多,但取得的成效就会远比分散治理要高出许多。如图 9-3 所示,$M_{A+B} = M_A + M_B$,但 $I_A + I_B > I_B > I_A$,成本能够相加而效用是不能够单纯相加的。联合治理雾霾能够统合利用资源,在较大范围内使资源得到高效配置,取得各区域单独治理情况下所不能达到的效果。

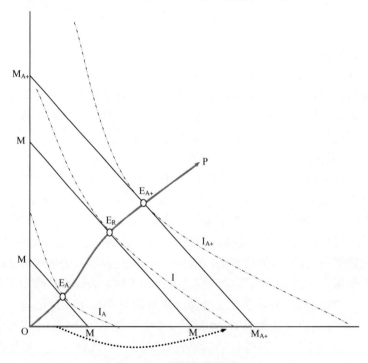

图 9-3　联合治理雾霾的效用水平

9.2　京津冀雾霾治理一体化联防联控机制实现的政策途径

京津冀雾霾治理一体化已势在必行,必须加强顶层设计,设定出统一的政策途径,才能收到实效。

9.2.1　加强顶层设计,全面统筹区域大气污染联防联控

京津冀三地根据自身实际情况,围绕区域大气污染联防联控进行不同的解读,提出不同的推进方案,无可厚非。但要实现有效的"抱团",就必须打破利益羁绊,突破行政区划束缚,加强顶层设计,从环保标准、能源供应等方面实现统一。进行顶层设计应遵循两个原则:一是打破"一亩三分地"的施政理念,将各地大气污染防治工作纳入区域战略空间考虑,制定统一的环保规划;二是区域大气污染联防联控必须放在区域协同发展的全局中谋划设计,与协同发展的各项措施紧密结合。

1. 统一编制区域空气质量规划

区域空气质量规划是区域联防联控的重要依据和制度保障,也是区域内三方达成共识的重要标志。目前,编制区域空气质量规划已列为京津冀区域大气污染联防联控 2014 年重点工作之一。统一编制区域空气质量规划,就是打破京、津、冀三地在大气污染防治上"各自为战"的局面,将京津冀及周边地区视为一个整体,统筹考虑区域资源环境承载力、大气环境容量等制约因素,划定生态红线,使区域土地开发、城市建设和经济社会发展与区域资源环境等客观条件相适应,提出分阶段推进的区域空气质量改善目标和措施,最终实现区域空气质量的全面达标。

2. 统一区域环保标准

环保标准是区域大气污染联防联控的技术依据。如前面所述,受区域经济发展程度差异的影响,京津冀在环保执法标准、企业排污标准、油品标准、产业准入标准等方面存在不同。这种多标准多政策的局面与京津冀一盘棋治污的思路显然存在不一致之处。例如,京津冀三地虽都执行国家标准,但三地的污染物排放标准却不同,容易出现"我保护环境你污染"的局面;在油品标准上,早在 2012 年 5 月,北京已经率先供应"京五标准"的汽、柴油。直到 2013 年 10 月,天津汽油才升级为欧四标准,柴油依然是国三标准。河北则实行国三标准。协调、统一区域环保标准将有助于京津冀统一环保监管,为区域联动打造更加宽广的平台,是推动京津冀按照"同一张路线图"治污的关键。按照京津冀 2014 年重点工作,2014 年将统一污染物排放标准,并力争在 2015 年实现京津冀全面供应符合国五标准的汽、柴油。

3. 统一区域能源供应分配政策

京津冀三地虽有不同的污染主因,但又有共同的污染源,如燃煤排放。目前,北京市燃煤总量是 2300 万吨,天津市是 7000 万吨,河北省的燃煤总量高达 2 亿多吨。在三地大气污染防治五年行动计划中,北京市将净削减燃煤总量 1300 万吨,

天津市将净削减 1000 万吨,河北任务最重,将削减 4000 万吨。因此,为燃煤找"替身",以天然气为代表的清洁能源成了三地治污中的"抢手货"。不过,天然气虽好,但在三地的配比却不平均。例如,北京市新建四大热电中心将全部改烧天然气,而天津和河北只能对燃煤电厂进行脱硫脱硝的技术改造,实现燃煤电厂燃气化排放的效果。2013 年,天津完成一批天然气锅炉房,但因能源供给不足无法启用。河北天然气供应总量达 52.3 亿 m³,虽然比以往增长 22.5%,但在天然气需求上仍有很大缺口无法落实。天然气能源的供应不均一定程度上阻碍着各地治污进程。因此,实现一盘棋治污,就需要摆脱以往所谓"老大优先"的思路,从全局出发,科学统筹,统一研究协调解决区域内突出的环境问题,合理确定节能减排任务分配,使各省市获得的支持力度与所承担的任务相匹配,取得环境效益的最优化。2014 年5 月 15 日京津冀协作小组第二次会议通过了《建立保障天然气稳定供应长效机制若干意见》,将对现有天然气供应保障不均的现状有所改善。

　　4. 统一研究制定各项经济政策

　　建议国家有关部门和京、津、冀三地政府共同研究制定企业环保技改经济鼓励政策、机动车使用强度的经济政策、老旧机动车强制报废政策、推进建筑领域节能减排政策等,推动区域联防联控工作的深入开展。

9.2.2　完善体制机制建设,科学处理区域环境保护与经济发展关系

　　如果说在 2008 年奥运会、上海世博会、广州亚运会中,大气污染区域联防联控政策的实施还具有浓厚的政治色彩的话,在目前京津冀区域大气污染联防联控的常态化治理中,考验区域大气污染联防联控成效的重要因素,则是各地以空气污染治理推进经济优化和社会转型的能力。如前所述,长期以来,在京津冀区域历史发展过程中,由于发展权的不平等,导致区域内部发展失衡,进而削弱了区域整体的发展活力与竞争力。发展权决定着发展结果。就京津冀而言,如果发展权不平等的局面得不到实质性的改变,不仅"中国经济第三极"将永远停留在愿望阶段,区域大气污染的联防联控也只能流于形式。因此,进一步完善环保法规政策,为实现京津冀三地的合作共赢提供法律保障是顺利推进京津冀大气污染区域联防联控的基本要求。

　　1. 完善区域生态补偿机制

　　生态补偿机制是协调生态环境保护所涉相关方利益关系的环境经济政策,其核心原则和理念是"谁污染,谁治理;谁受益,谁付费"。2005 年国务院发文提出,"要完善生态补偿政策,尽快建立生态补偿机制"。此后,包括浙江、安徽、海南等多个省区均开始启动试点,探索建立包括生态补偿资金来源、补偿渠道、补偿方式和

保障体系等内容的生态补偿标准体系。2014 年 4 月 25 日颁布的《中华人民共和国环境保护法》"第三十一条"明确规定："国家建立、健全生态保护补偿制度","国家指导收益地区和生态保护地区人民政府通过协商或者按照市场规则进行生态保护补偿"。目前,我国各地区试点的生态补偿机制多以主体功能区为概念范畴,以森林、流域、矿山等领域作为实施对象,有关大气污染防治领域的区域生态补偿机制建设尚处于缺位状态。实行区域大气污染联防联控,不是追求一个地方的利益,而是在实现各个地区的利益平衡中进一步实现区域空气质量的改善。只有在享有环境和发展的平衡中,各地的污染防治积极性才可能充分激发。因此,如何平衡区域内各个地区的利益诉求,直接关系着合作的稳定性和深度。目前,京津冀大气污染联防联控工作,从大的层面看,牵涉到北京、天津、河北三方;从小的层面看,关涉到污染企业与当地民众、政府的关系,亟需从法律层面通过生态补偿政策的实施予以协调,进而推动雾霾治理取得实际成效。

2. 完善利益共享机制

习近平在 2 月 26 日京津冀协同发展工作汇报会上提出,京津冀要打破自家"一亩三分地"的思维定势,可谓一语中的,在京津冀长期的区域发展过程中,由于缺乏一种区域合作共赢的利益机制,以"环京津贫困带"和"京津冀雾霾带"的存在,直接而又雄辩地证明了这是一个区域经济发展零和游戏的样本。马克思曾说:"思想一旦离开利益,就会让自己出丑。如果不解决利益问题,美好的愿望是很难实现的"[1]。如今,在最高领导人的直接推动之下,原先困扰于各自利益的三省市,终于可以坐下来积极推进协作,开始漫长而值得期待的转型之路。毫无疑问,在区域大气污染联防联控的过程中,京津冀三地都将会有"舍"有"得",通过利益共享机制的构建,科学实现三地利益的相对公平的分配、协调,避免出现未受益、先受损的局面,结束北京、天津"一枝独秀"和河北"灯下黑"的历史,是保持三地合作积极性的重要举措。

3. 构建考核评估机制

2014 年 5 月 27 日,国务院印发《大气污染防治行动计划实施情况考核办法》,明确提出对京津冀等重点区域,以 $PM_{2.5}$ 年均浓度下降比例作为空气质量考核指标的思路,并将产业结构调整优化、清洁生产、煤炭管理与油品供应等大气污染防治重点任务完成情况纳入考核内容,考核结果报经国务院审定后,交由中共中央组织部,作为对各地领导班子、领导干部综合考核评价的重要依据。《考核办法》的颁布,为京津冀区域大气污染联防联控考核评估机制的构建指明了方向。但京津冀

---

① 马克思,恩格斯. 马克思恩格斯全集第 2 卷. 北京:人民出版社,103.

区域联防联控考核评估机制的构建,不仅应包括各地 $PM_{2.5}$ 年均浓度,还应包括对各地大气污染治理措施的长期性、综合性的评估,避免各地为应对考核采取短期行为,为以后的环境治理埋下隐患。

9.2.3　强化科技支撑,有效构建区域污染治理的科技联动机制

京津冀大气污染联防联控,不仅是经济、法律的"联动",更应该是科技、人才的"联动"。因此,建立人才联动机制,搭建科技联动平台是区域联防联控的重要内容。

1. 成立区域大气污染防治专家委员会

充分利用国家和各省区市科技资源,成立区域大气污染防治专家委员会,组织开展区域大气污染成因溯源、传输转化、来源解析等基础性研究,掌握区域大气污染的成因规律,进一步提高区域大气污染治理的科学性和针对性;对区域污染排放状况进行评估分析,建立区域重点污染源清单,确定优先治理项目;筛选推荐先进适用的、区域共性的、工程化的大气污染治理技术,为区域大气污染治理提供科技支撑。

2. 构建统一的环境监测和预警平台

统一环保监测平台进而实现信息共享是大气污染防治的基础工作。京津冀三地应依托现有的监测平台,提升监测能力,实现京津冀区域空气质量的整体监测、预警,并实现三地信息共享,为三地实现"联动"奠定技术基础。自去年京津冀区域大气污染联防联控协作小组成立以来,建立统一的监测平台就已提上工作日程。目前,由财政部投资 4500 余万筹建的京津冀区域环境空气质量监测预报预警中心项目正在建设。建成后,将在京津冀及周边 6 省、区、市约 150 万平方公里的区域内实现未来 3 天空气质量预报和 7 天污染趋势预测。此外,京津冀三地在统一监测方面各有进展。北京市空气质量预报预警决策支持平台正在立项。平台启用后,不仅能使北京市的空气质量预报从目前的 72 小时延长至 120 小时,同时还能让北京、天津、河北、山东、山西、内蒙古 6 省、市、自治区的监测数据实现联网共享;2014 年 6 月底前,河北将在全省所有县(市、区)全部建成空气质量自动监测站并实现省级联网;天津将在现有 27 个空气质量监测点的基础上进一步完善监测体系,在京津之间的过渡地区增设监测点,尽快实现区域的无缝监控。

9.2.4　完善公众参与机制,积极营造全社会参与防治的浓厚氛围

公众参与是环保工作的重要推动力量。进一步完善公众参与机制,强化公众参与权,激发公众参与积极性,积极推动公众参与京津冀大气污染区域联防联控工

作,营造政府、企业、公众共同治理大气污染的浓厚氛围,是深入发挥区域大气污染联防联控的环保管制功能的重要内容。

1. 出台公众参与区域联防联控的相关文件

国外区域大气污染联防联控工作的开展基本上是由自上而下的政府主导型逐渐转向多方参与的自下而上的公众参与型。在京津冀区域环境质量规划编制、各项环保标准的推行和联动执法的过程中,大力推动公众参与,积极动员各种社会资源参与规划,推动各项措施、政策的深入落实具有重要的意义。因此,建议出台相关公众参与文件,明确公众参与,尤其是各种民间环保团体、地方团体参与的权力和范围,切实在规划、监测、执法等各环节赋予公众知情权和参与监督权。

2. 完善京津冀区域联动宣传机制

目前,京津冀联动宣传机制已初步建立,联动宣传工作已启动,初步拉开了京津冀联动宣传工作的序幕。公众参与是京津冀环保工作的重要力量,通过联动宣传,提高京津冀三地公众的协同环保意识,协同发展意识,营造京津冀区域一体化的浓厚氛围具有重要意义。因此,亟需进一步完善京津冀联动宣传机制,推动京津冀三地联动宣传工作实现常态化。在新闻宣传方面,通过电视、广播、报纸等传统媒体和网络、微博、微信等新媒体共同宣传区域大气污染治理的进展和成效;普及大气污染防治知识,引导公众理性应对大气污染突发事件,自觉践行绿色生活模式,营造政府、企业、公众共同治理大气污染的良好氛围。在社会宣传方面,依托世界环境日、世界水日、地球日等环保节日,针对不同层次的人群,在京津冀三地现有活动品牌的基础上,联合开展京津冀三地公众共同参与的大型活动。目前,京津冀三地依据各自的实际情况,都已打造了在当地公众中具有广泛影响和号召力的品牌活动。例如,北京市的"我爱地球妈妈"中小学生演讲比赛、公众建言献策活动、绿色驾驶等活动,天津市的"我是小环保局长"演讲活动等。借助这些品牌活动已有的群众基础和强大的影响力,以京津冀区域为平台,扩大活动参与范围。例如,将"我爱地球妈妈"中小学生演讲比赛由北京市中小学生参与,扩展为京津冀三地中小学生参与,并通过京津冀三地媒体同时加强宣传,扩大活动影响范围。通过打造三地公众共同参与的品牌宣传活动,在京津冀区域掀起公众参与环保的热潮,形成大家同呼吸、齐努力、共责任,打造京津冀区域环保一体化、发展一体化的风尚。

9.3　京津冀雾霾治理一体化联防联控实现机制的法律途径

从国外经验看,雾霾的联防联控和一体化治理都是立法先行,从国家层面和地方层面加强立法,为雾霾治理提供法治化保证。

9.3.1 加强立法,完善法治化保障

法治社会,大气治理必须依法进行。规划京津冀雾霾治理一体化联防联控机制也应当在现有的法律框架之下,以法律、地方性法规、规章和规范性文件的形式明确和固定下来。雾霾治理,立法先行。在我国,调整大气污染防治的主要法律法规包括:作为国家根本大法的《宪法》,调整环境保护领域的基本法律《环境保护法》,环境保护单行法《环境影响评价法》《可再生能源法》《节约能源法》,专门法《大气污染防治法》和地方性法规《北京市大气污染防治条例》等。

《宪法》第二十六条规定:"国家保护和改善生活环境和生态环境,防治污染和其他公害。国家组织和鼓励植树造林,保护林木。"这是我国关于环境保护的原则性和纲领性的规定,对于我国大气污染防治法律体系的建立具有指导性的作用。

我国的《环境保护法》自 1989 年公布实施以来,于 2014 年进行了第一次修订,不仅法律条文从原来的 47 条增加到 70 条,内容也进行了较大的调整。作为环境保护领域的基本法,"环境保护法的修改是针对目前我国严峻环境现实的一记重拳,是在环境保护领域内的重大制度建设,对于环保工作以及整个环境质量的提升都将产生重要的作用"[1]。修订后的《环境保护法》被环保专家认为是现行法律里面最严格的一部专业领域行政法,原因如下。首先,给予了环境保护主管部门广泛和明确的行政管理权。授权国务院环境保护主管部门编制国家环境保护规划,制定国家环境质量标准、国家污染物排放标准,建立、健全环境监测制度等;授权地方环境保护主管部门现场检查权和数额更高的行政处罚权等。其次,规定了多个层次的处罚措施和不同种类的责任形式。既包括常见的罚款,查封、扣押相应设备,限期生产、停产整治等行政处罚措施,也明确了公安机关在规定情况下可以对相应人员进行拘留,还列举了应当承担的相应的民事和刑事责任,从根本上改变了环境保护部门执法方式单一、处罚力度不大的问题。最后,增加了信息公开和公众参与,第一次规定了环境公益诉讼制度。环境问题是影响到公共利益的重大问题,与人民生活息息相关,人民群众不仅应当有知情权,更应当广泛地参与到环境保护之中。新修订的《环境保护法》赋予了公民、法人和其他组织依法享有获取环境信息、参与和监督环境保护的权利。

应当说,环境保护基本法的修订使得京津冀雾霾治理一体化的法治环境得到了较大的改善和提高,第一次以法律形式明确规定了"国家建立跨行政区域的,实行统一规划、统一标准、统一检测、统一的防治措施的联合防治协调机制",给京津冀雾霾治理一体化提供了法律依据,同时也给大气污染防治单行法的修订提供了

---

[1] 全国人民代表大会网站. http://www.npc.gov.cn/huiyi/lfzt/hjbhfxzaca/2014-04/25/content_1861322.htm.[2014-04-25].

一个可资借鉴的框架。

1. 修订《大气污染防治法》

现行的《大气污染防治法》于 2000 年修订，原则性规定较多，操作性较差，无法调整我国经济持续快速发展过程中产生的新问题，需要进行大范围地修订，涉及的主要问题有以下几个方面。

（1）细化大气污染物总量控制的规定。现行的《大气污染防治法》第十五条对总量控制做了概括性的规定：国务院和省、自治区、直辖市人民政府对尚未达到规定的大气环境质量标准的区域和国务院批准划定的酸雨控制区、二氧化硫污染控制区，可划定为主要大气污染物排放总量控制区。大气污染物总量控制区内有关地方人民政府依照国务院规定的条件和程序，按照公开、公平、公正的原则，核定企业事业单位的主要大气污染物排放总量，核发主要大气污染物排放许可证。有大气污染物总量控制任务的企业事业单位，必须按照核定的主要大气污染物排放总量和许可证规定的排放条件排放污染物。主要特点有三个：第一，只对于不达标准的区域和控制区规定总量控制，其他地区未做规定；第二，目的是为了达到污染物总量控制目标，而不是保障排放源在限期内达到排放标准；第三，许可证的审核和发放过程没有公众参与和监督。考虑到我国大气污染的严峻形势，在细化污染物总量控制的相关规定时，应当扩大实施总量控制的区域范围，以总量控制手段逐步实现排放源在限期内达到排放标准，规定许可证为直接实施环境标准的载体[①]，在许可证的申请和审查过程中增加公众参与的途径和措施。

（2）强化大气污染物排放标准的防治作用，总量控制和标准控制并行。雾霾治理，对污染物排放总量的减量和已产生的污染物无害化等末端治理措施仅仅是治标，鼓励和促进清洁能源和技术的快速发展，制定符合国家经济、技术条件的污染物排放标准才是实现源头控制、"全过程管理"的关键。《环境保护法》给予了环境保护主管部门编制国家环境保护规划，制定国家环境质量标准、国家污染物排放标准的明确授权，相应地，在修订《大气污染防治法》时，应当将编制大气污染防治规划，制定大气质量标准、大气污染物排放标准的内容作为环境保护主管部门的重要职能予以规定，强化防治规划和防治标准在大气污染防治工作中的重要作用。

（3）区分固定污染源和移动污染源，分类治理。现行的《大气污染防治法》将污染源分为燃煤、机动车船，并单章规定了防治废弃、尘和恶臭污染，分类过于简单，既没有涵盖燃烧重油、渣油等高污染燃料和使用有机溶剂的行业，也没有涉及非道路移动机械等污染源。治理措施主要属于"末端治理"，没有对产业结构的调整作出规划，忽视了从产业升级、调整经济发展结构的源头治理措施。采用固定污染源和移动污染源的分类方式,是大部分发达国家的大气污染防治法的普遍做法。这种方式既有利于在更大范围上涵盖污染源的种类,又能为可能出现的新污染源预留了空间,既提炼出了众多造成大气污染来源的主要区别,具有合理性,又有针对性,给分类治理、对症下药提供了靶向。

(4) 细化大气污染信息公开和公众参与的内容和程序。环境权是基本人权,空气与每个人息息相关,大气污染防治应当保障公众的知情权,充分调动公众的积极性,参与到防治过程中来。长期以前,我国的大气污染防治工作都是以政府部门为主体,以行政处罚为主要治理手段。公众的知情权和参与权一直被忽视。现行的《大气污染防治法》对于大气污染信息公开的规定,主要涉及排放和泄露有害气体和放射性物质以及大气受到严重污染的情况下需要通报或者公告当地居民;环境保护主管部门应当定期发布大气环境治理状况公报。至于一般污染的情况,重大项目的环境影响评价等对社会和公共健康造成较大影响的情况是不是需要进行信息公开,多长时间公布公报等内容均没有做明确的规定。

现行的《大气污染防治法》对于公众参与的内容只有一条原则性的规定,即第五条"任何单位和个人都有保护大气环境的义务,并有权对污染大气环境的单位和个人进行检举和控告"。既没有规定接受理检举和控告的部门和具体的程序,也没有规定对于环保部门的履职行为能否监督,基本没有可操作性。结合新修订的《环境保护法》,公众的举报可以分为两类,一类是针对破坏环境的行为,受理举报的主体是环境保护主管部门;另一类是针对环境保护主管部门不依法履行职责的,受理举报的主体是该部门的上级机关或者监察机关。有关控告,无论从我国的诉讼法体系,还是我国的司法实践,任何单位和个人能够进行的只能是所谓"环境公益诉讼":因为环境刑事诉讼不属于自诉范围,必须由检察院提起;民事诉讼的起诉需要符合"有直接的利害关系",这项规定排除了大部分单位和个人的环境诉权。而在新修订的《环境保护法》中,能够提起环境公益诉讼的主体只能是符合条件的社会组织。

纵观其他国家成功治理大气污染的过程可以看出,只有充分调动民众的治污积极性,防治大气污染这场攻坚战才能取得胜利。新修订的《环境保护法》和国务院《大气污染防治计划》对于信息公开和公众参与都有详细的规定。《环境保护法》专章规定信息公开和公众参与,明确规定"公民、法人和其他组织依法享有获取环境信息、参与和监督环境保护的权利"。对于各级环境保护主管部门、重点排污单位和应当编制环境影响报告书的建设项目,都规定了相应的信息公开义务。规定了公众举报的对象和受理部门,开创性地规定了环境公益诉讼的原告主体条件。

(5) 加大处罚力度,探索多部门、大区域联合联动执法。长期以来,环境保护主管部门似乎是大气污染防治的唯一主体,而它能够独立进行的、使用范围最广的、最有效果的行政处罚种类似乎也只有罚款一项,因此不少排污者都拿"罚款换污染"。责令停产停业的行政处罚需要县级以上人民政府按照国务院的有关规定作出,没收不符合排放标准的机动车船的处罚需要由依法行使监督管理权的部门进行,多部门交叉管理就涉及职能分工。在修订《大气污染防治法》时,应当将大气污染的常见类型和分别涉及的行政管理部门进行分类列举,明确具体行政行为的主体和职权范围。

大气污染具有易流动、难防治的特点,大区域联合防治有利于提高大气污染治理的效率,新修订的《环境保护法》第二十条规定,"国家建立跨行政区域的重点区域、流域环境污染和生态破坏联合防治协调机制,实行统一规划、统一标准、统一检测、统一的防治措施",这为京津冀雾霾治理一体化提供了法律依据。《大气污染防治法》应当细化大区域联合防治的制度设计,机构设置和职能分配,推进区域联控机制的有序开展。

2. 加强地方性法规、规章的制定和完善

我国的环境保护一直是以行政主导模式进行的。国务院发布的《大气污染防治行动计划》(以下简称"国十条")虽然不具有严格的法律发布程序要件,但却是我国今后一段时期防治大气污染的行动指南。"国十条"明确了要"加快大气污染防治法修订步伐,重点健全总量控制、排污许可、应急预警、法律责任等方面的内容"。2014 年 1 月 22 日北京市通过《北京市大气污染防治条例》,走在全国治霾立法的前沿,这是一个具有重大意义的事件:在津冀地区还在沿用多年前的相关条例,在全国人大《大气污染防治法》大范围修改之前,地方性法规先行发布,彰显了北京作为首都在治理雾霾上的决心和行动力。

另一方面,这样一种地方性法规面临是否有效的问题。根据《立法法》的规定,地方性法规的效力低于法律,地方性法规的规定与法律的规定不一致的,以法律规定为准。我国已有《大气污染防治法》,虽然早已无法适应当今大气治理的需要,需要较大修订,但是只有修订没有发布,它仍然有效,地方人大制定的实施细则应当与其一致,否则无效。下位的地方性法规先于上位法律进行发布和修订,可能面临现阶段与上位法律的规定不一致,以及与修订后的《大气污染防治法》内容衔接的问题,从而导致《北京市大气污染防治条例》规定无效或者部分无效,行政执法依据存疑或者需要在短时间内进行修改的困境。

在如今"重典治霾"的环境下,新出台的《北京市大气污染防治条例》无疑在法律责任上更严格,具有更强的针对性和可操作性。《北京市大气污染防治条例》借鉴和吸收了发达国家和地区的立法经验,细化了对于重点污染物排放总量控制的规定;区分固定污染源和机动车等移动机械排放污染两个大类分别规定防治措施,分类科学,涵盖面广;新增了大气污染信息公开和公众参与的规定;从法律责任上增加了行政处罚的类型,加大了处罚力度,新增了公安机关、质量技术监督部门、城

市管理综合执法部门和住房城乡建设行政主管部门的环境执法权。

多年来,北京市结合首都功能定位,以适用性、先进性、前瞻性为原则,打造首都大气污染防治地方标准体系。具有三个特点。一是标准总数全国最多。截至目前,共制定了大气污染防治地方标准 33 项,包括固定源类标准 12 项、移动源类标准 21 项。二是排放限值全国最严。第五阶段机动车排放标准和相应的油品标准已达到国际先进水平,《水泥工业大气污染物排放标准》中第二阶段氮氧化物排放限值为国际最严,《低硫散煤及制品标准》为全国最严等。三是引领示范作用凸现。本市一些地方机动车排放标准被国家借鉴或采用,国际清洁交通委员会誉其为"中国的加州"。《固定式内燃机大气污染物排放标准》、《炼油与石油化学工业大气污染物排放标准》等标准填补国家标准空白,在全国率先实施等①。

在执法实践中,北京市还进行了多项制度创新,以试点的方式为地方性法规的制定和进一步修订积累经验。例如,为了进一步控制施工工地扬尘污染,由北京市住建委牵头,人民银行、银监会、市环保局等单位多次研究论证,制定了《北京市建设工程扬尘治理专项资金管理暂行办法》(以下简称《办法》),经公开向社会征求意见后,现已印发实施。《办法》自 2014 年 4 月 1 日起,在北京市东城区、西城区开展试点工作,试行期一年。在此期间,东城、西城区范围内所有建设工程施工现场在开工前均要到本市各大银行网点开立专项账户,并将工程造价中用于施工扬尘治理和绿色文明施工的专项资金存入账户。《办法》规定,扬尘治理专项资金是工程施工过程中文明施工和环境保护两项费用的总和,占工程总造价的 1.25% ~ 2.4%,专款用于工程施工现场文明施工和环境保护工作。建设单位在开工前,将该资金一次性存入银行专用账户。施工单位申请使用时,由建设单位或其委托的工程监理单位对施工单位落实环境保护措施的情况进行审核,通过后,可以专款使用。市区两级建设行政主管部门对设立专项资金账户情况进行监督,对于没有设立专项账户的建设单位不予办理工程安全监督手续②。

从执法实践来看,2014 年 1 月至 5 月,北京市环保部门大气环境立案处罚 659 起、处罚金额 1422.53 万元,分别占总数的 68.4% 和 54.3%,同比分别增长 88.3% 和 213.4%③。应该说高标准、严要求、多部门共管之下的《北京市大气污染防治条例》实施以来,大气污染防治取得了较好的阶段性的防控效果。

综上所述,在现有的立法机构框架之下,天津市和河北省应当充分吸取修订后

---

① 北京市环境保护局. 本市基本建成全国最严格的大气污染防治地方标准体系. http://www.bjepb.gov.cn/bjepb/324122/399028/index.html.

② 北京市环境保护局. 北京市扬尘治理保证金政策试点全面启动. http://www.bjepb.gov.cn/bjepb/324122/397305/index.html.

③ 北京市环境保护局. 本市 1—5 月份行政处罚金额突破 2600 万元,创历史新高. http://www.bjepb.gov.cn/bjepb/324122/400145/index.html.

的环境保护基本法的相关规定,借鉴北京市大气污染防治条例的相关做法,及时修订本地区的大气污染防治条例,为地区一体化雾霾治理提供法律依据。

9.3.2　加强执法力度,切实保障治理效度

我国是一个行政传统特别浓厚的国家,在大气污染防治问题上,以鲜明的行政驱动和行政强制为特征,"命令控制型"机制一直处于核心地位,在实践中也取得了较好的效果。但是行政强制本身有许多不足之处,过于强调这一机制也带来了许多困难①。区域大气污染联防联控是指依靠区域内地方政府间对区域整体利益所达成的共识,运用组织和制度资源打破行政区域的界限,以大气环境功能区域为单元,让区内的省、市部门从区域整体的需要出发,共同规划和实施大气污染控制方案②。

1. 协调机构的定位及其职权

京津冀一体化的构想已经屡次在不同级别的场合提及,历时十余年,除了在农产品的产购销领域取得了一定进展,一直难有实质性的突破。究其原因,行政机构的各自独立是其中最重要的原因。即使在一体化程度较高的珠三角地区,一个省份内的不同地域行政主体之间的利益协调尚存在较大难度,更别说要在北京和天津两个直辖市以及一个省级行政主体之间建立一体化机制的难度。在三地"重典治霾"的背景之下,地方经济发展无疑要经历短期"阵痛",以河北省为例,根据《河北省大气污染防治行动计划实施方案》,到 2014 年,提前一年完成国家下达的"十二五"落后产能淘汰任务(淘汰水泥落后产能 6100 万吨以上,淘汰平板玻璃产能 3600 万重量箱)。到 2017 年,全省钢铁产能削减 6000 万吨;全部淘汰 10 万千瓦以下常规燃煤机组③。河北省是国内最大的钢铁生产基地,2012 年河北省粗钢累计生产 1.8 亿吨,2012 年粗钢产量全球排名第二位。业内人士分析,到 2017 年削减 6000 万吨钢铁产能,意味着全省三分之一的钢铁产能将被淘汰④。地方经济发展将受到较大冲击,短期内的地方国民经济总值将显著下降。在地方经济持续发展和雾霾治理这一对矛盾面前,要打破不同行政主体之间的各自为政的固有格局,协调北京、天津和河北省不同地域之间的利益冲突,统筹京津冀地区经济和环境的协调发展,关键点有两个,一是制定出反映各方利益诉求的区域发展规划,二是建立一个能够协调三地地方政府,权责明确、有效监督的雾霾治理一体化协调机构。

---

① 秦天宝. 2002. 中美大气污染防治法之比较. 内蒙古环境保护,(6).

② 王金南,等. 2010-09-17. 区域大气污染联防联控机制路线图. 中国环境报.

③ 河北省大气污染防治行动计划实施方案. http://hebei. hebnews. cn/2013-09/12/content_3477887. htm.

④ 凤凰网. 大气治污投资逾万亿:钢铁水泥承压,天然气环境监测受益.

　　分析国内外实施区域空气质量管理的经验,可将区域联防联控的管理模式分为两大类:第一,纵向机构的管理模式,即设定自上而下的机构层级通过行政手段实现区域合作;第二,横向机构的协作模式,即自发行动签订减排协议通过利益协商实现区域合作。纵观欧盟和美国区域空气质量管理的实践,可以发现虽然欧美区域空气质量管理也存在地区协作模式,但其成功经验主要在于跨行政区管理机构的设置,统一治理大气污染,或者在现有行政区划之间对跨界污染问题进行协同治理。长期来说,纵向机构的管理模式,有利于区域空气质量管理机制和环保工作的长效化、制度化。设立跨行政区的管理机构虽然是一个比较有效的方法,但是在我国,短期内难以建立跨行政区的管理机构。有学者认为短期内以最小制度成本取得最优治理效果的方式是行政区之间的合作、协同努力解决跨界污染①。从这个方面来看,区域环境协商是现阶段适用于我国区域空气质量管理的最佳模式。事实上,我国发达地区的城市群已经开始这方面的实践,多数是围绕奥运会、世博会和亚运会这样空气质量保障而建立的区域联防联控机制,虽然具有重要的标本意义,但毕竟带有时间和地域方面的局限性,导致过分依赖临时性措施,而忽略区域联动长效机制的建设②。

　　在"重典治霾"的高压态势之下,京津冀一体化协调机构的制度建设也在有序进行。环保部等六部委于2013年9月联合发布了《京津冀及周边地区落实大气污染防治行动计划实施细则》,对于京津冀地区五年内的主要目标和重点任务做出了全面而且具体的阐述,并且明确规定了"建立健全区域协作机制":成立京津冀及周边地区大气污染防治协作机制,由区域内各省(区、市)人民政府和国务院有关部门参加,研究协调解决区域内突出环境问题,并组织实施环评会商、联合执法、信息共享、预警应急等大气污染防治措施。通报区域大气污染防治工作进展,研究确定阶段性工作要求、工作重点与主要任务③。

　　2013年10月23日,由六省区七部委协作联动的京津冀及周边地区大气污染防治协作机制在北京召开首次工作会议,标志着该机制实质性启动。在新机制下,按照"责任共担、信息共享、协商统筹、联防联控"的工作原则,北京等6省区市和环境保护部等国家部委,将执行一系列工作制度,加强区域大气污染防治协作力度。信息共享制度,依托国家现有的监测和信息网络,逐步建立区域空气质量监测、污染源监管等专项信息平台,推动区域内信息共享,为区域重大环境问题研究提供支撑。其主要职责如下。

---

　　① 北京大学.2009.区域大气污染联防联治与空气质量管理机制研究.北京:环境保护部污染防治司.
　　② 宁淼,孙亚梅,等.2012.国内外区域大气污染联防联控管理模式分析.环境与可持续发展,(5).
　　③ 中华人民共和国环境保护部.[2013-09-12]京津冀及周边地区落实大气污染防治行动计划实施细则.http://www.zhb.gov.cn/gkml/hbb/bwj/201309/W020130918412886411956.pdf.

空气污染预报预警制度,依托国家环境监测与预报网络,建立健全区域空气重污染监测预警体系,做好空气重污染预报和过程趋势分析,及时发布监测预警信息。

联动应急响应制度,督导各省区市完善空气重污染应急预案,实施区域重污染应急联动,共同应对空气重污染。

环评会商机制,按照有关法律法规和《京津冀及周边地区落实大气污染防治行动计划实施细则》的要求,开展规划环评工作,积极参与区域内重大项目的环评会商。逐步建立专家参与的工作机制。

联合执法机制,协调成员单位在六省区市辖区内开展专项执法,不定期组织开展联合执法[①]。

京津冀及周边地区大气污染防治协作机制的日常工作部门为北京市环保局大气污染综合治理协调处,根据北京市环保局网站的描述,其职责为"负责京津冀及周边地区大气污染防治协作小组办公室文电、会务、信息等日常运转工作;受京津冀及周边地区大气污染防治协作小组办公室的委托,承担京津冀及周边地区大气污染防治协作、联防联控的具体联络协调工作"[②]。

经过半年时间,2014 年 6 月,京津冀及周边地区大气污染防治协作小组办公室印发了《京津冀及周边地区大气污染联防联控 2014 年重点工作》,其主要内容如下。

(1)成立区域大气污染防治专家委员会。组织开展区域大气污染成因溯源、传输转化、来源解析等基础性研究,掌握区域大气污染的成因规律,进一步提高区域大气污染治理的科学性和针对性,科学指导区域大气污染治理工作。

(2)统一行动,共同治理区域重点污染源。优先共同控制重点行业氮氧化物和挥发性有机物的排放,实施区域内燃煤电厂、水泥厂及大型燃煤锅炉脱硝治理工程,治理区域内原煤散烧面源污染,推进区域内重点石化企业挥发性有机物综合治理;加大机动车污染治理力度,加快区域机动车油品质量升级,力争在 2015 年实现京津冀全面供应符合国五标准的汽、柴油;进一步加大区域内黄标车和老旧机动车的淘汰力度;加快新能源车推广应用,在公交、配送、环卫、出租等公共领域优先安排;加强城市步行和自行车交通系统建设。

(3)加强联动,同步应对解决区域共性问题。建立协作小组工作网站,共享区域空气质量监测、污染源排放、气象数据、治理技术成果、管理经验等信息;搭建空

---

① 新华网.[2013-10-28].北京重拳治理大气污染措施多标准严行动快史无前例. http://www. bj. xin-huanet. com/bjyw/2013-10/28/c_117896828_3. htm.

② 北京市环境保护局. 大气污染综合治理协调处职能. http://www. bjepb. gov. cn/bjepb/323474/331443/388066/index. html.

气质量预报预警平台,会同气象部门建立区域空气重污染预警会商机制,针对区域空气重污染天气,共同启动应急联动机制;共同组织开展区域内大范围的联动执法、同步执法行动,壮大执法声势,对违法行为形成区域性的高压打击态势。建立联合宣传机制,通过媒体共同宣传区域大气污染治理的进展和成效;普及大气污染防治知识,引导公众参与,自觉践行绿色生活模式。

(4) 研究制定公共政策,促进区域空气质量改善。按照国务院有关部门统一规定,研究并制订新的排污收费标准,推进企业自觉治污;在京津冀地区率先实施国家大气污染物特别排放限值;制定企业环保技改经济鼓励政策,引导现有企业实施大气污染治理技术改造;研究控制机动车使用强度的经济政策;研究制定老旧机动车强制报废政策,降低机动车污染排放;研究推进建筑领域节能减排;启动区域空气质量达标规划编制,明确大气环境承载能力红线[①]。

综上所述,京津冀及周边地区大气污染防治协作小组的职能和工作目标都已经通过政策性文件固定下来,效果如何还有待时间检验。京津冀地区在区域协作治理雾霾的过程中探索建立区域长效联合防治协调机制方面已经走出了第一步。

2. 多部门联合行政执法与行政问题司法衔接

根据我国的现有执法体制,行政机关虽然承担了国家机器运转的绝大部分职能,但是法律赋予行政机关的强制执法手段极其有限,手段与职能之间距离很大[②]。对于个人或者企业的大气污染行为,存在违法行为和犯罪行为两种分类。对于违反环境法的大气污染行为,一般由环境保护主管部门根据《环境保护法》、《大气污染防治法》和地方性法规如《北京市大气污染防治条例》等进行行政处罚;对于违反其他法律的大气污染行为,由相关政府主管部门如公安机关、质量监察机关、城市综合管理机关等进行行政处罚,这一个大块属于执法领域。对于已经构成犯罪的大气污染行为,由检察院依照《刑法》《刑事诉讼法》等法律,代表国家提起公诉,这部分属于司法领域,将在第三部分进行详细论述。

(1) 多部门联合行政执法。行政处罚的基本制度主要规定在我国的《行政处罚法》中。《行政处罚法》规定行政处罚的种类包括警告、罚款、没收违法所得、没收违法财物、责令停产停业、暂扣或者吊销许可证暂扣或者吊销执照、行政拘留等。对于行政处罚的种类设定有严格的规定:"限制人身自由的行政处罚,只能由法律设定","地方性法规可以设定除限制人身自由、吊销企业营业执照以外的行政处罚","法律、行政法规对违法行为已经作出行政处罚规定,地方性法规需要作出具

① 北京市环境保护局. 京津冀及周边地区大气污染防治协调小组办公室近日印发《京津冀及周边地区大气污染联防联控 2014 年重点工作》. http://www. bjepb. gov. cn/bjepb/324122/400139/index. html.

② 别涛. 2006. 中国环境公益诉讼的立法建议. 中国地质大学学报(社会科学版),(11).

体规定的,必须在法律、行政法规规定的给予行政处罚的行为、种类和幅度的范围
内规定"。因此,环境保护主管部门的行政处罚权限被严格限制在法律规定的范围
内,行政法规、地方性法规和规章都不能突破法律规定的范围。综合《环境保护法》
和《大气污染防治法》等法律的规定,环境保护主管部门有权实施的行政处罚种类
包括警告、罚款和没收违法所得没收非法财物三种类型,并且罚款的数额较低,所
以如果发现企业违法违规排放大气污染物,只需要向环境保护主管部门缴纳为数
不多的罚款即可,违法成本很低,即使"拿罚款换污染",违法所得仍然很高。此外,
在大气污染治理领域还存在限期治理和补办手续等治理措施,这种"先上车再买
票"的做法在某种程度上纵容了污染行为,因此我国长期存在大气污染"违法成本
低,守法成本高"的问题。

　　造成大气污染的来源很复杂,基于现有的研究结果表明,既有工业燃煤,汽车
尾气排放,也有建筑扬尘,餐饮油烟和户外烧烤等,虽然对于这些大气污染源造成
雾霾天气的"贡献率"仍然有一定争议,但是多个污染源引爆京津冀地区 $PM_{2.5}$"破
表"的说法各方已基本认同。治理多个污染源就需要相应的行政主管部门多头并
进,齐抓共管。多部门环保联合执法在现行狭义的法律层面上并未涉及,反倒是在
地方性法规中有所尝试。《北京市大气污染防治条例》针对不同的大气污染行为,
新增了多个行政管理部门。

　　① 对于拒不执行机动车停驶和禁止燃放烟花爆竹应对措施的,机动车进入限
制行驶区域的,由公安机关依据有关规定予以处罚;

　　② 对于拒不执行空气重污染预警下的停工作业、建筑拆除施工等应对措施,
露天焚烧秸秆、垃圾等,在政府划定的禁止范围内露天烧烤食品的,由城市管理综
合执法部门予以处罚;

　　③ 对于销售不符合标准的散煤,生产、销售含挥发性有机物的原材料和产品
不符合本市规定标准的,由质量技术监督部门和工商行政管理部门予以处罚;

　　④ 销售不符合国家或本市标准的车用燃料,情节严重的,由市商务行政主管
部门吊销其经营资质;

　　⑤ 未将防治扬尘污染的费用列入工程造价即开工建设的,由住房城乡建设行
政主管部门责令停止施工;

　　⑥ 对环境保护行政主管部门和其他行政主管部门在大气污染防治工作中有不
当行为的,由行政监察机关责令改正,对直接负责的主管人员依法给予行政处分。

　　《北京市大气污染防治条例》为环保部门联合执法,多部门共同管理大气污染
行为提供了法律依据,是北京市"重典治霾"的一记重拳。自其 3 月 1 日实施以来,
北京市环保局进一步依法加大了环保执法和处罚工作力度,联合市城管执法部门
开展了大气专项执法周行动,并加强了日常执法监察,通过在线监控、现场检查等
手段,采取稽查考核、公开曝光、环保限批、纳入企业信用系统、不予出具环保证明

等措施,严厉打击各类大气环境违法行为,效果明显。截至 4 月底,全市环保执法部门对大气环境类违法行为立案处罚 500 起、处罚金额 1076.16 万元,均占总数的 3/4 左右,同比分别增长 90.8% 和 181.4%①。

北京市怀柔区环保局在联合执法方面也走在了前列,积极协调相关主管部门,多管齐下,对大气污染行为进行全方位整治:每月第一周联合区城管执法局重点检查企业未安装净化设施或设施不运行、扬尘物料未密闭储存、露天焚烧、绿色施工达标等情况;第二周联合市政市容委、住建委、城管执法局,重点检查施工工地未覆盖、施工机械尾气排放等情况;第三周联合发改委、经信委,重点检查工业企业清洁能源改造、"三高"企业退出推进、环保设施运行情况;第四周联合监察局、政府督查室,检查重点区域违法情况和曝光问题单位。截至 5 月份,共联合执法 9 次,有力推动了大气污染防治措施的落实②。

基于《北京市大气污染防治条例》"对环境保护行政主管部门和其他行政主管部门在大气污染防治工作中有不当行为的,由行政监察机关责令改正"的授权,针对执法检查中出现的个别企业不配合甚至阻挠执法检查,特别是怀柔区怀柔镇辖区内的 4 家企业,有的拒绝提供相关材料和信息,有的拒绝在笔录上签字、接受处罚告知书,甚至阻拦执法车辆、辱骂执法人员和丢弃法律文书等问题,北京市环保局协调北京市监察局向怀柔区监察局发出督办,要求"结合大气污染治理工作要求,督促区环保局和乡镇政府认真调查核实,对存在的问题依法作出严肃处理,并在一个月内反馈处理情况"③。这是北京市环保局在多部门联合执法方面迈出的又一步。

(2) 大气污染防治中的行政执法与刑事司法衔接问题。与大气污染行为相关的罪名主要规定在《刑法》第三百三十八条的"重大环境污染事故罪"中,即"违反国家规定,排放、倾倒或者处置有放射性的废物、含传染病病原体的废物、有毒物质或者其他有害物质,严重污染环境的,处三年以下有期徒刑或者拘役,并处或者单处罚金;后果特别严重的,处三年以上七年以下有期徒刑,并处罚金"。法条主要规定的是有放射性的废物、含传染病病原体的废物、有毒物质,不足以涵盖当下大气污染物的类型。为了进一步打击环境污染行为,保护环境,最高人民法院、最高人民检察院于 2013 年 6 月通过《最高人民法院、最高人民检察院关于办理环境污染刑事案件适用法律若干问题的解释》,进一步明确界定了"严重污染环境"的十四种具体情形,其中第一条第(三)项规定,"非法排放含重金属、持久性有机污染物等严重

① 北京市环境保护局. 今年前 4 个月本市大气污染处罚超千万. http://www.bjepb.gov.cn/bjepb/324122/397605/index.html.
② 北京市环境保护局. 怀柔区加强联合执法推动 APEC 会议空气质量保障. http://www.bjepb.gov.cn/bjepb/324122/397553/index.html.
③ 北京市环境保护局. 市环保局协调市监督局督办阻挠环保执法问题. http://www.bjepb.gov.cn/bjepb/324122/397566/index.html.

危害环境、损害人体健康的污染物超过国家污染物排放标准或者省、自治区、直辖市人民政府根据法律授权制定的污染物排放标准三倍以上的”，第四条规定了实施重大环境污染事故行为的酌情从重处罚情节，即“阻挠环境监督检查或者突发环境事件调查的；闲置、拆除污染防治设施或者使污染防治设施不正常运行的；在医院、学校、居民区等人口集中地区及其附近，违反国家规定排放、倾倒、处置有放射性的废物、含传染病病原体的废物、有毒物质或者其他有害物质的；在限期整改期间，违反国家规定排放、倾倒、处置有放射性的废物、含传染病病原体的废物、有毒物质或者其他有害物质的”，并且规定“实施前款第一项规定的行为，构成妨害公务罪的，以污染环境罪与妨害公务罪数罪并罚”①。

　　综合上述法律规定可以看出，我国的最高司法机构通过司法解释的形式，明确了环境犯罪的主要类型和行为特征，为公安机关侦查环境犯罪提供了明确的立案标准，尤其是对于酌情加重处罚情形的明确规定，为环境保护主管部门实施大气污染现场检查、监督大气污染防治设施的使用、要求限期整改等行政处罚的进行提供了强有力的司法保障，为环保部门行政执法和公安机关司法行为的衔接提供了法律依据。在京津冀地区雾霾治理一体化的机制设计中，行政执法与刑事司法衔接问题应当通过地方性立法确定下来，并成为常规性工作。

　　河北省在大气污染防治的行政执法与刑事司法有序衔接的地方性立法和执法等方面走在了前列，2013 年 9 月通过的《关于办理环境污染犯罪案件的若干规定》（试行）为强化环境保护行政主管部门与司法机关的有效配合，实现行政执法与刑事司法的有序衔接，惩治环境污染犯罪，保护生态环境提供了法律依据。根据该规定，环境保护行政主管部门在查处环境违法案件过程中，发现涉嫌构成污染环境等犯罪行为的，应当将案件线索和有关证据材料向同级公安机关移送，发现涉嫌构成环境监管失职等犯罪行为的，应当将案件线索向同级人民检察院移送。环保部门与司法机关要建立联合执法制度，建立健全环境犯罪案件信息网络平台，实现环境保护行政主管部门与公安机关、人民检察院之间行政执法、刑事司法信息互通。在一定区域、时段内，某类环境污染违法犯罪案件高发，或环境保护执法人员在执法检查过程中，遇到恶意阻挠、恐吓或者暴力抗法，或公安部门立案侦查的环境污染违法犯罪案件，需要环境保护行政主管部门配合取证、监测、评估污染损失等情况时，可以启动环保与公安执法联合执法机制。与此同时，建立重大案件挂牌督办制度，省环保厅、省公安厅对在全省具有较大影响的疑难、复杂案件，或可能判处 3 年以上有期徒刑的案件等实行挂牌督办②。在执法中，河北省环保厅和公安厅下发

　　①　最高人民法院．[2013-06-19]．http://www.court.gov.cn/qwfb/sfjs/201306/t20130619_185492.htm.
　　②　河北省环境保护厅．[2014-01-09]．关于办理环境污染犯罪案件的若干规定（试行）．http://www.hb12369.net/ztbd/qzlxjyhd/hbzxd/cgzs/201401/t20140109_40996.htm.

了《关于印发"利剑斩污"零点行动工作方案的通知》,并已于 2014 年 4 月和 5 月开展了两次"利剑斩污"零点行动,第一次行动重点区域为石家庄、廊坊、保定、邢台和邯郸 5 个区市,采集突击检查模式,有 20 家涉气、涉水企业,因存在环境违法问题被查处,其中邯郸新武安钢铁集团有限公司的环境违法问题向公安部门移交①;第二次行动在全省 11 个区市和定州、辛集市统一展开,共发现环境问题企业 68 家,责令整改 63 家,立案处罚 24 家,取缔 5 家;为强化督导,河北省环保厅派出 8 个督导组,分别会同石家庄、唐山市等 8 个市环保局和公安局,对省行动指挥部突击检查和各市专案检查企业连夜进行了检查②。

北京市在大气污染防治中的行政执法与刑事司法衔接实践中也有所尝试。2014 年 5 月,北京市环保公安联合行动,成功破获本市首起涉嫌环境污染犯罪案件。北京奥俐易经贸有限公司门头沟废油脂处理中心两位负责人,因偷排危险废物、涉嫌环境污染犯罪行为被门头沟区人民检察院依法正式批捕。相关部门依法暂扣了该公司 3.5 吨浓硫酸和用于偷排的罐车,并安排北京金隅红树林环保有限责任公司妥善处理了相关危险废物。此案为 2013 年《最高人民法院、最高人民检察院关于办理环境污染刑事案件适用法律若干问题的解释》发布以来,北京市首起涉嫌环境污染犯罪案件,开创了环保、公安部门协作打击环境污染犯罪案件的先河,并为今后环保与公安部门联合执法积累了经验③。

9.3.3　加强司法建设,完善体制机制

司法机关作为解决社会纠纷的最后一道屏障,对于惩戒大气污染行为、纠正环境保护主管部门的不当履职行为、维护社会公共利益发挥着非常重要的作用。大气污染行为是典型的侵害公共利益的环境污染行为,人人都呼吸到了雾霾中的可吸入颗粒物,大概率会损害身体健康,但是几乎任何个人都无法主张自己所遭受的实质性损害并证明其中的因果关系,根据我国的民事诉讼基本制度,无法证明"有利害关系"的一方无法成为民事诉讼中的原告。因此环境公益诉讼对于构建京津冀地区雾霾治理一体化的司法保障体系,起着十分重要的意义。

我国学者一般认为,环境公益诉讼制度,是指特定的国家机关、相关团体和个人,对有关民事主体或者行政机关侵犯环境公共利益的行为向法院提起诉讼,有法院依法追究行为人法律责任的制度。环境公益诉讼本质上是一种受害人以外的

———————————

①　长城网河北. [2014-05-07]. 河北开展利剑斩污零点行动,20 家企业被查处. http://heb. hebei. com. cn/system/2014/05/07/013354720. shtml.

②　网易河北. 河北利剑斩污再行动,68 家污染企业措手不及. http://hebei. news. 163. com/14/0606/16/9U2NMD6R02790779. html.

③　北京市环境保护局. 环保公安联合行动成功破获本市首起涉嫌环境污染犯罪案件. http://www. bjepb. gov. cn/bjepb/324122/399041/index. html.

"第三人"诉讼[①]。由于我国经济持续快速发展给大气环境带来了巨大压力,重大环境污染事件、雾霾天气频繁发生,单纯的行政管制和民事诉讼制度无法有效对抗大气污染行为给公共利益、生态环境造成的持续、巨大的损害和威胁,环境公益诉讼引发了我国法学界的研究和探讨,对于其原告资格、前置程序、举证责任等制度框架方面的设计都进行持续、深入的设计和论证。作为京津冀雾霾治理的纲领性文件的国务院《大气污染防治行动计划》明确提出要"建立健全环境公益诉讼制度",这也为三地司法部门探索建立环境公益诉讼制度提供了支持。

1. 环境公益诉讼的类型

(1) 环境民事公益诉讼。环境民事公益诉讼是指公民或者组织针对其他公民或者组织侵害公共环境利益的行为,请求法院提供民事性质的救济,就诉讼主体和诉求而言,它表现出"私人对私人,私人为公益"的特点[②]。

(2) 环境行政公益诉讼。环境行政公益诉讼是指公民或者法人(特别是环保公益组织)认为环境保护主管部门的具体环境行政行为(如关于建设项目的审批行为)危害公共环境利益,向法院提起的司法审查,要求撤销或者变更环境保护主管部门的具体行政行为的诉讼。就主体而言,它表现出"私人对公权(即环境保护主管部门),私人为公益"[①]的特点。

2. 有关环境公益诉讼的法律规定

(1) 民事诉讼法。2012 年修订的《民事诉讼法》第五十五条规定:"对污染环境、侵害众多消费者合法权益等损害社会公共利益的行为,法律规定的机关和有关组织可以向人民法院提起诉讼。"

(2) 环境保护法。2014 年修订的《环境保护法》第五十八条规定:"对污染环境、破坏生态,损害社会公共利益的行为,由依法在设区的市级以上人民政府民政部门登记、专门从事环境保护公益活动连续五年以上且无违法记录的社会组织向人民法院提起诉讼。"这是我国的环境保护基本法第一次规定环境公益诉讼的原告资格。

(3) 环境保护单行法。关于环境公益诉讼,我国单行环保法早就进行了规定。1999 年修订的《海洋环境保护法》第九十条第二款规定:"对破坏海洋生态、海洋水产资源、海洋保护区,给国家造成重大损失的,由依照本法规定行使海洋环境监督管理权的部门代表国家对责任者提出损害赔偿要求。"虽然并没有提到环境公益诉讼,但是该法条明确授权由监督管理部门代表国家对责任者提出损害赔偿要求。

---

①　吕忠梅. 2008. 环境公益诉讼辨析. 法商研究,(6):132.

②　别涛. 2006. 中国环境公益诉讼的立法建议. 中国地质大学学报(社会科学版),(11):5.

"依照法律行使海洋环境监管权的部门",可以提起海洋环境公益诉讼。根据海洋环保法的规定,这些部门具体包括五个部门,即所谓"五龙闹海":国务院环保部门、国家海洋部门、国家海事部门、国家渔业部门、军队环保部门,此外还有沿海地方政府行使海洋环境监管权的部门。

2008 年修订的《水污染防治法》第八十八条规定:"因水污染受到损害的当事人人数众多的,可以依法由当事人推选代表人进行共同诉讼。环境保护主管部门和有关社会团体可以依法支持因水污染受到损害的当事人向人民法院提起诉讼。"

(4) 其他政策性文件。2010 年发布的《最高人民法院关于为加快经济发展方式转变提供司法保障和服务的若干意见》提出,人民法院应当"依法受理环境保护行政部门代表国家提起的环境污染损害赔偿纠纷案件,严厉打击一切破坏环境的行为。"

3. 原告资格

环境公益诉讼的核心问题是原告资格问题。《民事诉讼法》第一百一十九条规定,"原告是与本案有直接利害关系的公民、法人和其他组织"。在雾霾天气中,国家和公众利益遭受严重损害,谁才能代表国家和公共利益,谁才能成为具有诉讼法意义上"有直接利害关系"的原告?

(1) 社会组织。根据前述我国民事诉讼法的规定,法律规定的有关组织可以就损害公共利益的污染环境向人民法院提起诉讼,结合《环境保护法》的规定,可以提起环境公益诉讼的组织是:依法在设区的市级以上人民政府民政部门登记、专门从事环境保护公益活动连续五年以上且无违法记录的社会组织,即人们常说的"环保公益组织"。中华环保联合会《2008 年中国环保民间组织发展状况报告》显示,全国现有经过正式登记注册的各类环保民间组织 3539 个。比较活跃的环保民间组织,有中华环保联合会、自然之友、地球村、污染受害者法律帮助中心、公众与环境研究中心等,其中中华环保联合会目前每年提起 10 起左右环境公益诉讼案件。

美国和印度的环境保护非政府组织(Environment Non-Government Organization,ENGO)参与环境公益诉讼实践多年,积累了较为丰富的经验。实践中美国和印度的 ENGO 诉讼多是以对行政机关的不作为提起的诉讼,因此中国 ENGO 公益诉讼的重点也应当放在促使政府完善或者执行环境法律法规,而不仅是监督和处罚污染源和污染行为。由于环境影响评价具有深远的环境预防意义,ENGO 将力量投入有关环境影响评价诉讼是其参与好几个月诉讼途径的合理选择[①]。

京津冀地区在一体化治理雾霾的过程中,应当大力培育环境公益组织,充分发

---

① 曹明德,王凤远. 2009. 美国和印度 ENGO 环境公益诉讼制度及其借鉴意义. 河北法学,(9):141.

挥现有法律对 ENGO 提起环境公益诉讼的授权,通过司法审判,加大对大气污染行为的处罚力度,极大增加大气污染行为的违法成本,以达到惩治和防范大气污染行为的目的;另一方面,通过地方性立法授予环境公益组织提起环境行政公益诉讼的原告资格,增加环境公益组织在大气环境影响评价过程中的监督作用,防范环境保护主管部门依法行政,并对可能造成大气污染的项目和行为起到较好的预防作用。

(2) 环境保护主管部门。根据前述我国民事诉讼法的规定,法律规定的机关可以就损害公共利益的污染环境向人民法院提起诉讼,结合我国的环保单行法如《海洋环境保护法》的规定,行使海洋环境监督管理权的部门能够代表国家对责任者提出损害赔偿要求。应当注意的是,2014 年修订的《环境保护法》并没有规定什么样的机关能够提起环境公益诉讼,之前的专家建议即“对有权提起公益诉讼的行政机关,作出统一规定”[①]并没有被采纳,在环境保护基本法的层面上,行政机关能否作为环境民事公益诉讼主体的问题仍然没有明确。

环境保护主管部门应当作为环境公益诉讼原告的原因如下。

① 雾霾天气所造成的“污染环境、破坏生态,损害社会公共利”的危害后果是对国家和社会公共利益的损害,环境保护主管部门适合作为国家和社会公共利益的代表。2013 年,北京频繁遭遇雾霾。北京市统计局发布的数据显示,去年北京国内旅游总人数和入境旅游总人数分别同比下降 8.9% 和 27.5%。虽然目前没有量化研究雾霾天气对入境游客数量的减少有多大程度地影响,但可以肯定的是,雾霾天气作为一个叠加因素会对我国旅游市场的稳定健康发展造成负面影响。据世界旅游和旅行理事会统计,2011 年中国旅行和旅游产值 6440 亿美元,约占 GDP 9%[②]。雾霾天气给我国经济造成的影响虽然不直接,但是必须引起重视。另一方面,有统计数据表明,气溶胶的浓度和肺癌死亡率之间有 7 到 8 年的滞后关联,这个只能说明有关联,但是这个是否说明 $PM_{2.5}$ 浓度增加,肺癌就增加,这个是进一步由流行病学专家、毒理学和生物化学专家进一步研究[③]。

② 在雾霾天气之下,大气污染行为没有直接侵犯特定的公民、法人或者组织的权益,民事诉讼法所要求的“直接利害关系”的起诉条件,往往排除了一般公民、法人或者组织的诉权。

③ 环境纠纷中通常都涉及大量科技问题,证据的收集和保存需要专门的技术方法和手段,而且所涉及的科学上的不确定问题需要环境保护方面的政策性

---

① 别涛. 2013. 环境公益诉讼立法的新起点——《民诉法》修改之评析与《环保法》修改之建议. 法学评论,(1):105.

② 美媒:中国旅游推广方式单一雾霾影响形象. http://oversea. huanqiu. com/political/2013-10/4477440. html.

③ $PM_{2.5}$ 浓度增加与肺癌死亡率上升有关联. http://gd. qq. com/zt2012/nftalk26/index. htm.

判断①,环境纠纷的专业性决定了环境保护主管部门在原告主体上具有很大的优势。

　　作为法定的环境监管机关,环保机关(包括政府环境保护主管部门以及其他兼有环保职责的自然资源管理部门)以民事原告身份提起环境公益诉讼,具有理论上的正当性,也具有现实上的必要性②。况且,在公民和环保组织因过于稚弱等原因而未能起诉,检察机关可能基于对不同类型公益的衡量和选择而忽略或舍弃环境公益的情形下,环保机关担当环境民事公益诉讼的原告就是必须而不可或缺的。但是,环保机关在组织属性上毕竟属于行政机关,健全完善环境行政管理的体制和机制,积极高效地履行环境监管职责,无疑是其本职工作和中心任务,而不应本末倒置,弱化甚至放弃其环境监管的本位职责,如果热衷于环境民事公益诉讼的"兼职事业",就会造成行政资源和司法资源的双重浪费,破坏维护环境公益的正常格局③。换言之,只有已经依法履行了环境监管职责,仍不能有效保护环境公益的,环保机关才可作为原告提起环境民事公益诉讼④。

　　在法律层面缺乏明确规定的情况下,有关环境公益诉讼的地方性立法实践成果丰富。如《海南省省级环境公益诉讼资金管理暂行办法》、重庆市《关于试点设立专门审判庭机制审理刑事、民事、行政环境保护案件的意见》、江苏省无锡市《关于在环境民事公益诉讼中具有环保行政职能的部门向检察机关提供证据的意见》等地方性规章和规范性文件,因此京津冀在一体化治理雾霾的过程中,也可以通过地方立法,比如三地的高级法院分别发布关于环境公益诉讼的意见,例如,一体化机构发布关于环境公益救济专项资金管理暂行办法,用于环境民事公益诉讼的必要支出以及环境损害的消除和治理,制定相关的地方性法规、规章和规范性文件,明确环境保护主管部门的原告主体地位,充分发挥环境保护主管部门运用司法手段治理雾霾的作用。

　　(3)检查机关。在检察机关以原告身份提起的环境民事公益诉讼中,是否存在法律监督者与原告身份的角色冲突,是否会造成原被告诉讼地位的不平等?这一问题并非空穴来风。已有学者指出,检察机关既是法律监督者,又是原告(公益代表者),既站在体制内又站在体制外,两重身份,相互矛盾,是其自身难以修复的缺陷⑤。

　　在我国的司法实践中,由检察机关提起"环境公益诉讼"早已不是新鲜事。根

①　吕忠梅.2008.环境公益诉讼辨析.法商研究,(6).
②　杨朝霞.2010.检察机关应成为环境民事公益诉讼的主力军吗?.绿叶,(9).
③　杨朝霞.2011.论环保机关提起环境民事公益诉讼的正当性——以环境权理论为基础的证立.法学评论,(2):114.
④　杨朝霞.2010.环境民事公益诉讼:环保部门怎么做.环境保护,(22).
⑤　敖双红.2007.公益诉讼概念辨析.武汉大学学报(哲学社会科学版),(2):254.

据中华环保联合会的不完全统计,我国各级法院近年来已经受理环境民事公益诉讼至少 17 起,其中检察机关为原告提起的有 6 起。具体案件情况见表 9-1①。

表 9-1 环境民事公益诉讼案件主要情况

当事人		数量和判决结果	典型案情
原告	被告		
检察机关	企业或个人	6 起,原告胜诉	2009 年,广州番禺区检察院起诉某皮革厂偷排废水造成海域陆源污染,要求停止侵害并承担环境污染损失费用
环保组织	企业	8 起,原告胜诉	2010,中华环保联合会起诉要求贵阳市某造纸厂停止向河道排放污水,并承担原告律师费和诉讼费
环保部门	企业	1 起,原告胜诉	2010 年,昆明市环保局起诉要求某农牧公司停止对环境的侵害,赔偿为大龙潭水污染所发生的全部费用
库区管理局	企业	1 起,原告胜诉	2007 年,某公司产生的废渣堆放污染了红枫湖上游的昌羊河,贵阳市"两湖一库"管理局要求被告停止排污损害
海洋局	企业	1 起,原告胜诉	"塔斯曼海"油轮发生溢油事故,致使渤海渔业资源和生态环境遭受严重破坏。天津市海洋局起诉船东索赔,法院判决被告赔偿原告海洋环境容量损失及调查评估经费等计10000余万元,渔业资源损失和调查评估费等共计1500余万元

由表 9-1 可以看出,我国司法实践中的环境民事公益诉讼的原告主要有环境保护主管机关、检察机关和环境组织三种类型,检察机关提起的案件比例约占 35%。从法学理论上分析,环境民事公益诉讼检查担当具有充足的法理依据:随着现代诉讼法治与诉讼理论的发展,实体利害关系当事人理论逐渐为诉讼法上的当事人概念所取代,法国、美国、俄罗斯等诸多国家也纷纷突破这一原则,承认诉权与实体权利的分离②;另一方面,现代社会对于国家作用的认识理论均强调国家在实现公共利益上的广泛责任,而检察机关是最适合代表国家利益和社会公共利益的诉讼主体,而且检察机关提起环境民事公益诉讼,是一种法定的诉讼信托。检察机关为了保护国家和社会公共利益,向法院提起民事诉讼,将纠纷引入审判程序,是检察机关实施民事法律监督的应有之意。从域外经验来看,虽然各国检察机关因其在本国政治体制中的法律地位和职能属性不同,具体职权各有差异,但无论大陆法系还是英美法系,检察机关为维护国家和社会公共利益提起民事诉讼,都是一种

① 别涛.2013.环境公益诉讼立法的新起点——《民诉法》修改之评析与《环保法》修改之建议.法学评论,(1):103.

② 江伟.2007.民事诉讼法.第三版.北京:高等教育出版社.

通行的做法①。因此,检察机关提起的环境民事关于诉讼只要符合《民事诉讼法》规定的起诉的其他条件,法院就应当依法受理。

　　在京津冀治理雾霾的过程中,应当充分认识到检察院在保护国家和社会公共利益、提起环境民事公益诉讼中的作用,充分发挥检察院在监督环境保护主管部门依法行政、合理行政,提起环境行政公益诉讼的作用,通过三地的法院和检察院联合发布司法解释等方式,或者以具体案例请示最高人民法院的形式,基于当地的司法实践,对检察机关提起环境公益诉讼作出探索性的规定:首先,明确检察院的环境公益诉讼主体地位;其次,在诉讼目标上,区别于实体当事人的损害赔偿诉讼,规定检察院提起环境公益诉讼的目标在于制止环境损害行为,消除环境损害行为对环境造成的破坏和负面影响,因此其诉讼请求也应当限于"停止侵害,排除妨害,消除影响"等,以免对环境受害人民事赔偿诉讼权利的形式造成威胁或者侵犯;最后,在与环境保护主管部门提起环境民事公益诉讼的关系上,可以考虑设置前置程序,只有在检察机关先行建议环境保护主管机关及时履行职责,而环境保护主管部门没有在一定时间内履行的条件下,检察机关才能以原告身份提起环境民事公益诉讼,以此平衡环境保护主管机关和检察机关在惩处大气污染行为方面的关系。

9.4　京津冀雾霾治理一体化联防联控实现机制的教育途径

　　2014 年 6 月 13 日,习近平总书记在主持召开中央财经领导小组第六次会议,研究我国能源战略。在此次会议上,习近平就推动能源生产和消费革命提出 5 点要求。排在第一位的是:"推动能源消费革命,抑制不合理能源消费。"习近平提出:"坚决控制能源消费总量,有效落实节能优先方针,把节能贯穿于经济社会发展全过程和各领域,坚定调整产业结构,高度重视城镇化节能,树立勤俭节约的消费观,加快形成能源节约型社会。"要建设能源节约型社会,除了政策引导之外,还必须通过教育来改变人的消费理念和消费行为,建立起人人节约的氛围,才能从根本上实现能源消费革命。

9.4.1　教育是促进能源节约的重要途径

　　纵观国外经验,以能源教育为主的节能教育是其应对能源危机、改变消费理念、建设能源节约型社会的重要途径。能源教育的兴起并不是偶然的事情,有其深刻的历史动因和迫切的现实需求。人类社会大规模化石能源的传统利用方式导致的能源枯竭趋势和不断发生的石油危机是其历史动因之一;由传统化石能源的使用带来的环境污染问题和能源危机带来的不可持续发展问题是其迫切的现实需求

之一。在这种形式下,国际社会开始探索新的解决办法,能源教育的应运而生只是解决办法中的一种。能源教育的主旨一方面是通过人的意识和行为的改变节约能源,增加能源相对保有量;另一方面是通过技术革新来提高能效,增加能源的绝对供应量。在改变人的意识、提高人的能源利用技术方面,教育领域是一个主战场,是一个大规模传播知识的关键领域。不断变化的能源价格、能源安全、全球气候变化以及当前的经济低迷成为国家和国际社会关注的热点问题。日益增长的能源需求、全球气候变化和日益受到约束的能源供应对未来有着多方面的影响。应对这些问题,一个行之有效的解决办法就是提高能效。通过住宅、商用建筑物、工业等领域全面的能效提高来应对能源和环境面临的挑战,这同时也可以创造新的就业岗位和刺激经济增长。另一个方面就是通过教育倡导绿色生活和低碳生活,减少能源的绝对消耗量,为社会的可持续发展,为子孙后代的福祉而改变现有的生产方式、消费方式和生活方式,这正是能源教育兴起的原因和意义。

早在人类有意识地使用火的时候,就标志着人类开始了有目的的能源利用。人类对能源的大规模利用是 18 世纪产业革命后期开始的,此时煤炭的利用量大幅度增加。进入 20 世纪后,随着汽车工业等的迅猛发展,特别是地球环境恶化的加剧,世界能源结构开始发生变化,人类开始大规模使用电能,但是大部分电能是消耗煤炭的热能而产生的。大量消耗煤炭带来了温室气体的大量排放,带来了一系列环境问题。之后人类开始大规模地开发石油,但是 1973 年和 1979 年两次石油危机使人们意识到过分依赖石油这样的单一能源是极其危险的。人们随之开始寻求可代替石油的能源,太阳能、核能、水力发电等陆续得到了开发,但是太阳能利用在实用性和经济性上还存在着很多问题,核能的安全性一直受到争议,各种水坝的建立对生态环境的影响一直也是备受争议的话题。

热力学第二定律表明,在能量的生产和使用过程中,能量转化不可能是百分之百,而是存在着一定的损耗和对环境的影响。尽管物质是不灭的,但是能量的质量将会衰减,有效、优质、便于利用而且低成本的能量会越来越少。1951 年法国物理学家布里渊提出了"信息等于负熵"的理论,认为信息就是一种特定意义的能源,由此决定了能源教育的重要性。据此理论,如果将能源知识、节能信息和技术有效传播,让更多的人掌握节能知识和技术,并自觉自愿去节约能源,其实质是增加了社会的能源供应,而且是供应的净值。奥巴马政府提出的智能电网计划其实质也体现了信息就是能源的观点。通过数字化、信息化电网建设,使得电网不仅传输电能,同时输送各种信息,将供能和用能进行智能协调优化,实现各类分布式能源、储能装置和用电设置并网接入标准化和电网运行控制智能化,从而在能源供应侧和需求侧保持有效平衡,在协调中增加新的供应能力,确保安全和节能。

从严峻的能源形势出发,人类必须制定一整套合理利用能源的计划,以便在能源利用和能源供给方面寻求有效的平衡。但是在理论上可行的能源节约方案,并不一定能全部得到应用或者为更多的人所理解并自觉应用。据统计,在发达国家所有消耗的能源中,其经济潜力远远没有开发出来,估计约有 30% 的能源被白白浪费了。因为体制、市场、各种经济利益团体以及个人行为习惯的影响,尽管存在经济上和技术上都可行的节能方案,但却不能得到真正彻底有效的实施。

Webber 认为,阻碍合理利用能源的因素一般有四种。①体制:政府和地方部门的责任心;②市场:销售能源或相关产品合同条款中方案的不确定性;③组织:各种经济利益团体,尤其是企业;④个体:个人行为、价值观和世界观。社会作为一个生产系统,其主要目的是追求人类舒适性和生活质量的提高,因此决定了人是能源使用的终极主体。由此,提高单位产能效率、降低单位能耗、通过循环利用减少能耗量和自然资源的消耗、消除浪费是节约能源的有效手段,但其深入的开展却依赖于人们行为的改变,需要人改变审美标准和伦理观念,做到为了广大人民及子孙后代的福利,尽可能自觉地去选择使用低能耗的产品和服务。事实是:虽然我们清楚阻碍能源合理利用的因素,知道让广大人民群众懂得节约能源的重要性,但却没有及时地唤醒民众的节能意识,使得社会没有收集足够多的合理利用能源的方法,或者即使收集了一些也没有得到推广和贯彻。教育作为促进社会变迁的工具,作为传承知识的载体,通过不断地教化,可以唤醒并改变人们的世界观和价值观,促进人们放宽眼界,真正理解能源危机和能源问题,建立科学的能源生产方式和合理的能源消费方式。

随着经济的迅速发展和人口的急剧增加,化石燃料等能源消费也随之急剧增加,由此带来的有限不可再生资源的枯竭问题令世人担忧。不仅如此,化石燃料的燃烧又引起了大气污染、地球变暖和酸雨等严峻的环境问题。因此建设节约型社会,首要的问题是节约能源,因为大部分能源都是不可再生的,在这方面只有依靠加强能源科技教育来尽可能实现能源利用效率的最大化,可再生能源的开发也需要大力加强技术教育和观念变革教育。面对严峻的能源形式,必须采取调整能源政策和强化能源教育等有力措施,转变不合理的产业经济结构,制定可持续的能源发展战略,加强终身性的能源教育来促使公民提高能源意识、树立节能观念、提高节能技术、养成可执行的节能行为习惯和生活方式,努力构建节能节资型和循环型能源供给的可持续社会发展机制,才是开源与节流并重的能源可持续发展之计。

教育在提高能源效率上具有战略作用。新技术必须通过教育来推广,因为新技术如果使用者不确信或者不能掌握就无法起作用,改变消费者的行为必须通过提高消费者和社会的利益意识来推动节能。因为个人利益是最基本的人类动机,节能就意味着节约支出,而且大规模的节约只是从几个小步骤做起就可以实现,因此个人利益与积极的社会利益有机结合,是促使能源教育更好开展的有效激励因素。

政策的效用只是能使公共交通在替代小汽车上更有吸引力,但教育活动可以通过提高保温措施或者正确设定温度使家庭减少热量使用。比如对轮胎的准确检查,一个轮胎低于规定气压就会提高汽车燃油消费的 4%。因此,确保所有公民具有"能源意识"是一个关键,能源教育的目标就是要通过教育确认社会和个人能够做什么,提升对能源危机的意识和背景的掌握,并解释清楚这些行动的益处。

能源教育在节约能源和提高能效上是最有成本效益的方法,全球无数实践和研究都证实了这一点,从下面几个能源教育的实践例子就可以看出。

(1) 巴西的能源教育活动。巴西 1985 年启动了国家电力节能计划,该计划资助国家和地方公共组织、国家机构、私人公司、高校和研究机构实施能源效率教育项目,到了 1998 年,该计划用于奖励、职员工资和咨询服务的预算已经达到 2000 万美元,而每年用于项目资助的经费已经达到了 1.4 亿美元。Procel 项目评估发现其累计活动大概每年可节约 5.3 太瓦时(1 太瓦时等于 10 亿千瓦时)的电量,相当于巴西 1998 年全年用电量的 1.8%,此外,1998 年电厂由于接受能源教育提高了 1.4 太瓦时的电量生产。这些年节约的电能和发电的增量使国家公共电力部门减少了 1560 兆瓦容量的建设,相当于减少了 3.1 亿美元的新电厂及传输配送设施建设投资(见表 9-2)。

表 9-2　1999 年巴西不同能源教育活动减少能源使用的成本效益分析

活动	能源节约/ (吉瓦时/年)	1999 年投资/ (千美元)	成本效益/ (美元/千瓦时)
教育	69.71	744.86	0.01
培训	8.89	187.48	0.02
工业	64.02	3805.02	0.06
公共照明	172.87	15965.66	0.09
公共建筑	21.68	2706.27	0.13
输电	368.01	50336.51	0.14
住宅	21.99	3212.90	0.15
商业	17.86	2660.55	0.15

资料来源:Procel. Table adapted from 'Energy Education: breaking up rational energy use' by Rubens A. Dias,Energy Policy 32 (2004),1339-1347。

由表 9-2 可以看出,比起其他活动的节能投入,能源教育和培训活动是最具有显著经济效益的投资行为。

(2) 比利时的能源教育活动。布鲁塞尔环境管理协会是其首都区域 100 万人的环境和能源监察者,是所有布鲁塞尔人生活环境的代言人,是一个研究、规划、建议和信息的载体。其对布鲁塞尔地区的废弃物、空气质量、噪音、公园、森林、水、土地和能源都有监管权。据协会的统计,单纯的改变行为就可以降低 3% 的供暖中的热量消耗,不需要额外的投资,相对于那些安装绝缘体、更换锅炉或其他更有效的设备,改变行为是最划算的方法。

　　(3)英国开展的"能源现状:能源教育进家庭"活动。该活动效果经调查问卷显示,8到9岁的儿童能够为他们的家庭提供有效的能源建议,而且参加这个项目的76%的学生的家庭改进了他们的节能行为。这比专业人士提出的能源建议具有更好的效果。因为家庭受到儿童的影响要多于其他信息资源影响的二倍,平均每个家庭采纳了3.5个"儿童建议"的能源节约行为。

　　当然,提高能源效率和节能不是要求公民放弃或者减少某些生活行为来节能,而是通过新技术和更有效率的行为,在提高能源效率的情况下不减少公民生活的舒适性并改善他们的生活质量。要通过提高资源生产力来提高能效,不仅是降低成本和提高可持续性的问题,还要能够提供促进经济增长的机会和创造就业。提高能效的措施包括采用能效新技术和改变消费者的行为,这需要全社会各领域的努力,从工业、商业、服务提供、商店、建筑、交通到个人家居,每个人都可以有所贡献,社会各阶层,从世界、地区到地方决策者到银行、国际组织和市民都要发挥作用。

　　能源教育的主要内容是传播信息。教育改变的是人的用能理念和方式,从这个角度看,如果我们将能源知识和节能信息与技术有效传播,让更多的人掌握节能知识和技术,并自觉自愿去节约能源,其实质是增加了社会的能源供应。

　　从当前看,中国对能源的需求大幅度增长,但中国常规能量资源的特点是煤多、油少、天然气不足,结构性缺能问题将长期存在,节能已成为保障国家能源安全的需要。从现实来看,尽管各种各样的节能措施和节能设备在经济和技术上都被认可,但这些措施因为人的意识问题并没有得到深入贯彻。在技术改进和新能源开发上必然需要周期,加强能源节约、提高公民的能源意识、节能技术与节能自觉性具有重要的现实意义和直接的效果。

9.4.2　加强能源教育,促进三地能源消费理念和行为的革命

　　京津冀一体化早在2011年就被纳入了国家"十二五"规划,实现协同发展是重大国家战略,必须坚持优势互补、互利共赢、扎实推进,加快走上科学持续的协同发展道路。京津冀一体化发展的步伐随着北京、天津、河北三地的多方努力有所加快,但是一体化过程中存在的问题依然非常突出,如资源环境等客观矛盾不容忽视,经济、教育、环境等三地存在明显的差距。近年频发的雾霾和大气污染更是京津冀一体化进程必须直面和解决的问题。

　　根据环保部发布的2014年4月74个城市空气质量状况报告,2014年4月份,全国74个城市达标天气比例平均为70.6%,而邢台、石家庄、邯郸等13个城市达标天数比例不足50%,超标天数以$PM_{2.5}$和PM_{10}为主。按照城市环境空气质

量综合指数评价,2014 年 4 月份空气质量相对较差的前 10 位城市分别是邢台、唐山、石家庄、济南、邯郸、保定、天津、秦皇岛、北京和廊坊①。在 2013 年排名中,除河北省 7 个城市外,天津和北京也紧随其后分别排在第 11 和 13 位。可见,京津冀地区一直是我国大气污染最严重的区域②。

中国政府一直都很重视能源教育工作。2006 年 1 月 1 日起正式施行的《中华人民共和国可再生能源法》特别提出:"国务院教育行政部门应当将可再生能源知识和技术纳入普通教育、职业教育课程"。2006 年 8 月国务院颁布了《关于加强节能工作的决定》,明确提出要将节能知识纳入基础教育、高等教育、职业教育培训体系之中,并决定组建国家节能中心,开展节能有关问题的研究和实践工作。2008 年 4 月 1 日即将实施的修订后的《中华人民共和国节约能源法》也明确提出"国家开展节能宣传和教育,将节能知识纳入公民教育和培训体系,普及节能科学知识,增强全民的节能意识,提倡节约型的消费方式"。这就为发展中国能源教育提供了契机。

与国外的能源教育发展模式不同,中国必须将能源教育纳入公民教育体系之中,因为中国人口众多,通过正规的教育渠道进行能源教育其规模和效用都能够得到保障。中国正在征求意见的《能源法》,已经明确提出要将能源教育纳入公民教育体系,这是一个正确的决策。因为国际能源教育项目的发展已渐为成熟,中国的能源教育刚刚起步,因此在我们对能源教育体系构建和完善的过程中,必须借鉴国际的能源教育发展经验。从国际能源教育发展的基本思路看,第一,政府部门要在能源教育的实施和推广中起到主导作用,能源教育要引起各级决策部门的重视。同时,要保证给予能源教育活动和项目源源不断的资金输入和资源支持。第二,只有全民共同参与,能源教育的实施才能达到预期的效果。要唤起全民的能源意识和能源热情,鼓励决策者、学校领导者、能源技术专家、家长、社区同青少年学生一起参与能源教育进程。第三,不断丰富能源教育知识,保障能源教育活动的稳定性和连续性,保持稳中有进。改革国家常规课程教学体系,在国家课程体系中融入和强化能源教育课程。最后,设置能源教育量化标准,规范青少年学生进而整个社会的能源使用行为,提高能源利用效率。

目前,在京津冀地区开展能源教育,可以从以下几个方面入手。

(1) 由京津冀三地联合教育部会同能源主管部门在京津冀地区开展能源教育的组织试点工作,可以考虑由教育部牵头组织,待经验丰富后在全国进行推广。由教育部牵头,联合能源管理部门现在京津冀三地开展前期试点工作,启动资金由京津冀三地按照 GDP 比例适度分担,教育部和能源局支持部分专项经费。具体可以

---

① http://www.cnpm25.cn/article/201405110536.html.[2014-05-11].

② http://finance.ifeng.com/a/20140403/12041010_0.shtml.[2014-06-11].

首先由教育部组织三地相关力量成立京津冀地区能源教育发展委员会,开展构建能源教育体系的论证工作,做好课程设置、教材开发、评估标准制定、能源教育网站建设等基础性工作。然后由教育部发文在京津冀三地不同层面的正规教育体系中开展能源教育的试点工作,可将能源教育的内容融入到幼儿园的游戏课程、中小学的课外活动课程、高中的研究型课程、高等教育的公修课程中去。教育部要组织有关力量开发并不断更新不同层次的课程、教材和辅助教学资源,以满足能源教育的需要。比较有效的办法是首先在大学或者专科学校开展能源通识教育试点,开设理论课程和实验课程,开发适用的通用教材。之所以在大学开设,是因为在模式成熟之后,进而比较容易推广到社区和家庭层面,学生来自社区和家庭,学校可以安排掌握能源教育知识的大学生以实习的形式去社区、家庭和中小学进行能源教育推广工作,解决师资缺乏的问题。课程教材可以分为两部分,一部分为理论教材,另一部分为实验教材。理论教材侧重学生对能源基础理论知识的掌握,可以包括如下内容。

① 能源概论。主要包括全球能源形式,能源类型与单位、世界能源现状与未来,中国能源现状与未来等内容。

② 能源科学。主要包括能源基本定律、能量转换、能源技术、能源产业发展和能源经济等内容。

③ 能源利用与展望。主要包括不可再生能源(煤、石油、天然气等一次能源)和可再生能源(太阳能、风能、地热能、水力、海洋、生物质、氢能、核能等)。

④ 能源节约。主要包括能源节约的意义,各类能源节约的基本方法,具体可以细分为工业生产部门能源节约方法、建筑物能源节约方法、交通运输能源节约方法、生活用能能源节约方法、能源管理方法、能源政策与能源节约的关系等内容。

实验课程尽量配合理论课程,可以更好地训练学生的动手能力和对理论知识的应用,实验教材可以包括如下内容。

① 能源转换。包括电磁能转换效率与损失、电能储存、电能与热能的转换等。

② 能源管理。包括能源效率提高、负载管理、节能计划设计等。

③ 能源有效利用。包括气电共生、热电联产、能源节约的经济评估、能源审计、能源统计等。

理论课程和实验课程可以同时开设,配套进行,授课时数定为一学期,放在大三上学期开设,共 60 学时,其中理论和实验各 30 学时。教师在授课过程中,要注意传授如何增加生产力(能源科技)的知识,同时要增加如何降低生产成本的办法(能源节约的方法)。教师可以采取参与式教学方法,将全班学生分组,选择不同能源题目的活动进行教学,可以使用问题克服、调适、思考、讨论、自我学习、表达与理解等方法进行教学。

(2) 等到教育条件成熟,可以由教育部成立能源教育推广中心,在能源相关院校和科研机构成立能源教育师资培训中心,开展大规模的能源教育推广活动。将能源教育从公民教育系列推广到非公民教育系列,借鉴美国的经验以非政府组织的形式进行一些能源教育组织的运营和管理,大量吸纳社会、企业和公民的捐助,并向社会收取能源相关服务的费用,以调动各种资源来支持全民参与能源教育,支持能源教育。通过教育促使公民增强能源意识、提高节能自觉性,掌握节能技术,有效缓解能源压力,促进国家和社会的可持续发展。

如果国家成立能源部,也可在能源部的节能局专设能源教育管理部门,联合国家节能中心,开展能源教育的全社会推广,从国外的经验看,由非政府组织推广能源教育更有效果。

(3) 进一步加强能源教育的宣传和推广力度,促进能源教育机构的专门化和特色化,促进能源教育的课程建设和评价体制建设。加强能源教育的宣传力度。社会各个部门,尤其是学校、社区和企业要通过各种教学资源、媒体资源和网络资源宣传节能和能效知识。比如定期举办能源知识竞赛,开展能源节约日,进行企业能源效率培训等。

进一步拓展组织能源教学、培训、咨询和项目管理的专门机构,聘请专业顾问和专业教师,为学校开发针对青少年的能源教育课程,为企业开发节约能源管理项目,为企业员工提供节能技术和相关培训。

国家要统一制定能源教育课程标准,开发能源教育活动项目并尽快组织推广。同时可以通过地方政府教育部门结合当地实际情况,开发校本能源教育课程。尤其要组织专业力量开展能源教育研究,尤其是在风、电、生物质能、太阳能等学科领域具有较高学术造诣和一定的知名度,取得了突出学术业绩的学者参与到能源教育的研究和推广中来,尽快开发出适合中国国情的能源教育课程标准、教材、教学评价标准、项目推广方案等。随后大力开发能源教育项目,在国内选取学校进行项目试点,试点成功后,在全国推广。项目实施过程中注意培养和扩大能源教育师资力量,为项目的进一步实施打下良好基础。

总之,为了实现节约型社会建设目标,必须进一步提高节能工作的效果,唤醒全社会,尤其是青少年的能源意识。纵观国外相关经验,能源教育是一个现实和有效的途径。而能源教育在我国才刚刚起步,任重而道远。只有不断吸收借鉴国外先进经验,结合我国国情,才能提高能源效率,实现能源可持续发展战略,不断推动社会主义节约型社会建设和环境友好型社会建设,最终建成"天人合一"的和谐社会。

参 考 文 献

敖双红. 2007. 公益诉讼概念辨析. 武汉大学学报(哲学社会科学版),60(2):250-255.

北京大学. 2009. 区域大气污染联防联治与空气质量管理机制研究. 北京:环境保护部污染防治司.

北京师范大学. 2013. 2013中国绿色发展指数报告——区域比较. 北京:北京师范大学出版社.

谢佳沥. 2014-06-09. 京津冀环保一体化艰难前行. 中国环境报,第3版.

别涛. 2006. 中国环境公益诉讼的立法建议. 中国地质大学学报(社会科学版),(11).

别涛. 2013. 环境公益诉讼立法的新起点——《民诉法》修改之评析与《环保法》修改之建议. 法学评论,(1).

薄燕. 2011. 美国国会对环境问题的治理. 中共天津市委党校学报,(1).

蔡岚. 2013. 空气污染治理中的政府间关系. 中国行政管理,(11).

蔡彦敏. 2011. 中国环境民事公益诉讼的检查担当. 中外法学,(1).

曹军骥. 2014-05-12. 洛杉矶治污历史是人类环境治理的财务. 经济参考网.

曹明德,王凤远. 2009. 美国和印度ENGO环境公益诉讼制度及其借鉴意义. 河北学,(9).

长城战略咨询. 2013-04-08. 欧美大气污染防治特点分析和经验借鉴.

陈宝云. 2014-01-16. 2013承德优良天数达249天未现严重污染天气. 燕赵都市报.

陈存仁. 2008. 被忽视的发明:中国早期医药史话. 桂林:广西师范大学出版社.

大气物理专家:PM$_{2.5}$组成成分比浓度更关键. http://scitech. people. com. cn/n/2013/0813/c1007-22549469. html.

[德]汉斯·萨克塞. 1991. 生态哲学. 文韬,佩云译. 北京:东方出版社.

邓琦. 2014-04-15. 北京PM$_{2.5}$来源构成机动车尾气"贡献"达3成多. 新京报.

丁金光,杨航. 2010. 光化学污染的预防与处置——以洛杉矶光化学污染事件为例. 青岛行政学院学报,(6).

杜建人. 1996. 日本城市研究. 上海:上海交通大学出版社.

杜志强. 2007. 北京市环路现状及交通标志设置探讨. 交通工程,(1).

樊良树. 2013-01-25a. 北京PM$_{2.5}$治理的治标与治本. 学习时报.

樊良树. 2013b. 霾城——北京PM$_{2.5}$解析. 北京:中共中央党校出版社.

樊良树. 2013c. 尾气围城——关于北京城市规划与空气污染的几点思考. 战略与管理,(5).

高宁博,李爱民,陈茗. 2006. 城市垃圾焚烧过程中主要污染物的生成和控制. 电站系统工程,22(1).

耿建扩,等. 2014-05-14. 张家口生态环境得到有效恢复. 光明日报.

顾向荣. 2000. 伦敦综合治理城市大气污染的举措. 城市环境.

顾智明. 2004. "生态人"之维——对人类新文明的 种解读. 社会科学,(1).

郭力方. 2013-11-06. 京津冀治霾恐成持久战:利益纠葛深资金缺口大. 中国证券报.

国土资源部. [2014-02-28]. 2013年我国天然气消费量同比增长13.9%. http://news. mlr.

gov. cn/xwdt/bmdt/201402/t20140208_1303305. htm.

韩红霞,高峻. 2004. 英国大伦敦城市发展的环境保护战略. 国外城市规划,(19).

郝吉明,段雷,易红宏,等. 2008. 燃烧源可吸入颗粒物的物理化学特性. 北京:科学出版社.

胡鞍钢. 2012. 中国创新绿色发展. 北京:中国人民大学出版.

胡德平. 2011. 中国为什么要改革——思忆父亲胡耀邦. 北京:人民出版社.

胡敏,唐倩,彭剑飞,等. 2011. 我国大气颗粒物来源与特征分析. 环境与可持续发展. (5).

环保部. [2014-03-08]. 京津冀空气污染最重 有 7 城市排前 10 位. http://www. chinanews. com/shipin/cnstv/2014/03-08/news390354. shtml.

季铸,王爽,刘觅颖. 2007-09-25. 中国 300 个省市绿色 GDP 指数(CGGDP2007). 中国贸易.

江莉. 2013.《大气污染防治法》法律制度的研究. 长春:吉林大学.

江伟. 2007. 民事诉讼法. 第三版. 北京:高等教育出版社.

金煜. 2013-01-13a. 全国多地陷入严重雾霾天. 新京报.

金煜. 2013-01-23b. 北京燃气供暖补贴明年增到 100 亿 "暗补"变"明补". 新京报.

赖臻. [2012-04-22]. 让森林"走进"城市——北京掀起新一轮植树造林热潮. http://news. xin-huanet. com/local/2012-04/22/c_111822807. htm.

蕾切尔卡森. 2007. 寂静的春天. 上海:译文出版社.

李泓冰. 2013-01-31. 治理雾霾,需要告别"口头环保". 人民日报.

李蒙. 2014. 日本的大气污染控制经验——面向可持续发展的挑战. 法人,(4).

李青. 2011. 对国际大气污染防治主要法律文件的研究. 重庆:重庆大学.

刘大为. 2011. 区域大气污染联防联控研究-以关中地区为例. 西安:西北大学.

刘海英. 2014-01-19. 伦敦治理雾霾的措施和经验. 科技日报.

刘建禹,崔国勋,陈荣耀. 2001. 生物质燃料直接燃烧过程特性的分析. 东北林业大学学报,32 (3).

刘绍仁. 2010-04-21. 大气污染需联防联控. 中国环境报.

刘思齐. 2011. 科学发展观视域中的绿色发展. 当代经济研究,(5).

刘溪若. 2013-11-28. 钢城唐山减产治污之困. 新京报.

吕忠梅. 2008. 环境公益诉讼辨析. 法商研究,(6).

罗志云,闫静. 2013. 伦敦近代大气污染治理及对北京市的启示. 中国环境科学学术年会论文集,(5).

马克思. 1979. 1844 年经济学哲学手稿. 马克思恩格斯全集第 42 卷.北京:人民出版社.

马克思,恩格斯. 1995a. 共产党宣言. 马克思恩格斯选集(第一卷)第二版.北京:人民出版社.

马克思,恩格斯. 1995b. 马恩选集(第四卷). 北京:人民出版社.

马克思,恩格斯. 2009. 马克思恩格斯文集(第 7 卷). 北京:人民出版社.

[美]威廉. 麦克唐纳,[德]迈克尔. 布朗加特. 2005. 从摇篮到摇篮——循环经济设计之探索. 中国 21 世纪议程管理中心,中美可持续发展中心译. 上海:同济大学出版.

孟祥林. 2011. 大北京视域下的保定发展思路分析. 中国城市化,(3).

孟祥林. 2011. "双核＋双子"理念下京津冀区域经济整合中的唐山发展对策研究. 城市,(4).

孟祥林. 2013. "环首都贫困带"与"环首都城市带":三 Q＋三 C"模式的区域发展对策分析. 区

域经济评论,(4).

米切尔 B R,帕尔格雷夫. 2002. 世界历史统计(欧洲卷):1750—1993 年. 贺力平译.北京:经济
　　科学出版社.

苗千. 2014. 伦敦雾霾. 三联生活周刊,(22).

苗圩. 2014. 坚定不移地做好化解产能过剩工作. 党委中心组学习,(1).

宁森,孙亚梅,等. 2012. 国内外区域大气污染联防联控管理模式分析. 环境与可持续发展,
　　(5).

钱穆. 1990. 中国文化对人类未来可有的贡献. 新亚月刊,12.

钱学森. 2009. 钱学森讲谈录——哲学、科学、艺术. 北京:九州出版社.

秦杰,邹声文. [2014-08-23]. 唐山钢铁行业污染严重近日受到环保总局通报. http://news.
　　xinhuanet. com/st/2004-08/24/content_1871084. htm.

秦天宝. 2002. 中美大气污染防治法之比较. 内蒙古环境保护,(6).

秦夕雅. 2013-12-24. 唐山削产能样本:"钢铁巨人"的艰难转身. 第一财经日报.

曲格平. 1997. 我们需要一场变革. 长春:吉林出版社.

饶宗颐. 2009-11-18. 不仅天人合一 更要天人互益. 南方日报.

任仲平. 2013-07-22. 生态文明的中国觉醒. 人民日报.

[日]八卷直田. 1974. 有关光化学烟雾的几个问题(一). 中国交通部劳动卫生研究所情报室
　　译. 铁道劳动安全卫生与环保,(1).

邵平. 2012. 张家口、北京和廊坊大气污染联合观测研究. 南京:南京信息工程大学.

沈伯雄,姚强. 2002. 垃圾焚烧中二噁英的形成和控制. 电站系统工程,18(5).

石头. 2013. 雾霾治理:伦敦告别雾都之经验. 求知-借鉴与参考,(6).

首都社会经济发展研究所,日本经营管理教育协会课题组. 2007-12-17. 东京大气污染治理经
　　验. 北京日报.

苏北. 2014. 草木葱茏是生态. 半月谈,(8).

孙中山. 2011. 建国方略. 武汉:武汉出版社.

汤伟. 2014. 雾霾治理研究与国外城市对策. 城市管理与科技,(1).

唐纳德·沃斯特. 1979. 尘暴:20 世纪 30 年代美国的南部大平原. 伦敦:牛津大学出版社.

田春荣. 2001. 2000 年中国石油进出口状况分析. 国际石油经济,(3).

田景洲. 2008. 从生态文明看企业生态责任. 南京林业大学学报(社科版),(3).

铁铮. 2013. 推进生态文明教育的全民化——访北京林业大学党委书记吴斌. 北京教育·高教
　　版,(9).

王传军. 2014-04-20. 洛杉矶治理雾霾 50 多年. 光明日报.

王海亮. 2013-10-05. 国庆长假后三天北京雾霾天气将逐渐加重. 北京晨报.

王金南等. 2010-09-17. 区域大气污染联防联控机制路线图. 中国环境报.

王新,何茜. 2013. 雾霾天气引反思. 生态经济,(4).

王亚宏. 2013-01-31. 伦敦:从雾都到生态之城. 经济参考报.

王莹,李红彪,周春林. 2004. 垃圾焚烧污染物的形成机理及控制. 电站系统工程,20(3).

温薷. 2014-04-12. 京津冀空气超标天数占 65.7% 比珠三角多一倍. 新京报.

谢玮. 2014. 全球治霾 60 年对中国的启示. 中国经济周刊,（2）.

新华网. ［2013-10-28］. 北京重拳治理大气污染 措施多标准严行动快史无前例. http://www.
  bj. xinhuanet. com/bjyw/2013-10/28/c_117896828_3. htm.

新华网. ［2014-02-26］. 习近平在北京考察,就建设首善之区提五点要求. http://news. xinhua-
  net. com/politics/2014-02/26/c_119519301. htm.

新华网. ［2014-02-27］. 习近平在听取京津冀协同发展专题汇报时强调:优势互补互利共赢扎
  实推进　努力实现京津冀一体化发展. http://news. xinhuanet. com/politics/2014-02/27/c_
  126201296. htm.

徐明厚,于敦喜,刘小伟,等. 2009. 燃煤可吸入颗粒物的形成与排放. 北京:科学出版社.

徐绍史. 2014. 坚持稳中求进 锐意改革创新 促进经济持续健康发展和社会和谐稳定. 党委中
  心组学习,（1）.

许广月. 2014. 从黑色发展到绿色发展的范式转型. 西部论坛,（1）.

薛志钢,郝吉明,陈复,等. 2003. 国外大气污染控制经验. 重庆环境科学,25(11).

杨朝霞. 2010a. 环境民事公益诉讼:环保部门怎么做. 环境保护,（22）.

杨朝霞. 2010b. 检察机关应成为环境民事公益诉讼的主力军吗. 绿叶,（9）.

杨朝霞. 2011. 论环保机关提起环境民事公益诉讼的正当性——以环境权理论为基 7 的证立.
  法学评论,（2）.

殷丽娟. ［2010-05-28］. 北京 10 个郊区县年底前将有 9 个接通管道天然气. http://news. xin-
  huanet. com/local/2010-05/28/c_12155013. htm.

余荣华,靳博,杨柳. 2014-05-28. 京津冀一体化迎来新起点. 人民日报.

余志乔,陆伟芳. 2012. 现代大伦敦的空气污染成因与治理——基于生态城市视野的 7 史考察.
  城市观察,（6）.

云雅如,王淑兰,胡君,等. 2012. 中国与欧美大气污染控制特点比较分析. 环境与可持续发展,
  （4）.

张金成,姚强,吕子安. 2001. 垃圾焚烧二次污染物的形成与控制技术. 环境保护,（5）.

张小曳,孙俊英,王亚强,等. 2013. 我国雾-霾成因及其治理的思考. 科学通报,58(13).

郑红霞,等. 2013. 绿色发展评价指标体系研究综述. 工业技术经济,（2）.

郑权,田晨. 2013. 美国洛杉矶雾霾之战的经验和启示. 环球财经,（11）.

中国国家统计局. 2013. 2012 年中国统计年鉴. 北京:中国统计出版社.

中国科学技术信息研究所. 2014-03-03. 德国鲁尔区大气污染防治经验.

中国科学技术信息研究所. ［2014-03-14］. 洛杉矶、伦敦、巴黎等治理雾霾与大气污染的措施与
  示. http://cn. chinagate. cn/environment/2014-03/04/content_31665347_2. htm.

中国科学院可持续发展战略研究组. 2009. 中国可持续发展战略报告——探索中国特色的低碳
  道路. 北京:科学出版社.

中国之声《新闻纵横》. ［2014-05-07］. 华北地下水超采严重 已形成世界上最大"漏斗区".
  http://news. xinhuanet. com/local/2014-05/07/c_1110567813. htm.

钟浩,谢建,杨宗涛. 2001. 生物质热解气化技术的研究现状及其发展. 云南师范大学学报,
  21(1).

朱留财. 2006. 从西方环境治理范式透视科学发展观. 中国地址大学学报(社会科学版), 6(5).

朱自清. 1930. 南行通信. 骆驼草, (12).

竺可桢. 1927. 直隶地理的环境和水灾. 科学, 12(27).

竺可桢. 1964. 论我国气候的几个特点及其与粮食作物生产的关系. 地理学报, 30(1).

祝尔娟. 2008. 京津冀都市圈发展新论(2007). 北京:中国经济出版社.

2012. Yale Center for Environmental law and policy. Columbia University.

Ahlvik P, Ntxiachristos L, Keskinen J, et al. 1998. Real time measurements of diesel particle size distribution with an electrical low pressure impactor. Society of Automobile Engineers.

Andreae M. 1991. Biomass burning: its history, use and distribution and its impact on environmental quality and global climate//Levine J S. Global Biomass Buring. Kan Bridge City: MIT Press.

Baxter L L. 1990. The evolution of mineral particle size distributions during early stages of coal combustion. Progress in Energy and Combustion Science, 16(4).

Boy M, Hellmuth O, Korhonen H, et al. 2006. M. MALTE—model to predict new aerosol formation in the lower troposphere. Atmos Chem Phys, (6).

Cachier H, Liousse C, Buat-Menard P, et al. 1995. Particulate content of savanna fire emissions. Journal of Atmospheric Chemistry, 22(1).

Chip J, William K. 2008. Smogtown: the lung-burning history of pollutionin los angele. Overlook Hardcover.

Crutzen P J, Andreae M O. 1990. Biomass burning in the tropics: impact on atmospheric chemistry and biogeochemical cylcles. Science, 250(4988).

David P. 2012. Ozone in the Anthropocene: lessons from urban to remote measurements at northern mid-latitudes. Conference on International Global Atmospheric Chemistry, Beijing.

Donhee K. Nucleation and coagulation of particulate matter inside a turbulent exhaust plume of a diesel vehicle, 249(1).

Flagan R C, Friedlander S K. 1978. Particle formation in pulverized coal combustion: a review//Shaw D T. Recent Developments in Aerosol Science. New York: John Wiley & Sons.

Graham K A. 1990. Submicron ash formation and interaction with sulfur oxides during pulverized coal combustion. Cambridge: Massachusetts Institute of Technology.

Helble J J. 1987. Mechanisms of ash formation and growth during pulverized coal combustion. Massachusetts: Massachusetts Institute of Technology.

Hinds W C. 1999. Aerosol Technology. New York: John Wiley & Sons.

Jang M, Czoschke N M, Northcross A L. 2005. Semiempirical model for organic aerosol growth by acid-catalysed heterogeneousreactions of organic carbonyls. Environ Sci Technol, (39).

Kalberer M, Paulsen D, Sax M, et al. 2004. Identification of polymers as majorcomponents of atmospheric organic aerosols. Science, (303).

Kang S G, Sarofim A F, Beer J M. 1992. Effect of char structure on residual ash formation during pulverized coal combustion. Proceedings of the Combustion Institute, 24(1).

Kang S W. 1987. Combustion and atomization studies of coal-water fuel in a laminar flow reactor and in a pilot-scale furnace. Cambridge: Massachusetts Institute of Technology.

Kerminen V M, Kulmala M. 2002. Analytical formulae connecting the "real" and the "apparent" nucleation rate and the nuclei number concentration for atmospheric nucleation events. J Aerosol Sci, (33).

Kittelson D B. 1998. Engines and nanoparticles: a review. Journal of Aerosol Science, 13(1): 9-22.

Kulmala M, Vehkamäki H, Petäjä T, et al. 2004. Formation and growth rates of ultrafine atmospheric particles: a review of observations. A(35).

Laakso L, Gagne S, Petäjä T, et al. 2007. Detecting charging state of ultrafine particles: instrumental development and ambient measurements. Atmos Chem Phys, (7).

Li W, Shao L. 2009. Transmission electron microscopy study of aerosol particles from the brown hazes in norther in China. J Geophys Res, 114(09).

Luisa T M. 2012. Impacts of emissions from megacities on air quality and climate. Conference of International Global Atmospheric Chemistry, Beijing.

Mandalakis M, Gustafsson O, Alsberg T, et al. Contribution of biomass burning to atmospheric polyeyclic aromatic hydrocarbons at three european background sites. Environ. Sci, 39(9).

Markku K. 2003. How particles nucleate and grow. Science, (302).

Marskell W G, Miller J M. 1956. Some aspects of deposit formation in pilot-scale pulverized-fuel-fired installations. Fuel, 29(188).

Mayor of London. 2002. 50 years on the struggle for air quality in London since the great smog of December 1952. Greater London Authority.

Modi C, Mari T C, Jingkun J D, et al. Acid-base chemical reaction model for nucleation ratesin the polluted atmospheric boundary layer. 109(46).

Neil K B. 1978. The Economic Development of The British Coal Industry. Redwood Burn Ltd.

Neville M, McCarthy J F, Sarofim A F. 1982. The stratified composition of inorganic sunmicron particles produced during coal combustion. Proceedings of the Combustion Institute, 19(1).

Penner J E, Diekinson R E, O Neill R E. 1992. Effects of aerosol from biomass buring on the global radiation budget. Science, 256.

Quann R J, Sarofim A F. 1982. Vaporization of refractory oxides during pulverized coal combustion//Nineteenth International Symposium on Combustion. Pittsburgh: The Combustion Institute.

Quann R J, Sarofim A F. 1986. Scanning electron microscopy study of the transformations of organically bound metals during lighite combustion. Fuel, 65(1).

Raask E. 1985. The mode of occurrence and concentration of trace elements in coal. Fuel, 64(1).

Ramsden A R. 1969. A micronscopic investigation into the formation of fly-ash during the combution of a pulverized bituminoous coal. Fuel, 48(2).

Seinfeld J H, Pandis S N. 1998. Atmospheric Chemistry and Physics: From air Pollution to Climate Change. New York: John Wiley & Sons.

Sheldon K, Friedlander. 2000. Smoke, Dust and Haze. Oxford: Oxford University Press.

Sloss L L, Smith I M. 2002. PM$_{10}$ and PM$_{2.5}$: an international perspective. Fuel Processing Technology.

Vehkamäki, H. 2006. Classical Nucleation Theory in Multicomponent Systems. Berlin: Springer.

Wichmann H E, Spix C, Tuch T W, et al. 2000. Dailymortality and fine and ultrafine particles in Erfurt, Germany. Part I: role or particle number and particle mass. Research Report 98, Cambridge: Health Effects Institute

Wolf M F, Hidy G M. Aerosol and climate: anthropogenic emission and trends for 50 years.

Yan L, Gupta R P, Wall T F. 2002. A mathematical model of ash formation during pulverized coal combustion. Fuel, 81(3).

Yu F. 2006. From molecular clusters to nanoparticles: second generation ion-mediated nucleation model. Atmos Chem Phys, (6).

Zhang K M, Wexler A S. 2002. A hypothesis for growth of fresh atmospheric nucler. J Geophys Res, (107).